高级技工学校电气自动化设备安装与维修专业教材

GAOJI JIGONG XUEXIAO DIANQI ZIDONGHUA SHEBEI ANZHUANG YU WEIXIU ZHUANYE JIAOCAI

变频技术

（第二版）

李长军　主　编

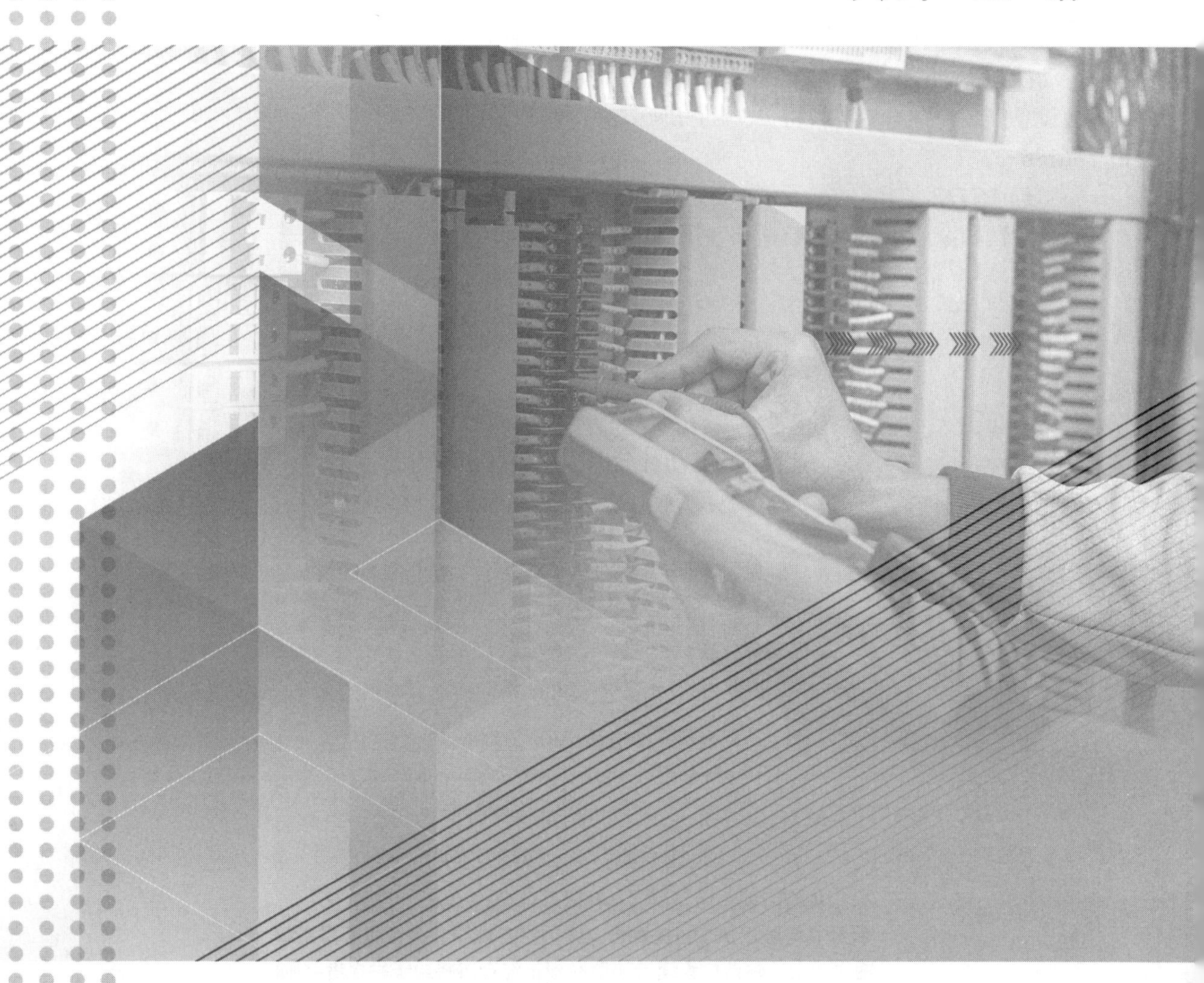

中国劳动社会保障出版社

内容简介

本书为高级技工学校电气自动化设备安装与维修专业教材。主要内容包括变频器基础知识、变频器的基本操作与控制、PLC 与变频器的联机控制和变频器在典型控制系统中的应用等。

本书由李长军任主编，李泺源、邹火军任副主编，肖云、李长城、郭庆玲、徐海滨、陈淑凤参与编写，杨杰忠审稿。

图书在版编目（CIP）数据

变频技术 / 李长军主编 . --2 版 . -- 北京 : 中国劳动社会保障出版社，2024. --（高级技工学校电气自动化设备安装与维修专业教材）. -- ISBN 978-7-5167-6786-3

Ⅰ. TN77

中国国家版本馆 CIP 数据核字第 2024MM5018 号

中国劳动社会保障出版社出版发行

（北京市惠新东街 1 号　邮政编码：100029）

*

北京鑫海金澳胶印有限公司印刷装订　新华书店经销

787 毫米 ×1092 毫米　16 开本　12.5 印张　296 千字

2024 年 11 月第 2 版　2024 年 11 月第 1 次印刷

定价：28.00 元

营销中心电话：400-606-6496

出版社网址：https://www.class.com.cn

https://jg.class.com.cn

前　言

为了更好地适应全国高级技工学校电气自动化设备安装与维修专业的教学要求，全面提升教学质量，我们组织有关学校的一线教师和行业、企业专家，在充分调研企业生产和学校教学情况、广泛听取教师使用反馈意见的基础上，吸收和借鉴各地技工院校教学改革的成功经验，对现有高级技工学校电气自动化设备安装与维修专业教材进行了修订（新编）。

本次教材修订（新编）工作的重点主要体现在以下几个方面。

更新教材内容

◆ 根据企业岗位需求变化和教学实践，针对培养高级工的教学要求，确定学生应具备的知识与能力结构，调整部分教材内容，增补开发教材，合理设计教材的深度、难度、广度，充分满足技能人才培养的实际需求。

◆ 根据相关专业领域的最新技术发展，推陈出新，补充新知识、新技术、新设备、新材料等方面的内容，更新设备型号及软件版本。

◆ 根据最新的国家标准、行业标准编写教材，保证教材的科学性和规范性。

◆ 在专业课教材中进一步强化一体化教学理念，将工艺知识与实践操作有机融为一体，构建“做中学”“学中做”的学习过程；在通用专业知识教材中注重课堂实验和实践活动的设计，将抽象的理论知识形象化、生动化，引导教师不断创新教学方法，实现教学改革。

优化呈现形式

◆ 创新教材的呈现形式，尽可能使用图片、实物照片和表格等形式将知识点生动地展示出来，提高学生的学习兴趣，提升教学效果。

◆ 部分教材将传统黑白印刷升级为双色印刷和四色印刷，提升学生的阅读体验。例如，《工程识图与 AutoCAD（第二版）》采用双色印刷，《安全用电（第二版）》《机械常识（第二版）》采用四色印刷，使内容更加清晰明了，符合学生的认知习惯。

提升教学服务

为方便教师教学和学生学习，在原有教学资源基础上进一步完善，结合信息技术的发展，充分利用技工教育网这一平台，构建“1+4”的教学资源体系，即 1 个习题册和二维码资源、电子教案、电子课件、习题参考答案 4 种互联网资源。

习题册——除配合教材内容对现有习题册进行修订外，还为多种教材补充开发习题册，进一步满足学校教学的实际需求。

二维码资源——在部分教材中，针对重点、难点内容制作微视频，针对拓展学习内容制作电子阅读材料，使用移动设备扫描即可在线观看、阅读。

电子教案——结合教材内容编写教案，体现教学设计意图，为教师备课提供参考。

电子课件——依据教材内容制作电子课件，为教师教学提供帮助。

习题参考答案——提供教材中习题及配套习题册的参考答案，为教师指导学生练习提供方便。

电子教案、电子课件、习题参考答案均可通过技工教育网（https://jg.class.com.cn）下载使用。

编者

2024 年 6 月

目　录

绪　论　/ 1

第一章　变频器基础知识　/ 2

§ 1–1　三相交流异步电动机的调速　/ 2
§ 1–2　变频器的组成与工作原理　/ 7
技能训练 1　认识变频器　/ 19
技能训练 2　电力半导体器件的识别与检测　/ 27
§ 1–3　变频器的控制方式　/ 32

第二章　变频器的基本操作与控制　/ 37

§ 2–1　变频器的面板操作与控制　/ 37
技能训练 3　变频器面板基本操作　/ 56
技能训练 4　PU 运行模式实现电动机的启动、点动控制　/ 58
§ 2–2　变频器外部端子的操作与控制　/ 63
技能训练 5　基于外部端子实现电动机的点动及正 / 反转控制　/ 85
技能训练 6　基于组合运行模式 1 实现电动机的正 / 反转控制　/ 89
技能训练 7　基于组合运行模式 2 实现电动机的启动控制　/ 93
技能训练 8　基于模拟信号实现电动机的运行控制　/ 97
技能训练 9　变频器的三段速运行控制操作　/ 101
§ 2–3　变频器的制动、保护和显示控制　/ 105
技能训练 10　变频器的制动、保护与显示控制电路安装与调试　/ 115

§2–4　变频器的 PID 控制　/ 120
技能训练 11　变频器 PID 控制单泵恒压供水系统　/ 125

第三章　PLC 与变频器的联机控制　/ 133

§3–1　PLC 与变频器的连接　/ 133
§3–2　PLC 与变频器联机控制的设计思路　/ 135
技能训练 12　PLC 和变频器联机实现电动机的多段速运行　/ 138

第四章　变频器在典型控制系统中的应用　/ 146

§4–1　变频器在恒压供水系统中的应用　/ 146
技能训练 13　变频—工频互切换恒压供水系统的安装与调试　/ 165
§4–2　变频器在升降机控制系统中的应用　/ 168
技能训练 14　升降机变频调速系统的安装与调试　/ 176
§4–3　变频器在龙门刨床拖动系统中的应用　/ 179
技能训练 15　龙门刨床变频调速系统的安装与调试　/ 192

绪 论

变频器是由计算机控制电力电子器件，将工频交流电变为频率和电压均可控制的交流电的电气设备，主要用途是驱动交流电动机进行连续平滑的变频调速。

在过去很长一段时间里，由于直流电动机在调速的静态和动态特性上相较交流电动机具有明显优势，因此，调速传动领域主要依赖直流电动机的应用。尤其是在调速要求较为严格的场景下，直流电动机的调速方案几乎都是首选。然而，尽管直流电动机在调速性能上表现出色，但其存在的缺陷亦不容忽视，如维修工作量大、故障发生率高，以及受换向条件限制导致的功率、电压、电流和转速上限难以提升等问题。相对而言，交流电动机在以上方面具备显著优势，但其最大缺点是调速困难。

自 20 世纪 80 年代起，随着电力电子器件和微电子技术的飞速发展，特别是电力电子器件（包括半控型和全控型）的制造技术、电力电子变流技术、交流电动机矢量变换控制技术、直接转矩控制技术、脉宽调制技术，以及以微型计算机和大规模集成电路为核心的全数字化技术的突破，交流变频调速技术得到了迅猛发展，变频器性能不断优化和完善。目前，交流调速系统已展现出可与直流调速系统相媲美的性能，并在部分领域超越了直流调速系统。工程师们通过精确设置变频器参数，能实现对交流电动机的精准控制，确保其按照预设的运行曲线运行，如升降机的“S”曲线运行、恒压供水控制系统以及龙门刨床拖动系统的速度调节等。此外，当前高电压、大电流电力电子器件的创新，已使直接对 10 000 V 电动机实施变频调速成为可能，并取得了显著的节能效果。同时，绝缘栅双极型晶体管（IGBT）的发明，也为变频器的广泛应用提供了强有力的技术支撑。

第一章 变频器基础知识

§1-1 三相交流异步电动机的调速

学习目标

1. 理解三相交流异步电动机的工作原理。
2. 掌握三相交流异步电动机的调速方法。
3. 理解三相交流异步电动机变频调速的机械特性。

在变频调速电力拖动系统中，普遍采用的是三相交流异步电动机。为了深入理解和阐述变频器的核心功能及其实际应用，进而掌握其工作原理与操作技能，本节将简要回顾与三相交流异步电动机相关的基本理论知识。

一、三相交流异步电动机的工作原理

1. 旋转磁场

（1）旋转磁场的产生

三相交流异步电动机的核心结构由定子和转子两部分构成。定子部分包括定子铁心与定子绕组，当三相定子绕组中通入三相对称交流电时，将生成一个旋转磁场，其产生过程如图 1–1–1 所示。

由图 1–1–1a 可知，当 ωt=0 时，电流瞬时值 i_U=0，i_W 为正值，i_V 为负值。这表示 U 相无电流，W 相电流由 W1 流进（标为 ×），W2 流出（标为 ·），V 相电流由 V2 流进（标为 ×），V1 流出（标为 ·），这一刻定子绕组电流产生的合成磁场方向可由安培定则判断得出。

当 $\omega t=\frac{\pi}{2}$ 时，电流瞬时值 i_U 为正最大值，i_V、i_W 均为负值，这表示 U 相电流从 U1 流进，U2 流出，V 相电流、W 相电流分别由 V2、W2 流进，V1、W1 流出，这一刻定子绕组电流产生的合成磁场方向如图 1–1–1b 所示，可见磁场方向较 ωt=0 时顺时针旋转了 90°。

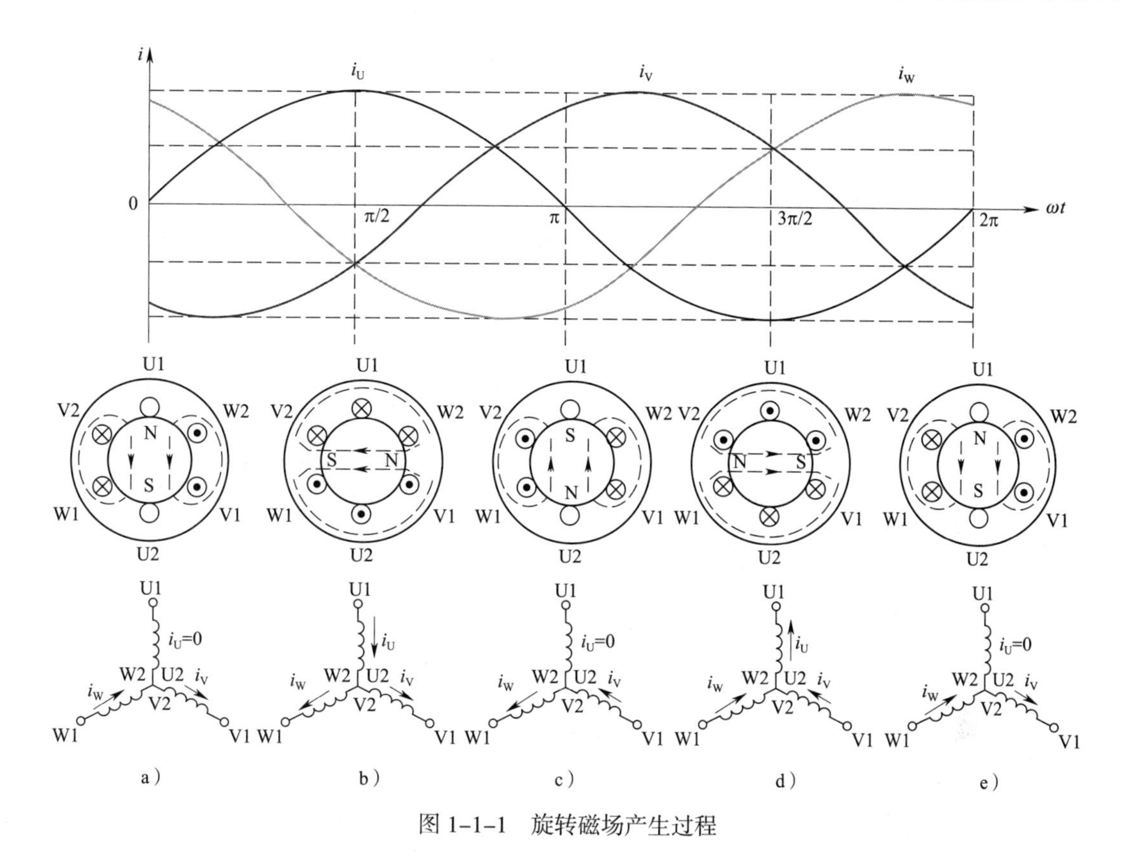

图 1-1-1　旋转磁场产生过程

以此类推，当 $\omega t=\pi$、$\omega t=\dfrac{3\pi}{2}$、$\omega t=2\pi$ 时，定子绕组电流产生的合成磁场方向分别如图 1-1-1c、d、e 所示。由图可见，当交流电经历一个完整周期后，三相交流电合成磁场正好以顺时针方向旋转一周。

三相交流异步电动机产生旋转磁场的条件：一是定子绕组是三相对称绕组；二是通入定子绕组的交流电是三相对称交流电。

（2）旋转磁场的转速

旋转磁场的转速（也称同步转速）与三相交流电源的频率和三相交流异步电动机的磁极对数有关，其关系表达式为：

$$n_1=\frac{60f_1}{p} \tag{1-1}$$

式中，n_1——旋转磁场的转速，r/min；

f_1——三相交流电源的频率，Hz；

p——三相交流异步电动机的磁极对数。

（3）旋转磁场的转向

旋转磁场的转向由电源的相序决定。若电源为正相序（即电源按 U—V—W 相排列，也称顺序），则旋转磁场沿顺时针方向旋转，前面阐述的旋转磁场产生过程即为电源正相序时的磁场产生过程；若将三相电源中的任意两相对调（即电源按 W—V—U 相逆相序排列，也称反序），则旋转磁场沿逆时针方向旋转，其旋转磁场产生过程与正相序原理一致。

（4）三相交流异步电动机的工作原理

当定子绕组接入三相交流电源，定子空间内将形成旋转磁场。若此旋转磁场沿顺时针方向旋转，则其效果等同于转子在逆时针方向上切割旋转磁场。因此，转子绕组中将产生感应电流，该电流在旋转磁场中受到力的作用，进而驱动转子沿旋转磁场旋转的方向转动，如图 1–1–2 所示。

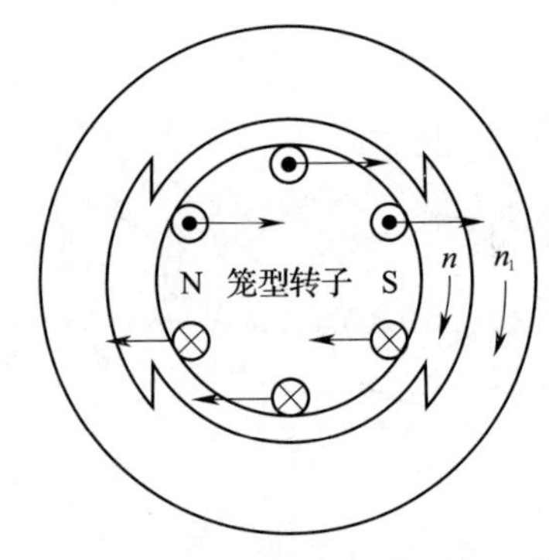

图 1–1–2　三相交流异步电动机的工作原理

2. 转差率

由于转子只有在切割旋转磁场的情况下，才能产生感应电流，从而产生电磁力矩使转子转动，因此转子的转速 n 要比旋转磁场的同步转速 n_1 低一些，它们之间的差值用转速差 Δn 表示，即 $\Delta n=n_1-n$，转速差 Δn 与同步转速 n_1 的比值称为转差率 s，即：

$$s=\frac{n_1-n}{n_1} \tag{1–2}$$

式中，s——转差率；

n_1——同步转速；

n——转子转速。

转差率 s 是分析三相交流异步电动机运行状态的重要参数。在电动机启动的瞬间，转子转速 $n=0$，$s=1$；当电动机以额定转速运行时，s 很小，为 0.02～0.06；当电动机空载运行时，n 略小于 n_1，$s\approx 0$。

二、三相交流异步电动机的调速原理

由式（1–1）和式（1–2），可得到转子转速 n 的表达式：

$$n=\frac{60f_1}{p}(1-s) \tag{1–3}$$

由该表达式可以看出，三相交流异步电动机的调速方法有三种，分别是变极（p）调速、变转差率（s）调速和变频（f_1）调速。其中，变频调速性能最好，不仅调速范围大，且静态稳定性好、运行效率高。

1. 变极调速

由式（1–3）可知，变极调速是在电源频率不变的条件下，通过改变定子磁极对数的方式改变同步转速，从而达到调速的目的。在频率恒定的情况下，电动机的同步转速与磁极对数成反比，磁极对数增加一倍，同步转速将下降一半，从而引起电动机转子转速下降。

三相交流异步电动机的变极调速是有级调速，通过改变磁极对数 p，可以得到 2∶1 调速、

3∶2调速、4∶3调速以及三速电动机（有高、中、低三个转速挡位）等，调速的级数有限，平滑性很差。此外，由于磁极对数p取决于定子绕组的结构，而绕线型三相交流异步电动机的转子极数与定子极数相等，所以此种调速方法只适用于笼型转子的三相交流异步电动机。

2. 变转差率调速

变转差率调速一般只适用于绕线型异步电动机。具体调速方法很多，例如，转子串电阻调速、串级调速、调压调速等。随着s增大，电动机的机械特性会变软，效率降低。

3. 变频调速

由式（1–3）可知，只要平滑地调节三相交流异步电动机的供电频率f_1，就可以平滑调节三相交流异步电动机的同步转速n_1，从而实现三相交流异步电动机的无级调速。从机械特性分析，其调速性能比变极调速和变转差率调速要好得多，甚至可以达到近似直流电动机调压调速的性能，这也是变频调速的基本原理。但事实上，只改变f_1并不能正常调速，而且很可能会引起电动机因过流而烧毁。这是由三相交流异步电动机的特性所决定的。下面分基频以下与基频以上两种调速情况进行分析。

（1）基频以下恒磁通（恒转矩）变频调速

1）恒磁通变频调速原理。恒磁通变频调速实质上就是调速时要保证电动机的电磁转矩恒定不变。这是因为电磁转矩与磁通成正比的关系。

在电动机运行过程中，若磁通量过小，将导致铁心利用率不足。在此情况下，即便转子电流保持不变，电磁转矩亦会显著减小，进而降低电动机的负载能力。为维持负载能力的恒定，必须增加转子电流，然而，此举可能会引发电动机因过电流发热而受损，甚至烧毁。反之，若磁通量过大，电动机将处于过励磁状态，导致励磁电流异常增大，同样可能引发电动机过电流发热。因此，在变频调速过程中，确保磁通恒定至关重要。

2）保证磁通恒定的方法。由感应电动势公式$E_1=4.44f_1N_1\Phi_m$可知，每极磁通量的最大值$\Phi_m=E_1/(4.44N_1f_1)$，其值的大小由E_1和f_1共同决定，对E_1和f_1进行适当控制，就可以使Φ_m的值保持恒定不变。由于一台电动机的N_1始终为固定常数，所以只要保持E_1/f_1为固定常数，即可保持磁通恒定不变。

由于E_1难以直接检测和控制，当E_1和f_1的值较高时，定子的漏阻抗压降相对较小可忽略不计，此时可认为U_1和E_1近似相等，即保持U_1/f_1为常数便相当于保持E_1/f_1为常数，并得到恒压频比控制方程式：

$$U_1/f_1=\text{常数} \tag{1–4}$$

当f_1值较低时，U_1和E_1都变小，此时定子电流基本不变，所以定子的阻抗压降，特别是电阻压降，相对此时的U_1来说是不能忽略的。此时可人为提高定子相电压U_1以补偿定子的阻抗压降影响，使气隙磁通Φ_m保持恒定值不变，如图1–1–3所示。

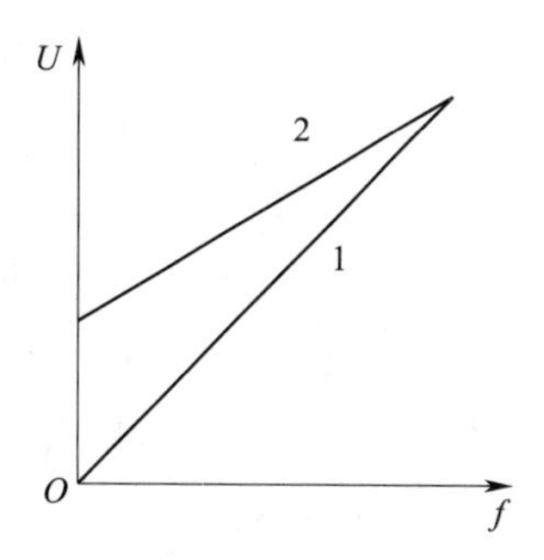

图1–1–3　U_1/f_1与E_1/f_1的关系

图中曲线1为U_1/f_1=常数时的电压与频率关系；曲线2为有电压补偿时，近似E_1/f_1=常数的电压与频率关系。实际上变频器装置中相电压U_1和频率f_1的函数关系并不简单地与曲线2一致，通常为了满足不同负载性质与运行状况的需求，变频器可提供多达几十种的电压与频率函数关系曲线供用户选择。

由以上论述可知，三相交流异步电动机的变频调速必须按照一定的规律同时改变其定子电压和频率，这一过程被称为变压变频（VVVF）调速控制。目前市场上的变频器普遍具备适配三相交流异步电动机变频调速需求的能力。

3）恒磁通变频调速机械特性。图 1–1–4 所示是用 VVVF 变频器对三相交流异步电动机在基频以下进行变频控制时的机械特性，其控制条件为 E_1/f_1= 常数。其中，图 1–1–5a 所示是 U_1/f_1= 常数条件下得到的机械特性。在低速运行区间，由于定子电阻压降的影响，导致机械特性曲线向左偏移，这主要归因于主磁通的减小。图 1–1–5b 所示是采用了定子电压补偿后的机械特性，此时曲线向右偏移，低频转矩增大。图 1–1–5c 所示是端电压补偿的 U_1 和 f_1 之间的函数关系。

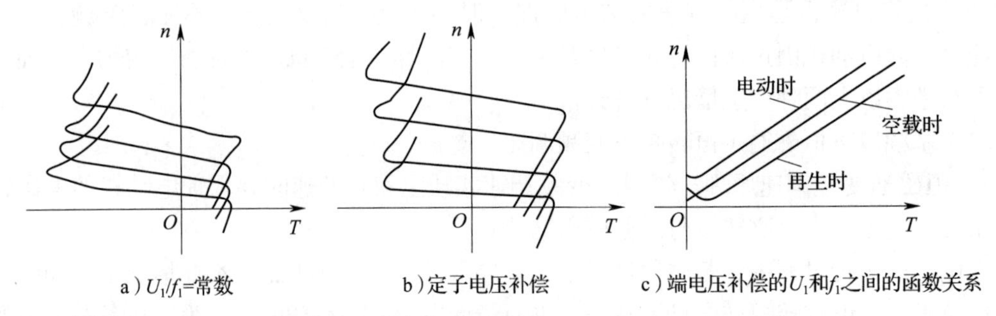

a）U_1/f_1=常数　b）定子电压补偿　c）端电压补偿的U_1和f_1之间的函数关系

图 1–1–4　三相交流异步电动机在基频以下进行变频控制时的机械特性

（2）基频以上恒功率（恒电压）变频调速

恒功率变频调速又称弱磁通变频调速，是考虑由基频 f_{1N} 开始向上调速的情况。频率由额定值 f_{1N} 向上增大，如果按照 U_1/f_1= 常数的规律控制，电压 U_1 也必须由额定值 U_{1N} 向上增大，但实际上电压 U_1 受额定电压 U_{1N} 的限制不能再升高，只能保持 $U_1=U_{1N}$ 不变。根据公式 $\Phi_m=E_1/(4.44N_1f_1)$，主磁通 Φ_m 随着 f_1 的上升而减小，这相当于直流电动机的弱磁调速，属于近似的恒功率调速方式。其证明过程如下：

当 $f_1>f_{1N}$、$U_1=U_{1N}$ 时，公式 $E_1=4.44N_1f_1\Phi_m$ 可近似为 $U_{1N}=4.44f_1N_1\Phi_m$。

由此可见，随着 f_1 的升高（即转速升高），主磁通 Φ_m 必须相应下降才能保持平衡，而电磁转矩越低，T 与 ω_1 的乘积可以近似为不变，即

$$P_N=T\omega_1\approx 常数 \quad (1\text{–}5)$$

也就是说，随着转速的提高，只要电压恒定，磁通自然下降，当转子电流不变时，其电磁转矩会减小，而电磁功率却保持恒定不变。

综上所述，三相交流异步电动机基频以下及基频以上两种调速情况下的变频调速控制特性如图 1–1–5 所示。

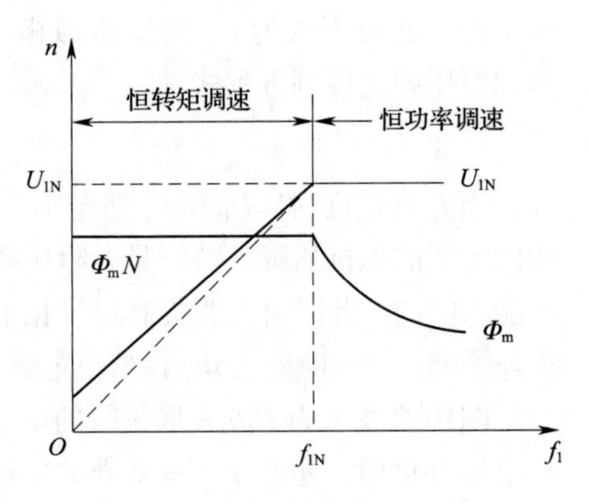

图 1–1–5　变频调速控制特性

§1-2　变频器的组成与工作原理

学习目标

1. 了解变频器的分类。
2. 掌握变频器的工作原理和结构。
3. 了解变频器中常用的电力半导体器件。

变频器是一种利用电力半导体器件的通断作用，将工频交流电源变换成频率、电压连续可调的适合交流电动机使用的交流电源的调速装置。图 1-2-1 所示是某型三菱变频器的外形图，其控制对象为三相交流异步电动机和三相交流同步电动机，标准适配电动机极数是 2/4 极，其作用如图 1-2-2 所示。

图 1-2-1　某型三菱变频器的外形图

一、变频器的分类

变频器的分类方式有很多：按照主电路工作方式分类，可分为电压型变频器和电流型变频器；按照输出电压调制方式分类，可分为 PAM（脉冲幅度调制）控制变频器、PWM（脉冲宽度调制）控制变频器和高载频 PWM 控制变频器；按照工作原理分类，可分为 *U*/*f* 控制变频器、转差频率控制变频器、矢量控制变频器和直接转矩控制变频器；按照用途分类，可分为通用变频器、高性能专用变频器和高频变频器等。除此以外，变频器还有其他分类方式，具体可见表 1-2-1。

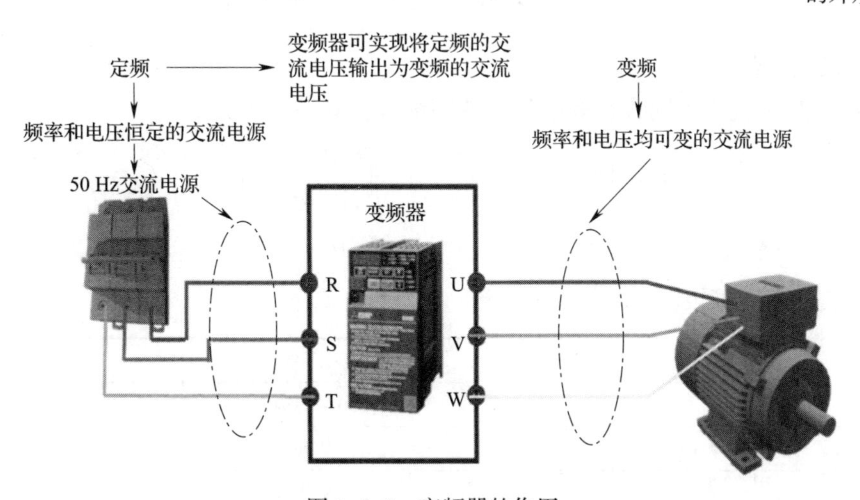

图 1-2-2　变频器的作用

表 1-2-1　　变频器的其他分类方式

分类方式	变频器种类	分类方式	变频器种类
按供电电压分类	低压变频器 中压变频器 高压变频器	按输出功率大小分类	小功率变频器 中功率变频器 大功率变频器
按供电电源的相数分类	单相输入变频器 三相输入变频器	按主开关器件分类	IGBT 变频器 GTO 变频器 GTR 变频器
按变换环节分类	交—直—交变频器 交—交变频器	按机壳外形分类	塑壳变频器 铁壳变频器 柜式变频器

二、变频器的铭牌与型号

1. 变频器的铭牌。

图 1-2-3 所示是三菱 FR-E840 型变频器的额定铭牌（机身侧面），其主要内容包括变频器型号、额定输入、额定输出、制造编号和制造年月等。

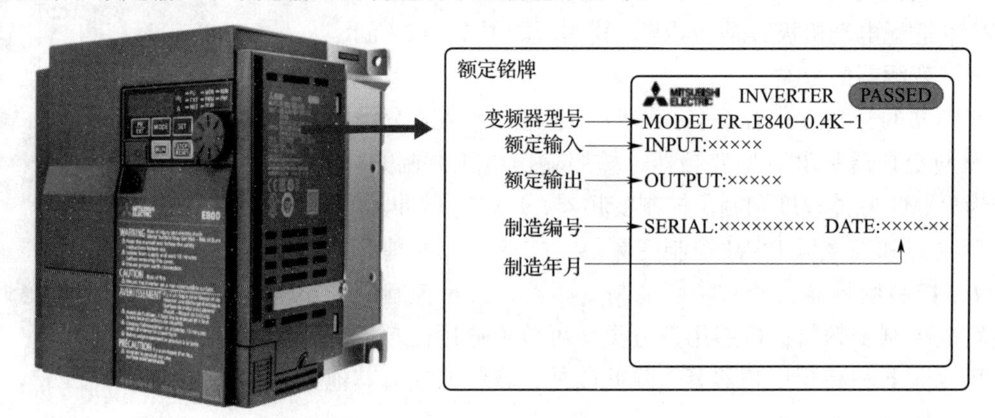

图 1-2-3　三菱 FR-E840 型变频器的额定铭牌

2. 变频器型号

变频器型号由代表不同含义的字母和数字组成，其型号含义如下：

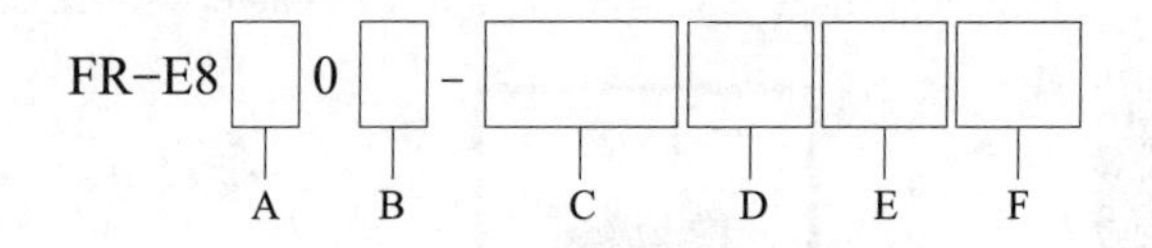

- A：表示电压等级。

记号	电压等级
2	200 V 等级
4	400 V 等级
6	575 V 等级

- B：表示电源相数。

记号	内容
无	三相输入
S	单相输入

- C：表示变频器的额定容量或额定电流。

记号	内容
0.1K ~ 22K	适用电机容量（ND）（kW）
0008 ~ 0900	变频器 ND 额定电流（A）

- D：表示通讯和功能安全的规格。

记号	通讯 / 功能安全
无	标准规格产品（RS-485 通讯 +SIL2/PLd）
E	Ethernet 规格产品（Ethernet 通讯 +SIL2/PLd）
SCE	安全通讯规格产品（Ethernet 通讯 +SIL3/PLe）

- E：表示标准规格产品的监视输出及额定频率、Ethernet 规格产品及安全通讯规格产品所能使用的通讯协议。

记号	监视 / 协议规格	额定频率	控制逻辑
-1	脉冲（FM）	60 Hz	漏型逻辑
-4	电压（AM）	50 Hz	源型逻辑
-5	电压（AM）	60 Hz	漏型逻辑
PA	协议组 A（CC-Link IE TSN、CC-Link IE 现场网络 Basic、MODBUS/TCP、EtherNet/IP、BACnet/IP）	60 Hz	漏型逻辑
PB	协议组 B（CC-Link IE TSN、CC-Link IE 现场网络 Basic、MODBUS/TCP、PROFINET）	50 Hz	源型逻辑

- F：表示有无电路板涂层、导体镀层。

记号	电路板涂层	导体镀层
无	无	无
-60	有	无
-06	有	有

变频器型号，作为生产厂家产品系列名称的标识，涵盖了该厂商特定的产品系列、独特的序号或标识码、核心基本参数、电压级别以及标准适配的电动机容量等信息。这些信息对于用户选择适合自身需求的变频器而言，是极为重要的参考依据。

表 1-2-2 和表 1-2-3 分别列出了三菱 FR-E840 型变频器和三菱 FR-E820S 型变频器的参数。

表 1-2-2　　三菱 FR-E840 型变频器的参数

型号　FR-E840-[ ]				0016	0026	0040	0060	0095	0120	0170	0230	0300	0380	0440
				0.4 K	0.75 K	1.5 K	2.2 K	3.7 K	5.5 K	7.5 K	11 K	15 K	18.5 K	22 K
适用电动机容量 / kW			LD	0.75	1.5	2.2	3.0	5.5	7.5	11.0	15.0	18.5	22.0	30.0
			ND	0.4	0.75	1.5	2.2	3.7	5.5	7.5	11.0	15.0	18.5	22.0
输出	额定容量 / kVA		LD	1.6	2.7	4.2	5.3	8.5	13.3	17.5	26.7	31.2	34.3	45.7
			ND	1.2	2.0	3.0	4.6	7.2	9.1	13.0	17.5	22.9	29.0	33.5
	额定电流 /A		LD	2.1（1.8）	3.5（3.0）	5.5（4.7）	6.9（5.9）	11.1（9.4）	17.5（14.9）	23.0（19.6）	35.0（29.8）	41.0（34.9）	45.0（38.3）	60.0（51.0）
			ND	1.6（1.4）	2.6（2.2）	4.0（3.8）	6.0（5.4）	9.5（8.7）	12.0	17.0	23.0	30.0	38.0	44.0
	过载电流额定		LD	120%　60 s、150%　3 s（反时限特性）环境温度 50 ℃										
			ND	180%　60 s、200%　3 s（反时限特性）环境温度 50 ℃										
	电压			三相 380 ~ 480 V										
	再生制动	制动晶体管		内置										
		最大制动转矩（ND 标准）		100%		50%	20%							
电源	额定输入交流（直流）电压、频率			三相 380 ~ 480 V　50 Hz/60 Hz（DC 537 ~ 679 V）										
	交流（直流）电压允许波动			323 ~ 528 V　50 Hz/60 Hz（DC 457 ~ 740 V）										
	频率允许波动			± 5%										
	额定输入电流 / A	无直流电抗器	LD	3.3	6.0	8.9	10.7	16.2	24.9	32.4	46.7	54.2	59.1	75.6
			ND	2.7	4.4	6.7	9.5	14.1	17.8	24.7	32.1	41.0	50.8	57.3
		有直流电抗器	LD	2.1	3.5	5.5	6.9	11.0	18.0	23.0	35.0	41.0	45.0	60.0
			ND	1.6	2.6	4.0	6.0	9.5	12.0	17.0	23.0	30.0	38.0	44.0
	电源设备容量 / kVA	无直流电抗器	LD	2.5	4.5	6.8	8.2	12.4	19.0	25.0	36.0	42.0	45.0	58.0
			ND	2.1	3.4	5.1	7.2	10.8	14.0	19.0	25.0	32.0	39.0	44.0
		有直流电抗器	LD	1.6	2.7	4.2	5.3	8.5	13.0	18.0	27.0	31.0	34.0	46.0
			ND	1.2	2.0	3.0	4.6	7.2	9.1	13.0	18.0	23.0	29.0	34.0
防护结构（IEC 60529）				开放型（IP20）										
冷却方式				自冷		强制风冷								
大约质量 /kg				1.2	1.2	1.4	1.8	1.8	2.4	2.4	4.8	4.9	11.0	11.0

表 1-2-3　　　　　　　　三菱 FR-E820S 型变频器的参数

型号　FR-E820S-[ ]				0008	0015	0030	0050	0080	0110
				0.1 K	0.2 K	0.4 K	0.75 K	1.5 K	2.2 K
适用电动机容量 /kW			ND	0.1	0.2	0.4	0.75	1.5	2.2
输出	额定容量 /kVA		ND	0.3	0.6	1.2	2.0	3.2	4.4
	额定电流 /A		ND	0.8（0.8）	1.5（1.4）	3.0（2.5）	5.0（4.1）	8.0（7.0）	11.0（10.0）
	过载电流额定		ND	150%　60 s、200%　3 s（反时限特性）环境温度 50 ℃					
	电压			三相 200 ~ 240 V					
	再生制动	制动晶体管		无	内置				
		最大制动转矩（ND 标准）		150%	100%			50%	20%
电源	额定输入交流电压和频率			单相 200 ~ 240 V　50/60 Hz					
	交流电压允许波动			170 ~ 264 V　50/60 Hz					
	频率允许波动			± 5%					
	额定输入电流 /A	无直流电抗器	ND	2.3	4.1	7.9	11.2	17.9	25.0
		有直流电抗器		1.4	2.6	5.2	8.7	13.9	19.1
	电源设备容量 /kVA	无直流电抗器	ND	0.5	0.9	1.7	2.5	3.9	5.5
		有直流电抗器		0.3	0.6	1.1	1.9	3.0	4.2
防护结构（IEC 60529）				开放型（IP20）					
冷却方式				自冷				强制风冷	
大约质量 /kg				0.5	0.5	0.8	1.3	1.4	1.9

三、变频器的基本结构

变频器分为交—交和交—直—交两种形式。交—交变频器是将工频交流电直接变换成频率、电压均可控制的交流电，又称直接变频器。而交—直—交变频器则是先把工频交流电通过整流器变换成直流电，然后再把直流电逆变成频率、电压均可控制的交流电，又称间接变频器。目前，通用变频器大多采用交—直—交的变频变压方式。

变频器的基本构成如图 1-2-4 所示，其主要由主电路和控制电路组成，其中主电路又包括电网侧变流器、中间直流环节和负载侧变流器三部分。图中的电网侧变流器主要是整流器，作用是将三相（或单相）交流电转换成直流电；负载侧变流器主要是逆变器，作用是将直流电转换成频率可调的交流电；中间直流环节又称中间直流储能环节，由于逆变器的负载为异步电动机，属于感性负载，无论电动机处于电动还是发电制动状态，其功率因数都不会为 1，因此在中间直流环节和电动机之间总会有无功功率的交换，这种无功能量要靠中间直流环节的储能元件（电容或电抗）来缓冲。图 1-2-5 所示是变频器的内部结构示意图。

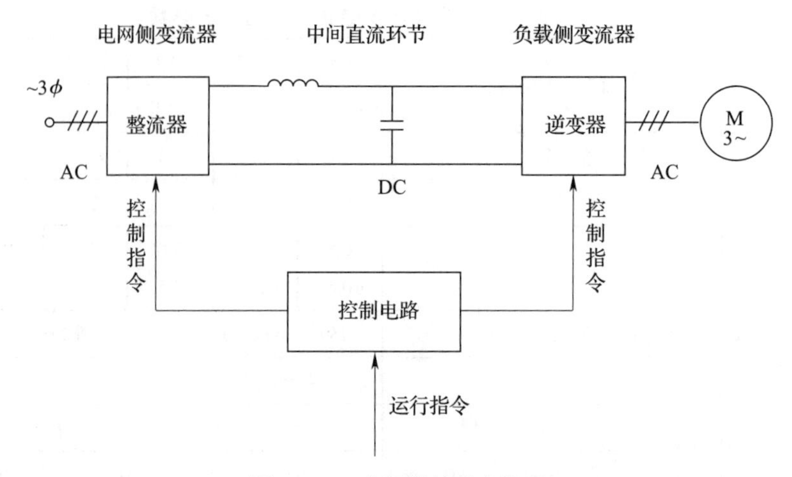

图 1-2-4　变频器的基本构成

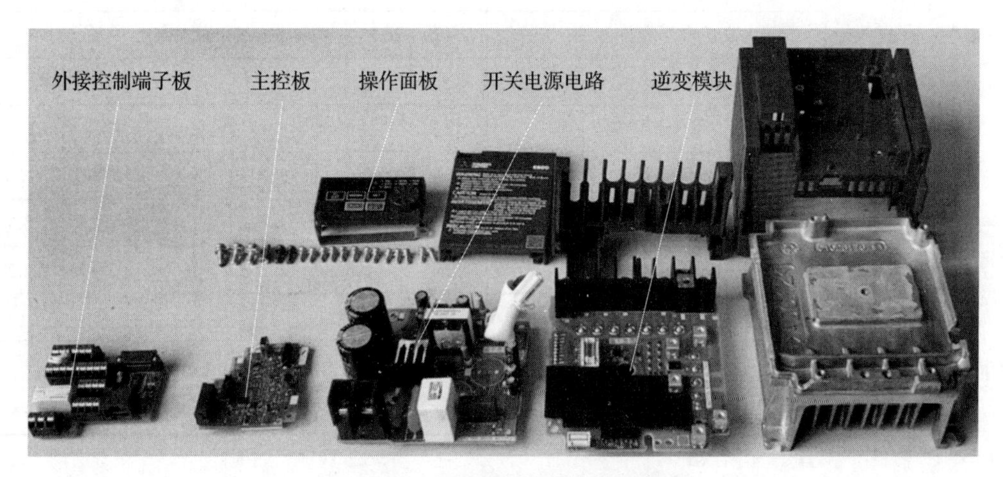

图 1-2-5　变频器的内部结构示意图

1. 变频器的主电路

变频器的主电路作为变频器的核心组件，承担着为电动机提供精确调压与调频的电力转换功能。如前所述，通用变频器的主电路由三部分组成，一是交—直变换部分（整流电路），二是能耗制动部分（能耗制动电路），三是直—交变换部分（逆变电路），其电路图如图 1-2-6 所示，各元器件的作用见表 1-2-4。

2. 变频器的控制电路

变频器控制电路的作用是为主电路提供关键控制信号，其构成通常涵盖运算电路、检测电路、控制信号的输入输出电路以及驱动电路等多个环节。其核心职责在于实现对逆变器开关元件的精确开关控制、整流器电压的精准调控，并同时承担多种保护功能。在控制方式上，有模拟控制和数字控制两种，二者各有特点。目前，高性能的变频器已广泛采用微型计算机实现全数字控制，通过简化硬件电路设计，主要依赖软件实现功能多样化。由于软件的灵活性和可扩展性，数字控制方式往往能够完成模拟控制方式难以企及的功能。

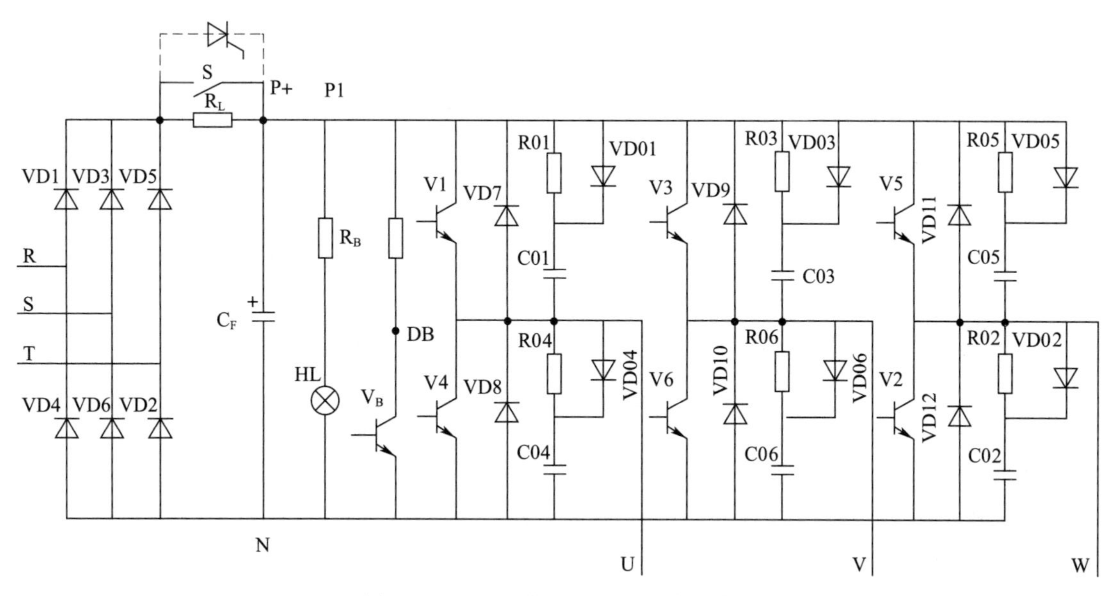

图 1-2-6　通用变频器的主电路电路图

表 1-2-4　　通用变频器主电路各元器件的作用

电路名称	元器件	作用
整流电路	三相整流桥 VD1 ~ VD6	将交流电转换为脉动直流电。若电源线电压为 U_L，则整流后的平均电压 $U_D=1.35U_L$
	滤波电容 C_F	滤除桥式整流后的电压纹波，保持直流电压平稳
	限流电阻 R_L 与开关 S	将滤波电容 C_F 的充电冲击电流限制在允许范围内，以保护整流桥。当 C_F 充电到一定程度时，令开关 S 接通，将 R_L 短路。在部分变频器中，S 由晶闸管代替
	电源指示灯 HL	HL 除了用于提示变频器电源是否接通外，当变频器切断电源后，HL 还可提示滤波电容 C_F 上的电荷是否释放完毕。维修变频器时，必须待 HL 熄灭后才能接触变频器内部带电部分，以保证安全
能耗制动电路	制动电阻 R_B	将回馈能量以热能形式消耗掉。有的变频器制动电阻是外接的，会带有外接端子（如 DB+，DB-）
	制动三极管 V_B	为放电电流 I_B 流经 R_B 提供通路
逆变电路	三相逆变桥 V1 ~ V6	通过晶体管 V1 ~ V6 按一定规律轮流导通和截止，将直流电逆变成频率、幅值都可调的三相交流电
	续流二极管 VD7 ~ VD12	在换相过程中为电流提供通路
	缓冲电路 R01 ~ R06、VD01 ~ VD06、C01 ~ C06	限制过高的电流和电压，保护 V1 ~ V6 免遭损坏

变频器控制电路主要由主控制板、键盘与显示板、电源板与驱动板、外接控制电路等构成，其控制原理框图如图 1-2-7 所示。

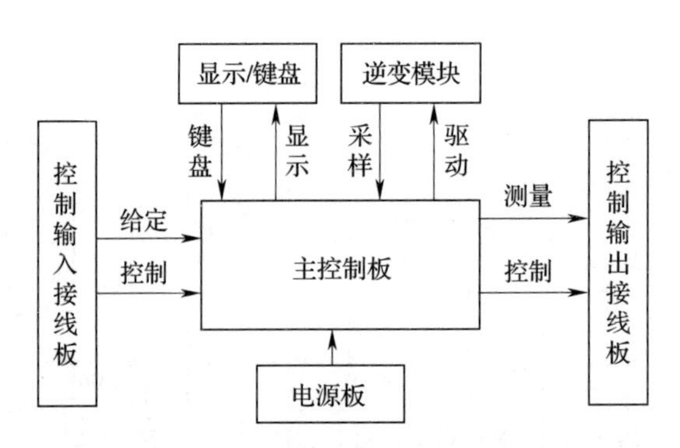

图 1-2-7　变频器控制电路的控制原理框图

（1）主控制板

主控制板是变频器运行的控制中心，其核心器件是微控制器（单片机）或数字信号处理器（DSP），其主要功能有：

1）接收并处理从键盘、外部控制电路输入的各种信号，如修改参数、正 / 反转指令等。

2）接收并处理内部的各种采样信号，如主电路中电压与电流的采样信号、各部分温度的采样信号、逆变电路中各功率管工作状态的采样信号等。

3）向外电路发出控制信号及显示信号，如正常运行信号、频率到达信号等，一旦发现异常情况，立刻发出保护指令进行保护或停车，并输出故障信号。

4）完成 SPWM 调制，对接收到的各种信号进行判断和综合运算，产生相应的 SPWM 调制指令，并分配给逆变电路中各功率管的驱动电路。

5）向显示板和显示屏发出各种显示信号。

（2）键盘与显示板

变频器的键盘与显示板一般采用一体化设计，其中键盘的作用是向变频器发出运行控制指令，并对运行数据、运行状态等进行必要调整和修正；显示板则主要是展示主控制板上的各类数据，通常采用数码管或液晶板作为显示介质。除了显示屏的直观显示，显示板上还配有一系列状态指示灯，如 RUN（运行）、STOP（停止）、FWD（正转）、REV（反转）、FLT（故障）等，以及 Hz、A 等单位指示灯，总的概括起来，变频器的显示板可实现的显示功能主要包括：

1）在运行监视模式下，显示各种运行数据，如频率、电压、电流等。

2）在参数模式下，显示功能码和数据码。

3）在故障状态下，显示故障原因代码。

图 1-2-8 所示为三菱 FR-E800 系列变频器的键盘与显示板示意图。

（3）电源板与驱动板

变频器的内部电源普遍采用开关稳压电源，电源板主要提供以下直流电源：

1）主控制板电源。为一组具有极好稳定性和抗干扰能力的直流电源。

2）驱动电源。在逆变电路中，上桥臂三只功率管的驱动电路电源是相互隔离的三组独立电源，下桥臂三只功率管的驱动电路电源则采用共“地”设计。驱动电源与主控制板电源之间必须可靠绝缘。

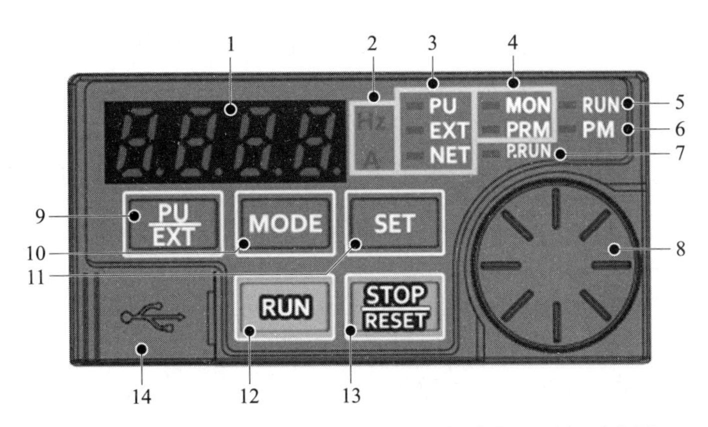

图 1-2-8　三菱 FR-800 系列变频器的键盘与显示板示意图

1—显示屏　2—单位指示灯　3、4、5、6、7—状态指示灯　8—M 旋钮　9—PU/EXT 切换键　10—MODE 键　11—SET 键　12—RUN 键　13—STOP/RESET 键　14—USB 接口

3）外控电源。为变频器外电路提供稳恒直流电源。

中小功率变频器的驱动电路与电源电路集成在同一电路板上。驱动电路在接收到主控制板发送的 SPWM 调制信号后，会经历光电隔离和信号放大的处理流程，进而驱动逆变电路中各功率管的开关动作。

（4）外接控制电路

外接控制电路可通过电位器、主令电器、继电器以及多种自控设备实现对变频器的运行控制，并输出变频器的运行状态、故障报警以及运行数据等信号，变频器外接控制电路一般包括外部给定电路、外接输入控制电路、外接输出控制电路和报警输出电路等。

在多数中小容量的变频器中，为减小整机体积、提升电路稳定性和可靠性，同时降低生产成本，外接控制电路通常与主控电路集成在同一电路板上。

四、变频器中的常用电力半导体器件

1. 整流器

变频器使用的整流器通常采用由整流二极管构成的三相或单相整流桥设计，其核心功能是将交流电转换为直流电，以提供逆变电路和控制电路使用。在通用变频器中，整流模块的配置如图 1-2-9 所示，其中小功率整流器主要接到单相 220 V 交流电源，大功率整流器则接到三相 380 V 交流电源。

图 1-2-9　通用变频器中的整流模块

2. 逆变器

逆变器是变频器的核心器件，其在控制电路作用下，可将直流电路输出的直流电转换成频率、电压均可控制的交流电。逆变器的常见结构形式是以六个功率开关器件组成的三相桥式逆变电路。目前，常用的开关器件有晶闸管（SCR）、门极可关断晶闸管（GTO）、电力晶体管（GTR）、电力场效应晶体管（MOSFET）和绝缘栅双极晶体管（IGBT）等。

（1）晶闸管（SCR）

晶闸管有平板式和螺栓式两种类型，如图 1–2–10 所示。作为一种电流控制型元件，晶闸管的控制电路结构复杂，工作频率低，效率也不高，但其电压、电流容量大，目前仍广泛应用于可控整流和交—交变频等变流电路中。

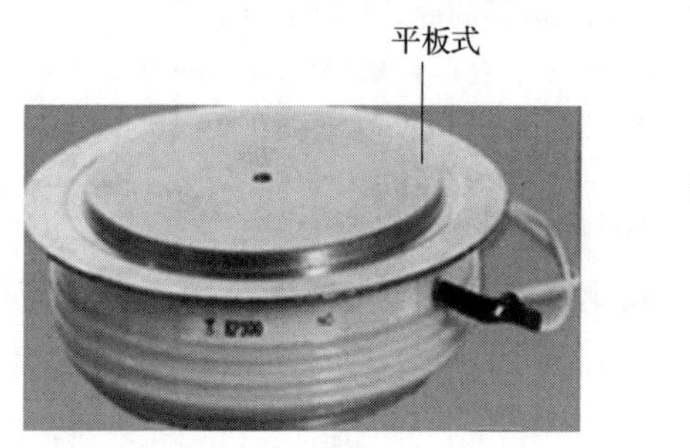

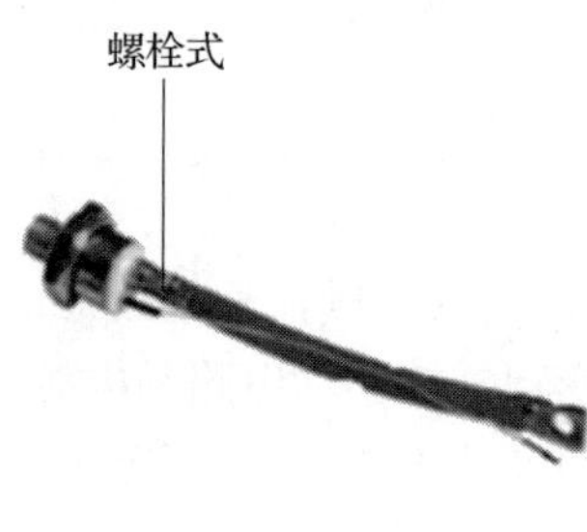

图 1–2–10　平板式和螺栓式晶闸管

（2）门极可关断晶闸管（GTO）

门极可关断晶闸管如图 1–2–11 所示，是一种多元功率集成器件，也属电流控制型元件，一般由十几个甚至数百个共阳极的小 GTO 单元组成。具有高阻断电压和低导通损失率的特性，其电压、电流容量较大，通常可达 6 000 V 和 6 000 A，常用于大功率高压变频器中。

图 1–2–11　门极可关断晶闸管

（3）电力晶体管（GTR）

电力晶体管作为一种双极型大功率高反压晶体管，亦称巨型晶体管，其单管结构与常规双极型晶体管结构类似。在变频器的应用中，GTR 通常以 GTR 模块形式呈现，该模块将 2 至 7 只单管 GTR 或达林顿式 GTR 的管芯集成于一个管壳内，旨在实现出色的耐高压、大电流及优良的开关特性。然而，GTR 的工作频率相对较低，通常在 5 ~ 10 kHz 范围内，且需要较大的驱动功率和复杂的驱动电路。此外，GTR 的耐冲击能力较弱，易因二次击穿而损坏。鉴于以上特点，目前 GTR 的应用多被绝缘栅双极晶体管（IGBT）所取代。图 1–2–12 所示为电力晶体管的外形及内部结构。

（4）电力场效应晶体管（MOSFET）

电力场效应晶体管如图 1–2–13 所示，是一种单极型的电压控制器件，其输入阻抗高、

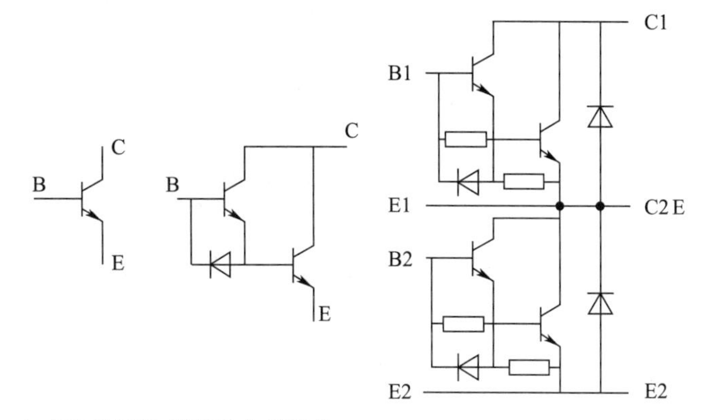

图 1-2-12　电力晶体管的外形及内部结构

驱动功率小、驱动电路简单、开关速度快，开关频率可达 500 kHz 以上。变频器使用的电力场效应晶体管一般是 N 沟道增强型。

（5）绝缘栅双极晶体管（IGBT）

绝缘栅双极晶体管是一种复合型三端电力半导体器件，其外形如图 1-2-14 所示。它将 MOSFET 与 GTR 的卓越性能融为一体，展现出了极佳的输出特性、高速的开关能力以及高频率的工作状态，通常其工作频率可超过 20 kHz。相较于 MOSFET，IGBT 的通态压降更低；而在输入阻抗方面，其值较高。此外，IGBT 的耐压和耐流能力均优于 MOSFET 和 GTR，其最大电流承载能力可达 1 800 A，最高电压承受能力可达 4 500 V。在中小容量的变频器中，IGBT 凭借卓越的性能，占据了绝对主导地位。

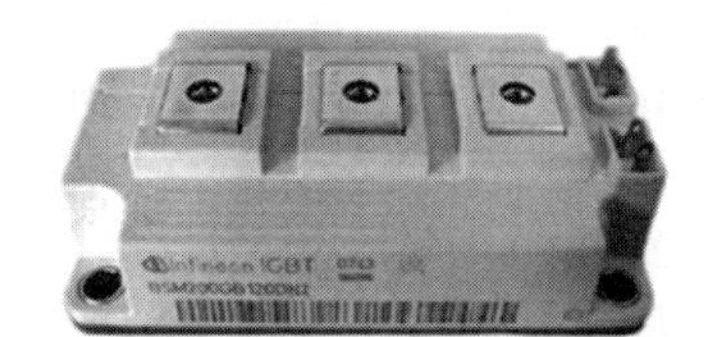

图 1-2-13　电力场效应晶体管

图 1-2-14　绝缘栅双极晶体管的外形

（6）集成门极换流型晶闸管（IGCT）

集成门极换流型晶闸管如图 1-2-15 所示，是一种新型功率半导体器件，该器件不仅继承了 IGBT 的高开关频率特性，同时还兼备了 GTO 的高阻断电压和低导通损失率优点。其设计在 GTO 的基础上进行了优化，例如引入特殊的环状门极设计，并将门极驱动电路与管芯实现一体化集成。目前，IGCT 已成功研发出电压等级为 4 000 V、4 500 V 以及 5 500 V 的产品，并在大容量高压变频电路中得到广泛应用。

图 1-2-15　集成门极换流型晶闸管

（7）智能功率模块（IPM）

智能功率模块是一种混合集成电路，是将大功率开关元件和驱动电路、保护电路、检测电路等集成在同一个模块内，是电力集成电路的一种，其外形和内部结构如图 1-2-16 所示。智能功率模块以其卓越的性能，特别适合逆变器高频化发展的技术趋势。当前，IPM 普遍采用 IGBT 作为核心功率开关元件，构建出适用于单相或三相逆变器的专用功能模块，并在中小容量变频器领域得到广泛应用。

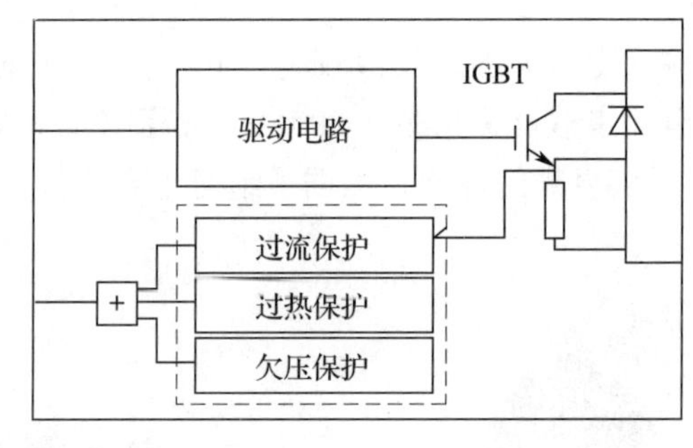

图 1-2-16　智能功率模块的外形和内部结构

图 1-2-17 所示是德国欧派克 BSM50GD120DN2 和日本富士 7MBP150RA120-05 两款 IGBT 功率模块。他们内部高度集成了整流模块、逆变模块、各种传感器、保护电路以及驱动电路。模块的典型开关频率达到 20 kHz，在出现欠电压、过电压或过热故障时，将输出故障信号提示，以确保电力系统的安全稳定运行。

a）德国欧派克BSM50GD120DN2

b）日本富士7MBP150RA120-05

图 1-2-17　IGBT 功率模块

技能训练 1　认识变频器

训练目标

1. 能认识各种品牌的变频器。
2. 能正确解读变频器的型号。
3. 掌握变频器的拆装方法及步骤。
4. 能正确识别变频器的主控端子。

训练准备

实训所需设备及工具材料见表 1-2-5。

表 1-2-5　实训所需设备及工具材料

序号	名称	型号规格	数量	备注
1	电工常用工具		1 套	
2	万用表	MF47 型	1 块	
3	变频器	FR-E840-0026-4-60（0.75 kW）	1 台	拆装
		其他品牌	若干	识别
4	变频器使用手册	FR-E800 使用手册（基础篇）	1 本	

训练内容

一、认识变频器

1. 在教师指导下，通过查阅资料，认识各种品牌的变频器，如图 1-2-18 所示。
2. 在教师指导下，通过查阅资料，解释变频器型号的含义，并填写表 1-2-6。

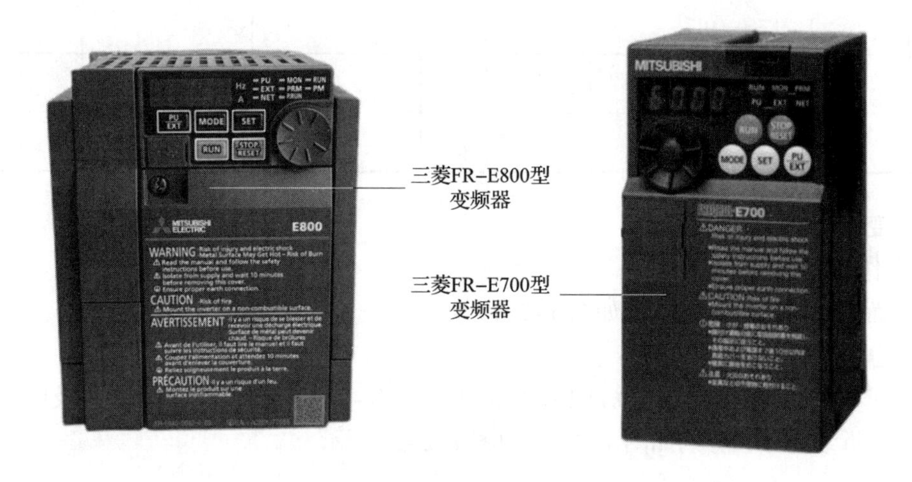

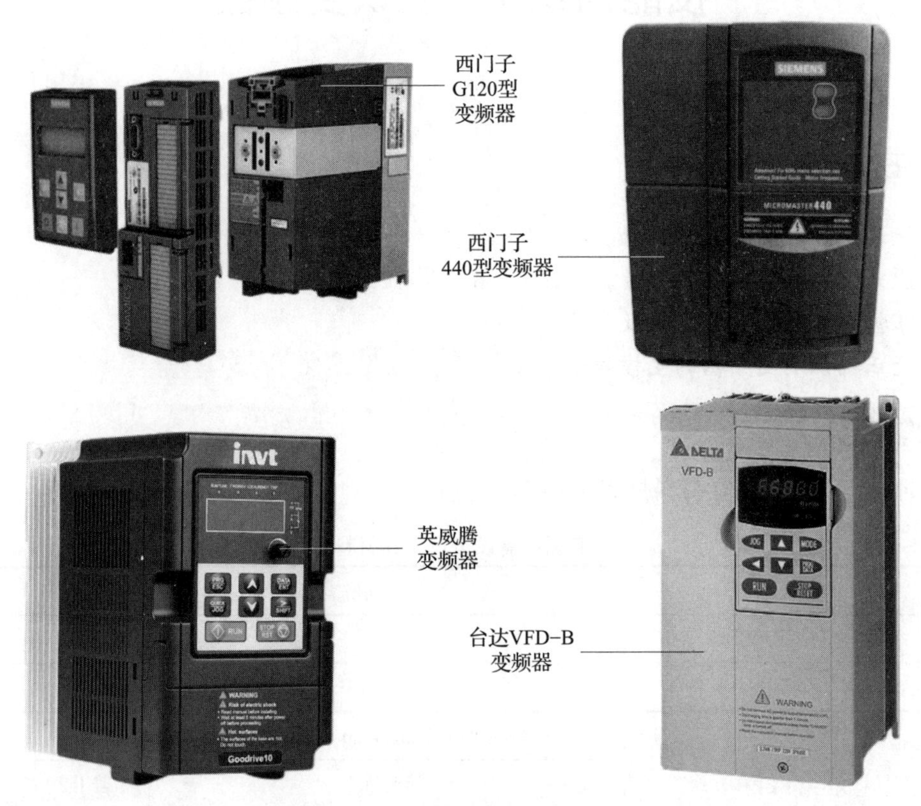

图 1-2-18　各种品牌的变频器

表 1-2-6　　变频器型号的含义

序号	变频器型号	电压等级	变频器容量	电源相数	备注
1	FR-E840-0016-4-60				
2	FR-E840-0026-4-60				
3	FR-E860-0017				
4	FR-E820S-0080-4-60				
5	FR-E820-0050-4-60				

二、变频器的拆装

1. 操作面板的拆卸

操作面板的拆卸方法及步骤如图 1-2-19 所示。

2. 前盖板的拆装

（1）三菱 FR-E820-0050（0.75 kW）及以下、FR-E820S-0030（0.4 kW）及以下型变频器前盖板的拆装方法，分别如图 1-2-20 和图 1-2-21 所示。

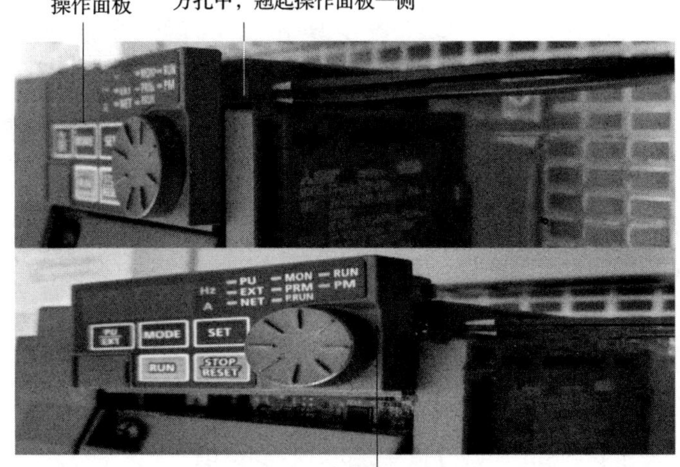

图 1-2-19　操作面板的拆卸方法及步骤

1）拆卸

a. 拧松前盖板的安装螺丝（不能卸下）。

b. 以前盖板的下部为支点，向前拉出盖板并卸下。前盖板卸下后，即可进行控制电路端子的连线和内置选件的安装。

2）安装

a. 确认前盖板背面的固定卡爪位置。

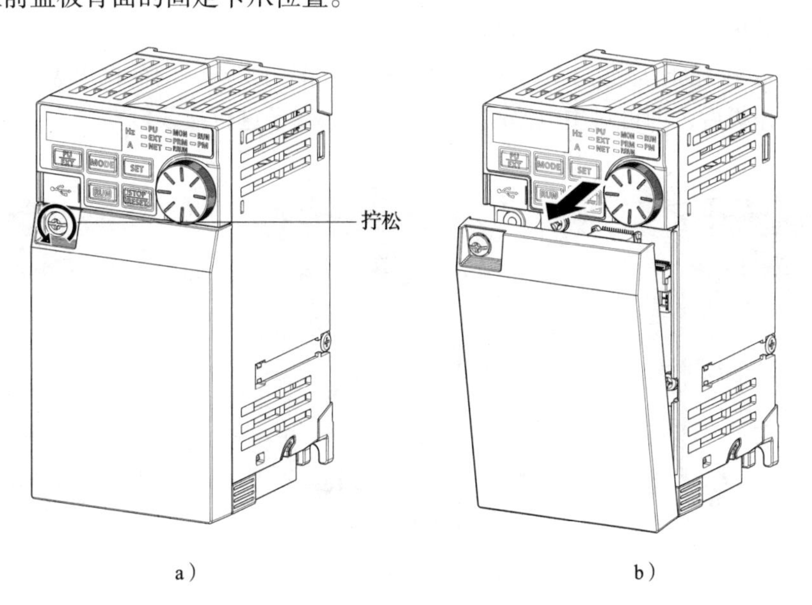

图 1-2-20　前盖板的拆卸方法

b. 将前盖板的固定卡爪插入接线盖板的沟槽中，并将前盖板安装至变频器本体。

c. 紧固前盖板的安装螺丝。

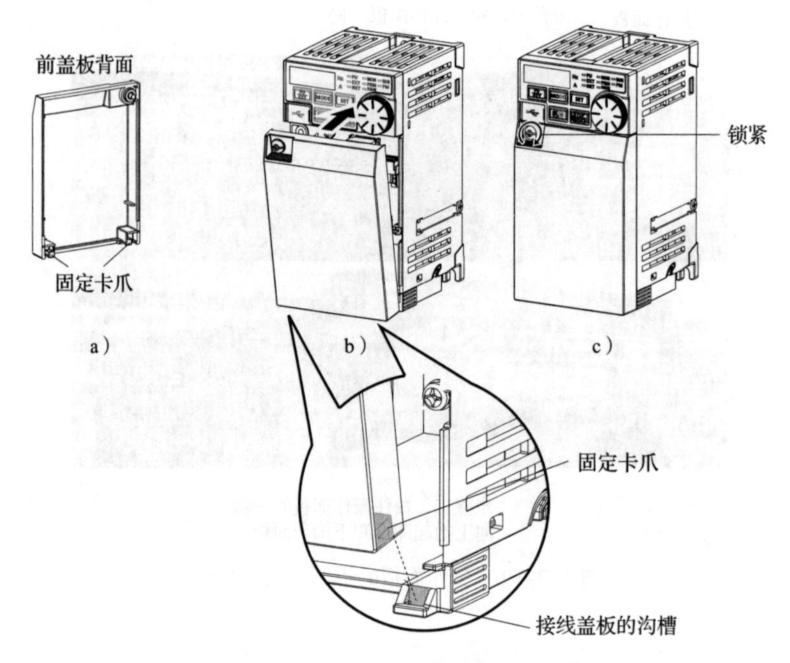

图 1-2-21　前盖板的安装方法

（2）三菱 FR-E820-0240（5.5 kW）及以上、FR-E840-0230（11 kW）及以上型变频器前盖板的拆装方法，分别如图 1-2-22 和图 1-2-23 所示。

1）拆卸

a. 拧松前盖板的安装螺丝（不能卸下）。

b. 按住前盖板侧面的安装卡爪，同时以盖板的上部为支点，向前拉出盖板并卸下。

c. 拆下前盖板后，即可对主电路端子、控制电路端子进行接线。

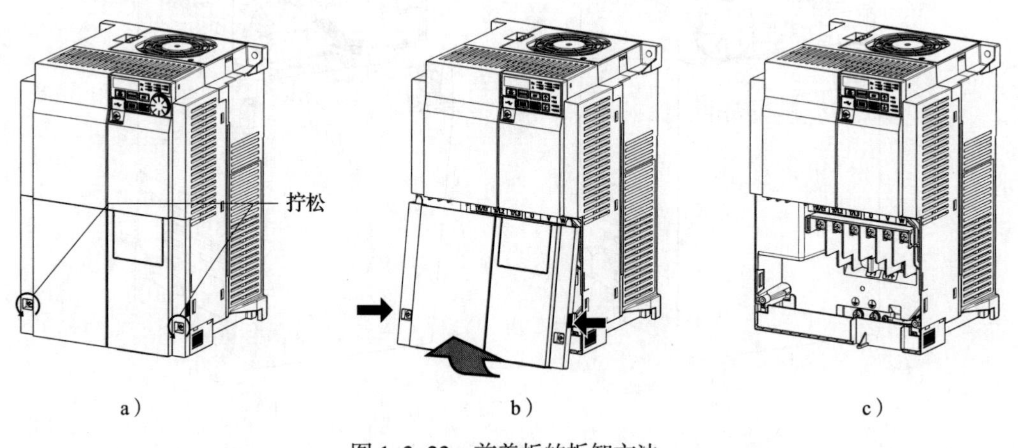

图 1-2-22　前盖板的拆卸方法

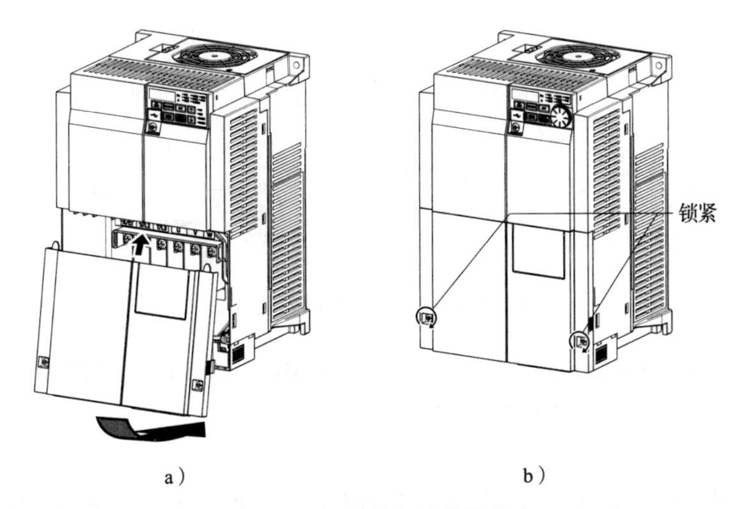

图 1-2-23　前盖板的安装方法

2）安装

a. 安装前盖板时，应使其上部卡爪卡入变频器本体的切槽中。

b. 紧固前盖板下部的安装螺丝。

操作提示

拆装过程中，注意不要损坏前盖板。

3. 接线盖板的拆装

（1）三菱 FR-E820-0080（1.5 kW）~ FR-E820-0175（3.7 kW）、FR-E840-0016（0.4 kW）~ FR-E840-0095（3.7 kW）、FR-E820S-0050（0.75 kW）及以上型变频器接线盖板的拆装方法，分别如图 1-2-24 和图 1-2-25 所示。

1）拆卸

a. 用一字旋具由接线盖板的“PUSH”处插入，将挡板向深处按压约 3 mm。

b. 将接线盖板沿箭头所示方向，由下侧向前拉出并卸下。

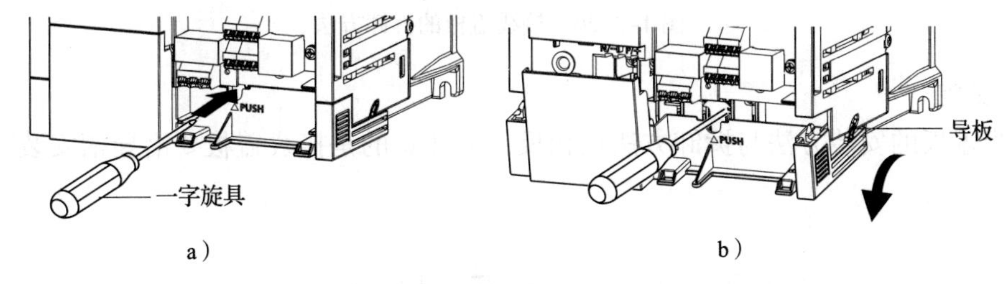

图 1-2-24　接线盖板的拆卸方法

2）安装

接线盖板的安装方法与拆卸方法相反，需注意的是接线盖板要沿导槽安装至变频器本体后再按压卡爪。

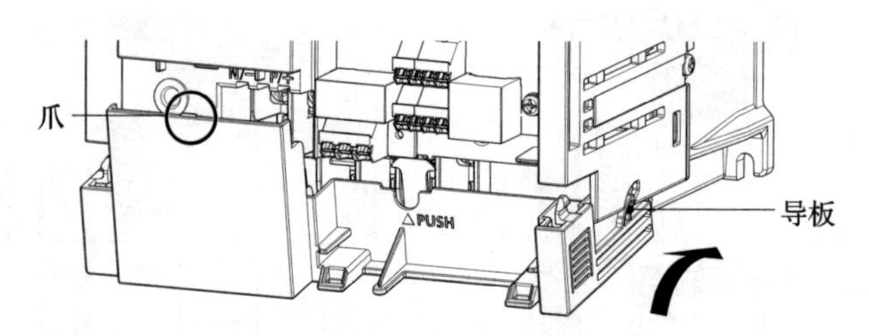

图 1-2-25　接线盖板的安装方法

（2）三菱 FR-E840-0120（5.5 kW）、FR-E840-0170（7.5 kW）型变频器接线盖板的拆装方法，分别如图 1-2-26 和图 1-2-27 所示。

1）拆卸

a. 用一字旋具由接线盖板的“PUSH”处插入，将挡板向深处按压约 3 mm。

b. 将接线盖板沿箭头所示方向，由下侧向面前拉出并卸下。

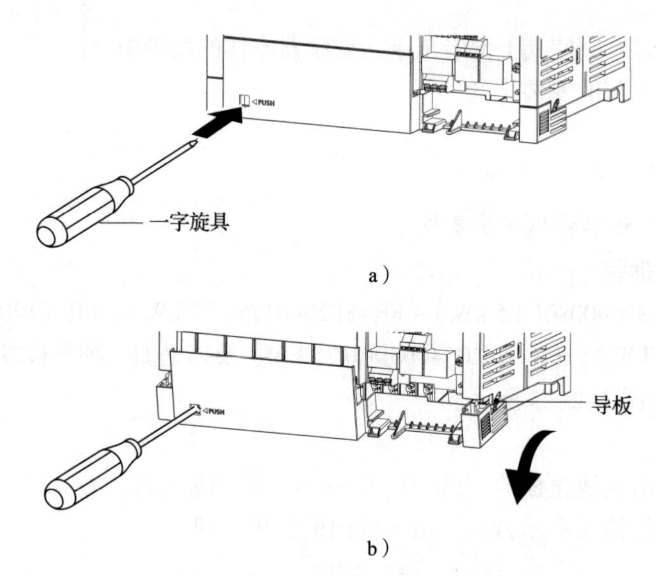

a）

b）

图 1-2-26　接线盖板的拆卸方法

2）安装

接线盖板的安装方法与拆卸方法正相反，需注意的是接线盖板要沿导槽安装至变频器本体。

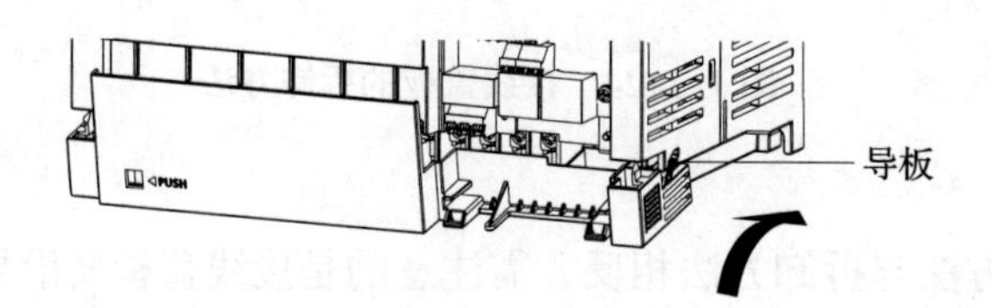

图 1-2-27　接线盖板的安装方法

变频器的正面盖板一般都会标有容量铭牌，机身侧面会标有额定铭牌，铭牌中印有相同的制造编号。若同时对多个同系列的变频器进行拆装，安装时应注意检查核对制造编号是否一致，以免盖板安装错误。

4. 认识主控制板及主控端子

图 1-2-28 所示是三菱 FR-E840-0026-4-60（0.75 kW）型变频器的主控制板及主控端子，对照变频器实物，认识其主控制板及主控端子所在位置。

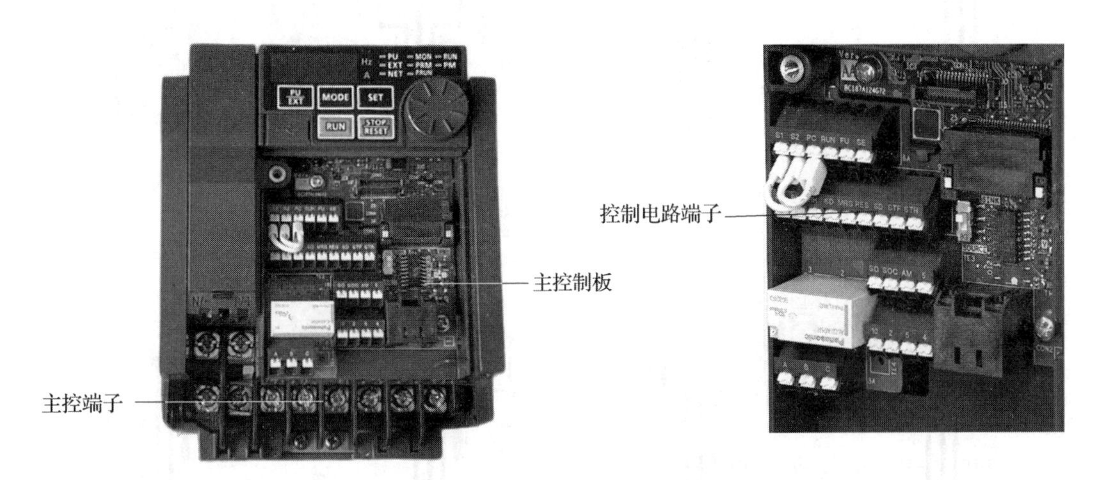

图 1-2-28　三菱 FR-E840-0026-4-60（0.75 kW）型变频器的主控制板及主控端子

不同功率的三菱 FR-E800 系列变频器，其主控端子的排列各不相同。具体如图 1-2-29 所示。

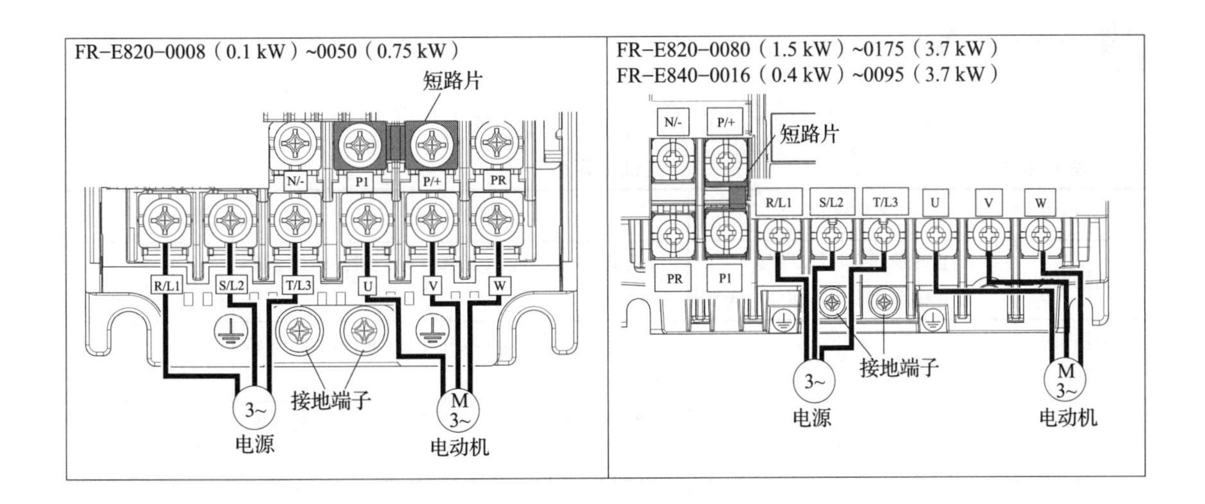

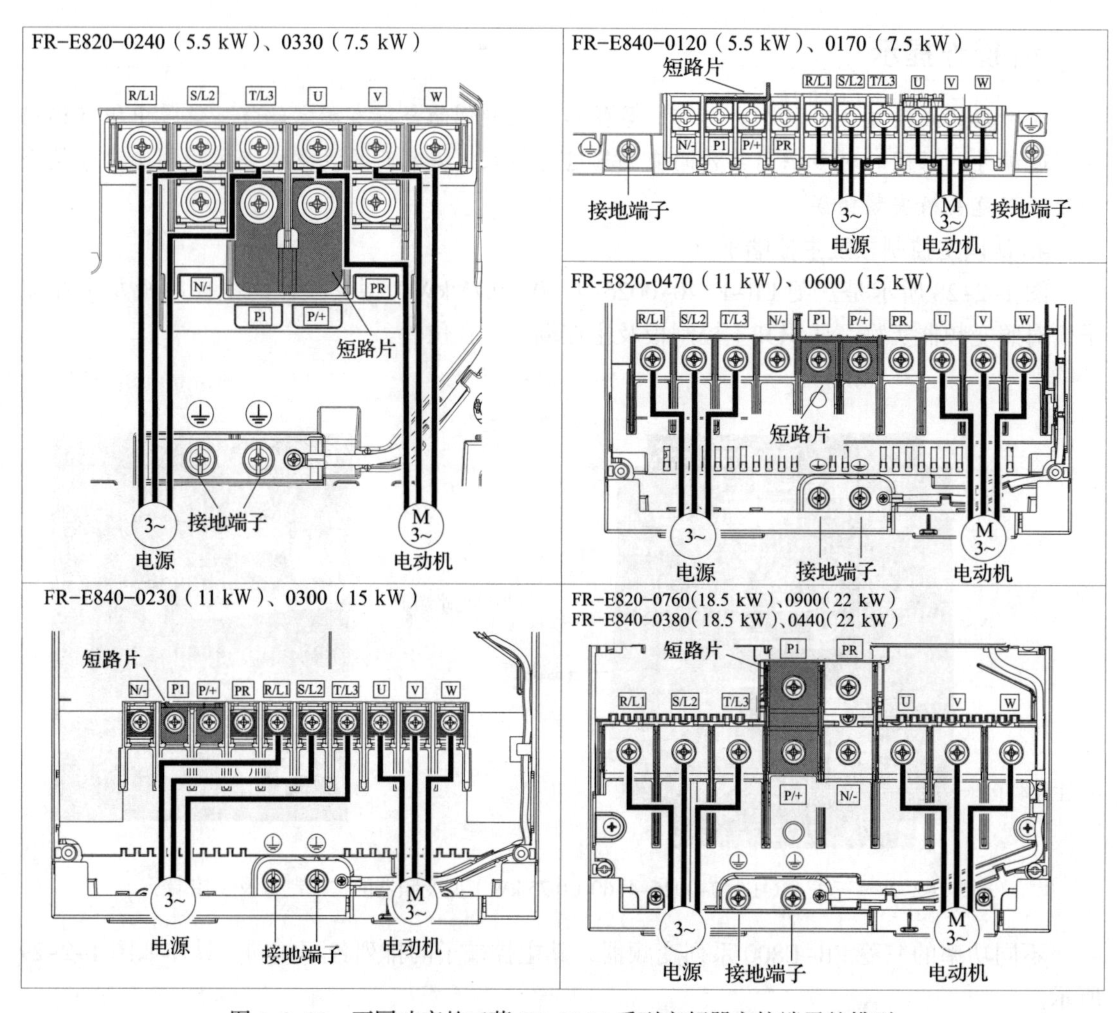

图 1-2-29　不同功率的三菱 FR-E800 系列变频器主控端子的排列

检查测评

对实训内容完成情况进行检查，并将检查结果填入表 1-2-7 中。

表 1-2-7　　　　实训测评表

项目内容	考核要点	评分标准	配分	得分
识读铭牌	1. 正确识读变频器品牌 2. 正确解读变频器型号的含义	识读或解读错误 1 处扣 5 分；错误超过 2 处不得分	10	
前盖板的拆装	拆装方法及步骤正确	拆装方法不规范 1 处扣 5 分；损坏元器件本项不得分	25	
接线面板的拆装	拆装方法及步骤正确	拆装方法不规范 1 处扣 5 分；损坏元器件本项不得分	25	
主控端子的识别	能正确识别主电路和控制电路端子及制动端子所在位置	识别错误每处扣 2 分	30	

续表

<table>
<tr><th>项目内容</th><th>考核要点</th><th colspan="2">评分标准</th><th>配分</th><th>得分</th></tr>
<tr><td>安全文明生产</td><td>劳动保护用品穿戴整齐；电工工具佩带齐全；遵守操作规程</td><td colspan="2">1. 违反安全文明生产要求每项扣 2 分，扣完为止
2. 操作存在重大安全事故隐患应立即停止，并扣 5 分</td><td>10</td><td></td></tr>
<tr><td rowspan="2">工时定额
30 min</td><td rowspan="2">每超过 5 min 扣 5 分</td><td>开始时间</td><td></td><td rowspan="2">—</td><td rowspan="2"></td></tr>
<tr><td>结束时间</td><td></td></tr>
<tr><td>教师评价</td><td colspan="2"></td><td>成绩</td><td>100</td><td></td></tr>
</table>

技能训练 2　电力半导体器件的识别与检测

训练目标

1. 能正确识别三菱 FR-E840 型变频器中的电力半导体器件。
2. 掌握变频器中电力半导体器件的检测方法。

训练准备

实训所需设备及工具材料见表 1-2-8。

表 1-2-8　　实训所需设备及工具材料

序号	名称	型号规格	数量	备注
1	电工常用工具		1 套	
2	万用表	MF47 型	1 块	
3	变频器	FR-E840-0026-4-60（0.75 kW）	1 台	识别
4	电力半导体器件	整流模块、逆变模块（型号自定）	若干	检测

训练内容

一、变频器中电力半导体器件的识别

在教师指导下，对变频器上的电力半导体器件进行识别。如图 1-2-30 所示是三菱 FR-840 型变频器中的电力半导体器件及其所处位置。

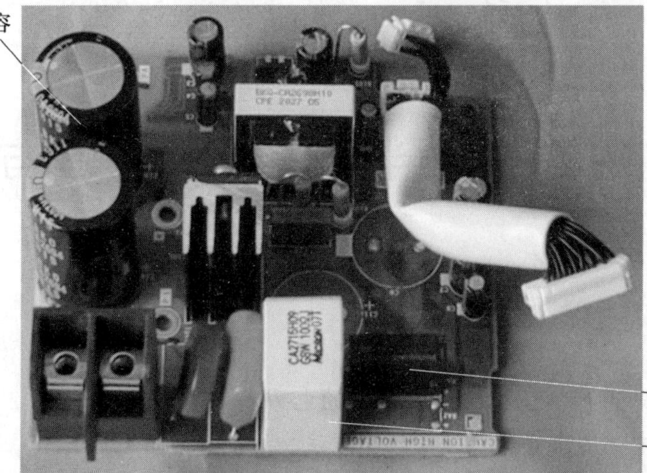

图 1-2-30　三菱 FR-840 型变频器中的电力半导体器件及其所在位置

二、电力半导体器件的检测

1. 整流模块的在线检测

（1）万用表及工具准备（包括指针式万用表、十字旋具、尖嘴钳等）。

（2）在断电情况下，拆除变频器与外部的电源连接线（R、S、T）以及与电动机的电源连接线（U、V、W），拆除电源连接线后的变频器主电路简化图如图 1-2-31 所示。

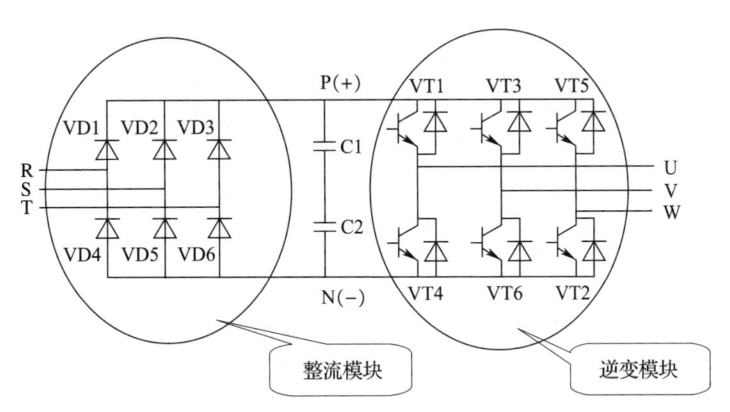

图 1-2-31　拆除电源连接线后的变频器主电路简化图

（3）变频器主电路端子如图 1-2-32 所示，找到变频器内部直流电源的 N/− 端和 P/+ 端，将万用表调至 R×10 挡，红表笔接 P/+ 端，黑表笔依次接 R/L1、S/L2 和 T/L3 端，正常应测得阻值为几十欧且数值接近；相反将黑表笔接 P/+ 端，红表笔依次接 R/L1、S/L2 和

a）实物图

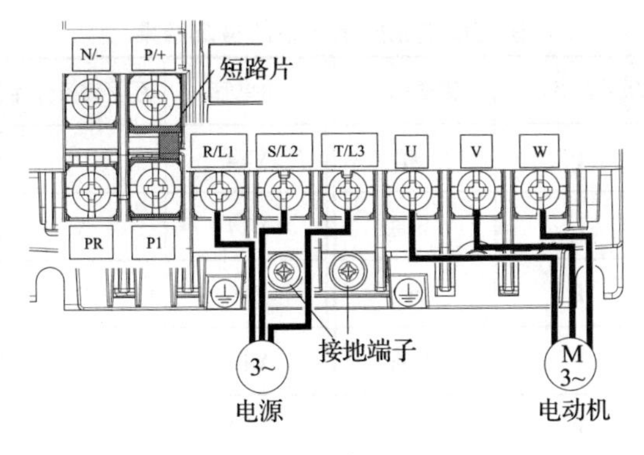

b）示意图

图 1-2-32　变频器主电路端子

T/L3 端，正常应测得阻值近似无穷大。将红表笔接 N/– 端，重复以上步骤，应得到相同结果。

整流模块完好情况下的检测结果应如表 1–2–9 所示。

表 1–2–9　整流模块完好情况下的检测结果

整流二极管	万用表极性 +	万用表极性 –	测定结果	整流二极管	万用表极性 +	万用表极性 –	测定结果
VD1	R	P	通	VD4	R	N	不通
VD1	P	R	不通	VD4	N	R	通
VD2	S	P	通	VD5	S	N	不通
VD2	P	S	不通	VD5	N	S	通
VD3	T	P	通	VD6	T	N	不通
VD3	P	T	不通	VD6	N	T	通

操作提示

①若出现以下检测结果，可判定电路异常。

- ◆ 阻值三相不平衡，说明整流桥出现故障。
- ◆ 红表笔接 P/+ 端时，测得电阻无穷大，说明整流桥或限流电阻出现故障。

②必须确认主电路滤波电解电容器放电完毕后才能测量。

③受主电路电解电容器影响，测量时应待万用表指示值稳定后再读数。

2. 逆变模块的在线检测

如图 1–2–32 所示，将红表笔接 P/+ 端，黑表笔分别接 U、V、W 端，正常应测得阻值为几十欧且数值接近，反相测量阻值近似无穷大。将黑表笔接 N/– 端，重复以上步骤应测得相同结果，否则可确定逆变模块有故障。

逆变模块完好情况下的检测结果应如表 1–2–10 所示。

表 1–2–10　逆变模块完好情况下的检测结果

功率管	万用表极性 +	万用表极性 –	测量结果	功率管	万用表极性 +	万用表极性 –	测量结果
VT1	U	P	通	VT4	U	N	不通
VT1	P	U	不通	VT4	N	U	通
VT3	V	P	通	VT6	V	N	不通
VT3	P	V	不通	VT6	N	V	通
VT5	W	P	通	VT2	W	N	不通
VT5	P	W	不通	VT2	N	W	通

操作提示

①用上述方法检测逆变模块只能初步认定模块正常。

②一旦查出逆变模块损坏就不能再通电，以免造成不良后果。

3. IGBT 的检测

IGBT 的极性判断和好坏检测方法见表 1–2–11。

表 1–2–11　　IGBT 的极性判断和好坏检测方法

检测项目		方法与步骤
极性判断	栅极（G）	1. 将万用表拨至 R × 1 k 挡 2. 用红黑表笔测得某一极与其他两极间的电阻值为无穷大，则调换表笔继续测量 3. 调换表笔后，若测得该极与其他两极的电阻值仍为无穷大，则可判定该极为栅极（G）
	集电极（C） 发射极（E）	4. 用红黑表笔测得某一极与其他两极间的电阻为无穷大，若调换表笔后测得该极与某极间的电阻值较小，则可判定红表笔所接为集电极（C），黑表笔所接为发射极（E）
好坏检测	IGBT 正常的情况	1. 将万用表拨至 R × 10 k 挡 2. 用黑表笔接集电极（C），红表笔接发射极（E），此时万用表应显示电阻值为无穷大 3. 用手指同时触及栅极（G）和集电极（C），此时 IGBT 触发导通，万用表应显示电阻值为较小值并固定在某一位置 4. 用手指改同时触及栅极（G）和发射极（E），此时 IGBT 被阻断，万用表指针应重新显示电阻值为无穷大，由此可判断 IGBT 正常
	IGBT 异常的情况	1. 若测得 IGBT 三个引脚间的电阻值均很小，则说明该管已击穿损坏 2. 若测得 IGBT 三个引脚间的电阻值均为无穷大，则说明该管已开路损坏

操作提示

①用指针式万用表检测 IGBT 的好坏，之所以要将万用表拨至 R × 10 k 挡，是因为其他各挡的内部电池电压太低，无法得出正确判断。

②此方法同样可用于检测功率场效应晶体管（P–MOSFET）的好坏。

检查测评

对实训内容的完成情况进行检查，并将检查结果填入表 1–2–12 中。

表 1–2–12　　实训测评表

项目内容	考核要点	评分标准	配分	得分
认识元器件	正确识别整流模块和逆变模块	识别错误 1 处扣 5 分；错误超过 2 处不得分	20	
整流模块的在线检测	检测方法及步骤正确	检测方法不正确 1 处扣 5 分；检测结果错误本项不得分	25	

续表

项目内容	考核要点	评分标准	配分	得分
逆变模块的在线检测	检测方法及步骤正确	检测方法不正确1处扣5分；检测结果错误本项不得分	25	
IGBT的检测	检测方法及步骤正确	检测方法不正确1处扣2分；检测结果错误本项不得分	20	
安全文明生产	劳动保护用品穿戴整齐；电工工具佩带齐全；遵守操作规程	1. 违反安全文明生产要求，每项扣2分，扣完为止 2. 操作存在重大安全事故隐患应立即停止，并扣5分	10	
工时定额 30 min	每超过5 min扣5分	开始时间 结束时间	—	
教师评价		成绩	100	

§1-3 变频器的控制方式

学习目标

1. 熟悉 *U*/*f* 恒定控制方式。
2. 熟悉转差频率控制方式。
3. 了解矢量控制方式。
4. 了解直接转矩控制方式。

在三相异步电动机的变频调速系统中，变频器能够基于电动机的具体特性，对供电电压、电流以及频率等进行精准而适当的控制。不同的控制方式直接影响电动机的调速性能、特性以及应用场景，从而带来各异的控制效果。目前，变频器在电动机控制领域的应用主要涵盖 *U*/*f* 恒定控制、转差频率控制、矢量控制和直接转矩控制等多种方式。

一、*U*/*f* 恒定控制

变频器在调节电动机电源频率的同时，亦同步调整其电源电压，使电动机磁通维持恒定，这种控制方式被称为 *U*/*f* 恒定控制，亦称 VVVF（变压变频）控制模式。实现变压变频的方式有很多，其中常用的有脉冲幅值调制（PAM）、脉冲宽度调制（PWM）和正弦脉冲宽度调制（SPWM）等。

1. PAM 方式

PAM 方式是通过改变直流侧的电压幅值来实现电压调控的。在变频器中，逆变器只负责调节输出频率，而输出电压则由相控整流器或直流斩波器通过调节直流电压来控制。PAM 方式一般在采用晶闸管逆变器的中大功率变频器中应用较为广泛。

2. PWM 方式

PWM 方式是一种广泛应用的调制技术，其核心原理是在维持整流后直流电压恒定的情况下，通过调整输出脉冲的宽度（或以占空比的形式表示），同步调整输出频率，进而实现对等效输出电压的有效调节。

如图 1-3-1 所示，变频器的输出电压和输出频率均采用 PWM 逆变器调节。在控制电路中采用载波信号与参考信号相比较的方法产生基极驱动信号。载波信号 U_C 采用单极性等腰三角波，参考信号 U_r 采用可变的直流电压，在波形交点处发出调制信号 U_d。

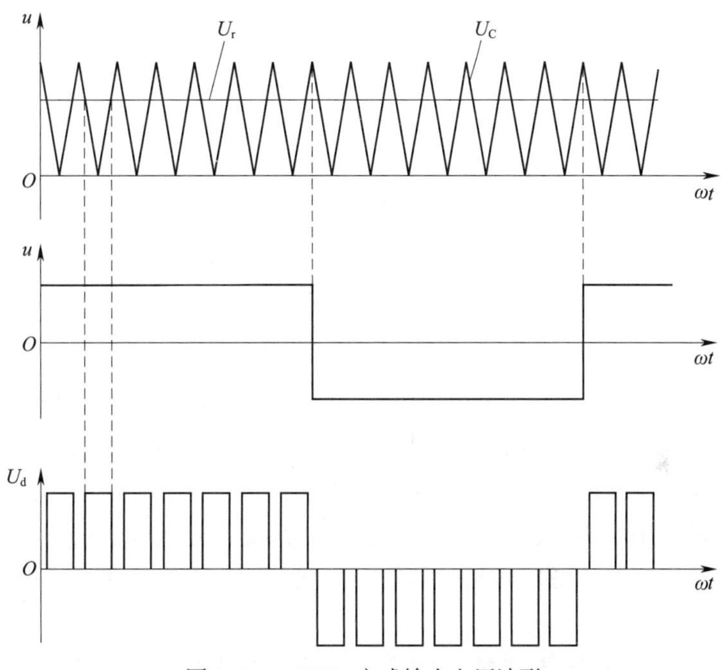

图 1-3-1　PWM 方式输出电压波形

由图分析可以看出，当载波信号 U_C 的三角波幅值维持恒定时，调整参考信号 U_r 的幅值即可使输出脉冲宽度相应发生改变，进而实现对输出基波电压大小的调控。当改变载波信号三角波的频率，并保持每周期输出的脉冲数不变时，亦可改变基波电压的频率。

在实际控制中，可同时改变载波信号三角波的频率和直流参考信号的幅值，使逆变器的输出电压在变频的同时相应调压，以满足一般变频调速的需要。

3. SPWM 方式

采用 PWM 方式控制得到的输出电压波形为非正弦波，在用于驱动三相交流异步电动机时性能较差。如果让每半个周期的脉冲宽度都按正弦规律变化，即脉冲宽度先逐渐增大，再逐渐减小，输出电压也会按正弦规律变化，这就是工程中应用最多的正弦波脉宽调制（SPWM），如图 1-3-2 所示。

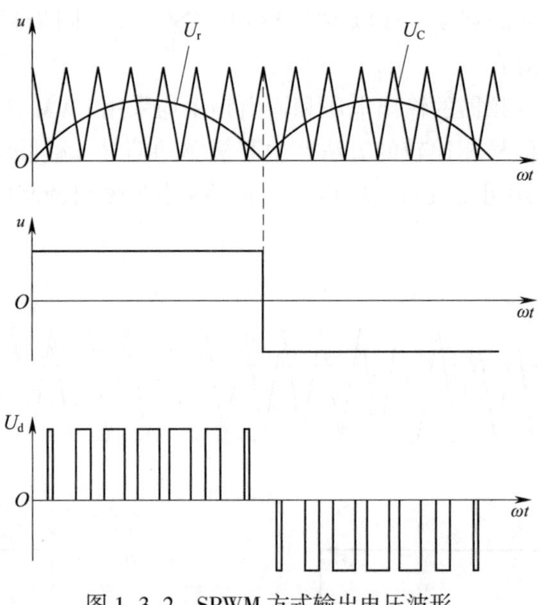

图 1-3-2　SPWM 方式输出电压波形

SPWM 方式的显著特点是其半个周期内脉冲中心线保持等距分布，脉冲幅度恒定而宽度呈现变化，且变化遵循正弦分布规律。此外，各脉冲所覆盖的面积总和与正弦波下的面积呈现比例关系。这一特性使得 SPWM 调制波形更加接近正弦波，从而极大地减少了谐波分量的产生。在实际应用场景中，对于三相逆变器，系统首先通过三相正弦波发生器生成三相参考信号，随后将这些参考信号与公共的三角载波信号进行比对，进而产生三相脉冲调制波。

图 1-3-3 所示为 *U/f* 恒定控制的 PWM 变频器主控制电路框图。在此框图中，主电路开关器件的基极驱动信号是通过载波信号与正弦波参考信号的比较产生的。一旦参考信号的幅值被调整，脉冲宽度将随之变动，从而实现对主电路输出电压大小的控制。同时，当调整输出频率时，输出电压的频率亦会相应发生改变。

U/f 恒定控制的 PWM 变频器通常为交 - 直 - 交电压型变频器，输入端接三相交流电源，输出端接三相交流异步电动机。在图 1-3-3 中，LA 为加减速控制环节，它将阶跃的速度设定信号变为缓慢变化的设定信号，以减小启动和制动时的电流冲击。μ-COM 为微型计算机处理单元，它包括存有正弦波形数据的只读存储器 EPROM 和产生 EPROM 地址的计数器。VFC 为压频变换器，它将速度设定的电压信号变为频率信号（脉冲），反映速度（电压）设定的脉冲送入 μ-COM 中的计数器，计数器的数据作为 EPROM 的地址，改变计数频率，即

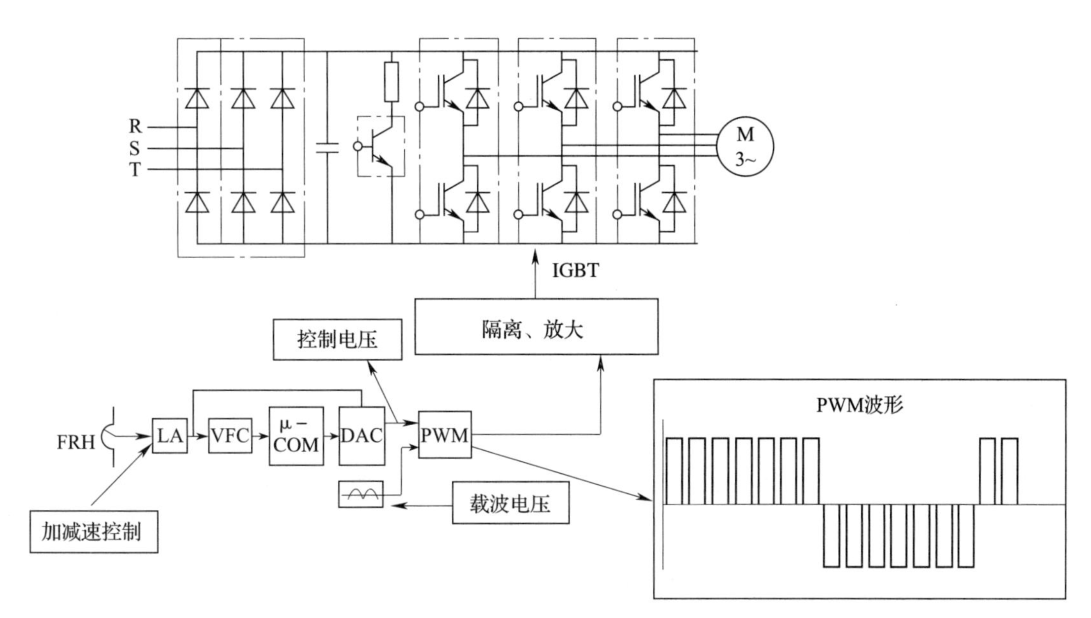

图 1-3-3　*U*/*f* 恒定控制的 PWM 变频器主控制电路框图

可改变 EPROM 的地址扫描频率变化。EPROM 的数据送至数 / 模转换器（DAC），DAC 设有乘法功能，它的电压参考端直接接至速度（电压）设定端（VFC 的输入）。DAC 的输出电压波形的幅值正比于速度设定值，从而实现 *U*/*f* 恒定控制。控制电压和三角波进行调制获得 PWM 控制信号。PWM 控制信号（通常为逻辑电平）经隔离、放大，变成可以控制变频器主电路开关器件 IGBT 通断的电压或电流信号。

二、转差频率控制

在没有任何附加措施的情况下，变频器采用 *U*/*f* 恒定控制方式，如果负载发生变化，转速也会随之变化，转速的变化量与转差率成正比。这时 *U*/*f* 恒定控制的静态调速精度明显较差，为提高调速精度，常采用转差频率控制方式。

通过对速度传感器的检测，可以求出转差频率 Δf，将它与速度设定值 f^* 进行叠加，以叠加值作为逆变器的频率设定值 f_1^*，就实现了转差补偿。这种实现转差补偿的闭环控制方式称为转差频率控制方式。与 *U*/*f* 恒定控制方式相比，其调速精度大为提高。然而，通过速度传感器计算转差频率，必须根据特定电动机的机械特性进行控制参数的调整，这种控制方法在通用性方面存在一定的局限性。

三、矢量控制方式

U/*f* 恒定控制方式和转差频率控制方式的控制思路都是建立在异步电动机的静态数学模型之上的，因此动态性能指标不高。对于轧钢、造纸等对设备动态性能要求较高的场合，则可采用矢量控制变频器。

矢量控制也称磁场定向控制，是一种基于测量与控制异步电动机定子电流矢量的方法。此方法遵循磁场定向原理，对异步电动机的励磁电流与转矩电流进行精准调控，旨在实现对异步电动机转矩的有效控制。具体而言，就是将异步电动机的定子电流矢量分解为两大部分：一是产生磁场的电流分量（即励磁电流），二是产生转矩的电流分量（即转矩电流）。通过分别控制这两大分量，并同步调整它们之间的幅值与相位，即实现对定子电流矢量的整体控制。这种控制策略，即被称为矢量控制方式。

目前，在变频器中实际应用的矢量控制方式主要有基于转差频率的矢量控制方式和无速度传感器的矢量控制方式。

（1）基于转差频率的矢量控制方式

基于转差频率的矢量控制要经过坐标变换对电动机定子电流的相位进行控制，使之满足一定条件，以消除转矩电流过渡过程中的波动。因此，基于转差频率的矢量控制方式比转差频率控制方式在输出特性方面能够获得更大改善。但是，这种控制方式属于闭环控制方式，需要在电动机上安装转速传感器，因此，应用范围受到一定限制。

（2）无速度传感器的矢量控制方式

无速度传感器的矢量控制方式是通过坐标变换处理分别对励磁电流和转矩电流进行控制，然后通过控制电动机定子绕组上的电压、电流辨识转速，以达到控制励磁电流和转矩电流的目的。这种控制方式调速范围宽，启动转矩大，工作可靠，操作方便，但计算比较复杂，一般需要专门的处理器来进行计算，因此，实时效果不太理想，其控制精度在很大程度上受到计算精度的制约。

矢量控制是变频器的一种高性能控制方式，其具有控制低频转矩大、机械特性硬和动态响应好等优点。

四、直接转矩控制方式

尽管在控制原理上矢量控制要优于 *U/f* 恒定控制，但在实际应用中，由于转子磁链难以观测，系统性能受电动机参数的影响较大，且矢量变换复杂，这都使得矢量控制的实际效果难以达到理论分析的结果。为了弥补矢量控制的不足，避免复杂的坐标变换，减少对电动机参数的依赖，进而采取了一种新型控制方式——直接转矩控制方式。

直接转矩控制方式是在矢量控制技术之后发展起来的一种新型交流变频调速技术。其控制思路是将逆变器和电动机看成一个整体，通过检测到的定子电压和电流，直接在定子坐标系中计算控制电动机的磁链和转矩，通过跟踪 PWM 逆变器的开关状态直接控制转矩，其转矩响应迅速，无超调，具有较高的动静态性能。

第二章 变频器的基本操作与控制

§2-1 变频器的面板操作与控制

学习目标

1. 熟悉三菱变频器的操作面板。
2. 掌握三菱变频器操作面板的主要功能和操作方法。
3. 掌握三菱变频器基本参数和功能的设置方法。
4. 掌握三菱变频器的 PU 模式操作方法。

目前，三菱变频器是应用较广泛的变频器之一，其常见类型如图 2-1-1 所示，有多功能、紧凑型的 FR-E800 系列，小功率、高性能、经济型的 FR-D700 系列和 FR-E700 系列，高性能、矢量型的 FR-A800 系列和 FR-A700 系列以及风机水泵专用的 FR-F800 系列等。本书举例的 FR-E840 型变频器即属于三菱的 FR-E800 系列。

a）FR-E800系列

b）FR-D700系列

c）FR-E700系列

d）FR–A800系列

e）FR–A700系列

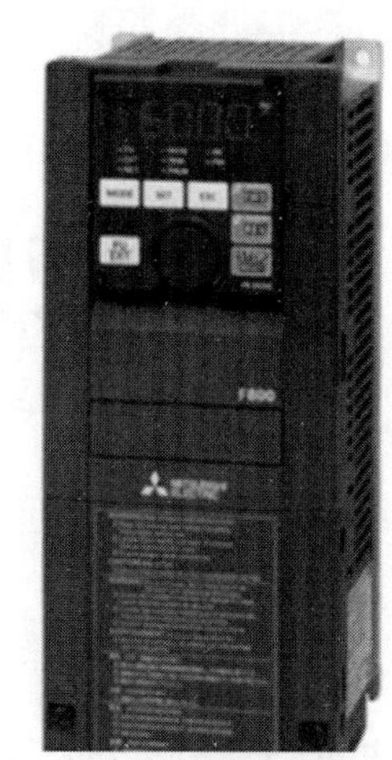

f）FR–F800系列

图 2–1–1　三菱变频器的常见类型

在使用变频器之前，首先要熟悉变频器的操作面板（或称控制单元），然后才能按使用场合要求合理设置参数。

一、变频器的操作面板

图 2–1–2 所示为三菱 FR–E840 型变频器的标准规格操作面板，其显示及按键功能说明见表 2–1–1。

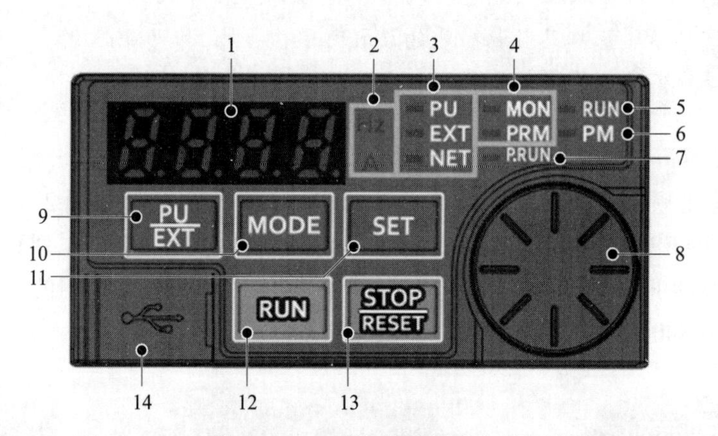

图 2–1–2　三菱 FR–E840 型变频器的标准规格操作面板

表 2–1–1　三菱 FR–E840 型变频器的显示及按键功能说明

编号	部位	名称	功能
1	8.8.8.8	显示屏 （4 位 LED）	显示频率、参数、编号等 （通过设定 Pr.52、Pr.774 ~ Pr.776，可以变更监视项目）
2	Hz A	单位指示灯	Hz：显示屏显示频率时亮灯（设定显示频率时闪烁） A：显示屏显示电流时亮灯（设定显示电流时闪烁） （显示屏显示其他信息时，两灯均熄灭）

续表

编号	部位	名称	功能
3	PU EXT NET	运行模式指示灯	PU：PU 运行模式时亮灯 EXT：外部运行模式时亮灯（初始设定时，电源打开后即亮灯） NET：网络运行模式时亮灯 （PU/ 外部组合运行模式时，PU 和 EXT 两灯均亮起）
4	MON PRM	操作面板状态指示灯	MON：仅第 1 ~ 3 监视器显示时亮灯或闪烁 PRM：参数设定模式时亮灯，选择简单设定模式时闪烁
5	RUN	运行状态指示灯	变频器运行时亮灯或闪烁 亮灯：正转运行中 缓慢闪烁（1.4 s 周期）：反转运行中 快速闪烁（0.2 s 周期）：虽输入了启动指令但无法运行的状态 *
6	PM	电动机控制指示灯	设定 PM 无传感器矢量控制时亮灯 选择试运行状态时闪烁 感应电动机设定时灯灭
7	P.RUN	顺控功能有效指示灯	顺控功能运行时亮灯（发生顺控错误时闪烁）
8		M 旋钮	变更频率以及参数设定值 按下旋钮后显示屏显示如下内容： ● 监视模式时的设定频率（可通过 Pr.992 进行变更） ● 当前参数设定值
9	PU EXT	【PU/EXT】键	用于切换 PU、PU 点动（JOG）和外部运行模式 与【MODE】键同时按下后，可切换至运行模式的简单设定模式 解除 PU 运行模式
10	MODE	【MODE】键	模式切换 与【PU/EXT】键同时按下后，可切换至运行模式的简单设定模式 长按 2 s 可进行操作锁定，Pr.161= “0”（初始值）时按键锁定模式无效
11	SET	【SET】键	确定各项设定 如果在运行中按下，显示屏显示内容将发生变化 初始设定时 输出频率 → 输出电流 → 输出电压 →（返回输出频率） （通过设定 Pr.52、Pr.774 ~ Pr.776，可以变更监视项目）
12	RUN	【RUN】键	启动指令 可通过 Pr.40 的设定选择旋转方向

续表

编号	部位	名称	功能
13	STOP RESET	【STOP/RESET】键	停止运行指令 保护功能起动时，用于变频器的复位
14		USB 接口	可连接使用 FR Configurator2

* 输入 MRS 信号、X10 信号的状态、瞬时停电再启动过程中、自动调谐完成后、SE（参数误设定）报警时等。

二、变频器操作面板的使用

通过操作面板，变频器可以进行运行模式切换、监视模式更换、工作频率设定、参数设定以及参数清除等基本操作。

1. 运行模式切换

变频器接通电源后（又称上电），会自动进入外部运行模式（EXT 灯亮），通过 PU/EXT 键，变频器可在“PU 运行模式”“PU 点动运行模式（JOG）”和“外部运行模式”间直接切换，其操作方法如图 2–1–3 所示。

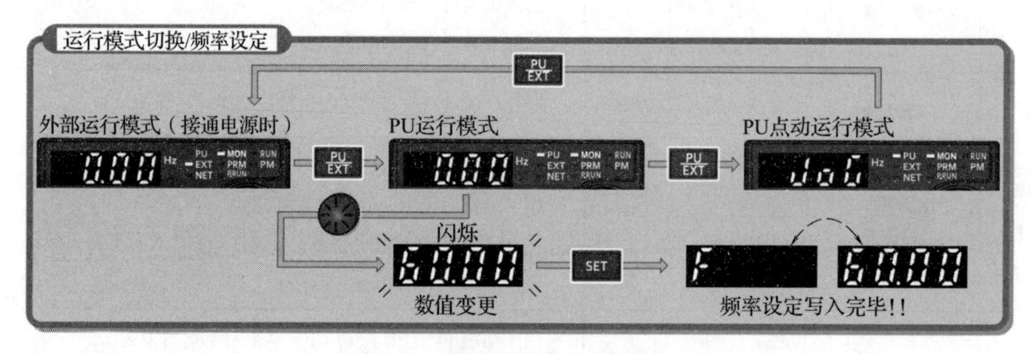

图 2–1–3　运行模式切换的操作方法

2. 监视模式更换

变频器的监视模式是通过显示变频器的工作频率、电流大小、电压大小，以及发出报警信息，以帮助用户及时了解变频器的工作状况。

变频器监视模式更换的方法及步骤见表 2–1–2。

表 2–1–2　　变频器监视模式更换的方法及步骤

步骤	方法	变频器对应显示画面
1	在运行中按下 MODE 键，变频器切换到监视模式，此时显示屏显示输出频率	0.00 Hz
2	在运行中或停止后（与运行模式无关），按下 SET 键，显示屏显示输出电流	SET → 0.00 A
3	再次按下 SET 键，显示屏显示输出电压	SET → 0.0

3. 工作频率设定

变频器工作频率设定的方法及步骤见表 2–1–3。

表 2–1–3　　变频器工作频率设定的方法及步骤

步骤	方法	变频器对应显示画面
1	接通电源	 0.00 Hz PU MON RUN EXT PRM PM NET P.RUN
2	旋转 M 旋钮，设定频率值	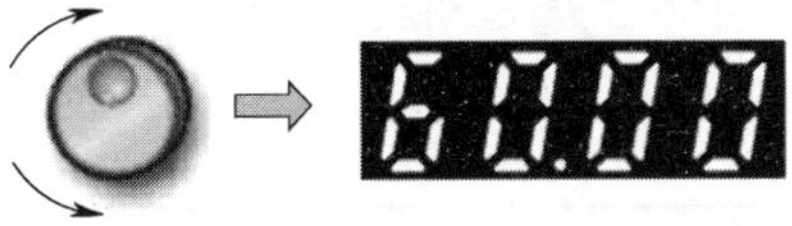 60.00
3	按下 SET 键，锁定频率	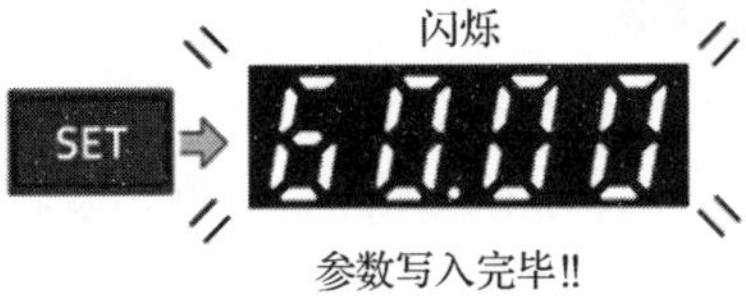 SET → 60.00 闪烁 参数写入完毕!!

4. 参数设定

为使变频器按控制要求运行，需对变频器进行相应参数设定，如上限、下限、加减速时间等。参数设定时需把运行模式设定为 PU 运行模式。现以设定参数 Pr.79=2 为例，其操作方法及步骤见表 2–1–4。

表 2–1–4　　变频器参数设定的方法及步骤

步骤	方法	变频器对应显示画面
1	接通电源	 0.00 Hz PU MON RUN EXT PRM PM NET P.RUN
2	按下 PU/EXT 键，切换到 PU 运行模式	 PU/EXT → P. 0 PU MON RUN EXT PRM PM NET P.RUN
3	按下 MODE 键，切换到参数设定模式	 MODE → P. 0 PU MON RUN EXT PRM PM NET P.RUN
4	旋转 M 旋钮，直至显示屏显示“Pr.79”	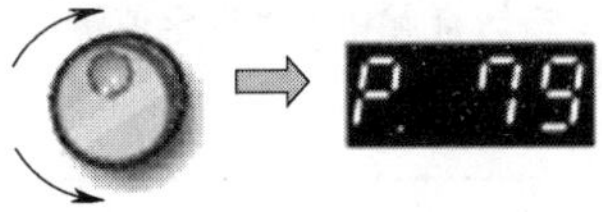 P. 79
5	按下 SET 键，读取当前设定值（初始值为“0”）	 SET → 0 读取当前设定值

续表

步骤	方法	变频器对应显示画面
6	旋转 M 旋钮，变更设定值为“2”	2 变更设定值
7	按下 SET 键，锁定参数设定	2 （例） P. 79 参数与设定值闪烁 参数写入完毕!!

5. 参数清除

变频器的参数清除是指将参数恢复到出厂设置，分为 Pr.CL 和 ALLC 两种清除方式。其中，Pr.CL 指一般的参数清除，即在恢复出厂设置的参数中，不包括校准值（如 Pr.900 等）；ALLC 指全部参数清除，即将参数和校准值全部初始化到出厂设置。

变频器参数清除的方法及步骤见表 2–1–5。

表 2–1–5　变频器参数清除的方法及步骤

步骤	方法	变频器对应显示画面
1	接通电源	0.00 Hz PU EXT NET MON PRM P.RUN RUN PM
2	按下 PU/EXT 键，切换到 PU 运行模式	PU/EXT → P. 0 PU EXT NET MON PRM P.RUN RUN PM
3	按下 MODE 键，切换到参数设定模式	PU/EXT → P. 0 PU EXT NET MON PRM P.RUN RUN PM
4	旋转 M 旋钮，直至显示屏显示“Pr.CL（ALLC）”	Pr.CL ALLC 参数清除 参数全部清除
5	按下 SET 键，读取当前设定值（初始值为“0”）	SET → 0
6	旋转 M 旋钮，将设定值更改为“1”	1
7	按下 SET 键，清除参数	参数全部清除 SET → 1 ALLC 闪烁……参数清除完毕!!

①若 Pr.77 设定为“1”，则表示参数写入禁止，参数将无法被清除。

②若操作过程中，参数设定值由 1 变为 Er4 后闪烁，这主要是由于运行模式没有切换到 PU 模式。此时，应按下 PU/EXT 键，使 PU 灯亮起，显示屏显示为“0”后，由步骤 6 重新开始操作。

6. 报警记录的读取和清除

变频器在运行过程中若出现故障或异常，会有报警提示，提示信息将以故障代码的形式显示在显示屏上。三菱 FR-E840 型变频器一次最多可存储 10 条报警记录（故障代码），因此有必要定期清除。

（1）变频器报警记录的读取方法及步骤见表 2-1-6。

表 2-1-6　　变频器报警记录的读取方法及步骤

步骤	方法	变频器对应显示画面
1	接通电源	0.00 Hz PU MON RUN EXT PRM PM NET P.RUN
2	按下 MODE 键，切换到参数设定模式	MODE → P. 0
3	再次按下 MODE 键，切换到报警记录	E - - -
4	按下 SET 键，读取当前设定值（初始值为“0”）	SET → 0
5	旋转 M 旋钮，显示报警记录 1	（例）闪烁 报警记录1
6	继续旋转 M 旋钮，依次显示报警记录，最多可显示过去 10 次的报警内容；无报警记录时，仅显示报警编号	（例）闪烁 1.ou 1 报警记录2 （例）闪烁 9. 报警记录10

（2）变频器报警记录的清除方法及步骤见表 2-1-7。

表 2-1-7　　变频器报警记录的清除方法及步骤

步骤	方法	变频器对应显示画面
1	接通电源	0.00 Hz PU MON RUN EXT PRM PM NET P.RUN
2	按下 MODE 键，切换到参数设定模式	MODE → P. 0

续表

步骤	方法	变频器对应显示画面
3	旋转 M 旋钮，直至显示屏显示 ER.CL（清除报警记录）	Er.CL
4	按下 SET 键，读取当前设定值（初始值为“0”）	SET → 0
5	旋转 M 旋钮，将设定值更改为“1”	1
6	按下 SET 键，开始清除记录，清除完成后，“1”与“ER.CL”将交替闪烁	SET → 1 Er.CL 闪烁……清除完成！

以上操作均在变频器出厂设定状态下进行。

三、变频器的运行模式

变频器的运行模式，指的是通过输入启动指令及设定频率来启动和调节设备的工作状态。这些模式包括外部运行模式、PU 运行模式、组合运行模式和网络运行模式等。其中，外部运行模式是通过外部设备，如电位器及开关进行操控的模式；PU 运行模式是完全通过变频器自身的操作面板和参数单元来执行控制操作的模式；组合运行模式是通过参数单元和外部接线共同控制的模式；而网络运行模式则是利用 RS–485 端子、Ethernet 通信及通信选件等网络通信手段进行远程操控的模式。

运行模式的选定是一项至关重要的参数配置，它决定了变频器在何种工作状态下运行。对于三菱 FR–E840 型变频器而言，其运行模式的设置是通过参数 Pr.79 来实现的，具体详情见表 2–1–8。

表 2–1–8　三菱 FR–E840 型变频器的运行模式参数

Pr.79 设定值	内容	LED 显示 ▬ 熄灯 ▭ 亮灯
0 （初始值）	可通过外部 /PU 切换模式（PU/EXT 键）切换 PU 与外部运行模式 接通电源时将切换到外部运行模式	PU运行模式 PU EXT NET 外部运行模式 PU EXT NET NET运行模式 PU EXT NET

续表

Pr.79 设定值	内容			LED 显示 ▬熄灯 ▭亮灯
	运行模式	频率指令	启动指令	
1	PU 运行模式固定	通过操作面板或参数模块进行设定	通过操作面板的 RUN 键或参数单元的【FWD】/【REN】键输入	PU运行模式 PU EXT NET
2	外部运行模式固定 可切换外部、NET 运行模式运行	外部信号输入（端子 2、4、JOG、多段速选择等）	外部信号输入 （端子 STF、STR）	外部运行模式 PU EXT NET NET运行模式 PU EXT NET
3	外部 /PU 组合运行模式 1	通过操作面板或参数模块进行设定或输入外部信号（多段速设定、端子 4）	外部信号输入 （端子 STF、STR）	外部/PU组合运行模式 PU EXT NET
4	外部 /PU 组合运行模式 2	外部信号输入（端子 2、4、JOG、多段速选择等）	通过操作面板的 RUN 键或参数单元的【FWD】/【REV】键输入	
6	无损切换模式 可以在持续运行的状态下进行 PU 运行、外部运行和 NET 运行的切换			PU运行模式 PU EXT NET 外部运行模式 PU EXT NET NET运行模式 PU EXT NET
7	外部运行模式（PU 运行互锁） X12 信号 ON：可切换至 PU 运行模式（在外部运行过程中输出停止） X12 信号 OFF：禁止切换至 PU 运行模式			

四、变频器的基本参数

变频器控制电动机运行，其各种性能和运行模式均通过变频器的参数设定来实现，不同型号的变频器会有不同的参数设定，且每个参数都有特定的功能定义。总的来说，变频器的参数可分为基本参数、运行参数、定义控制端子功能参数、附加功能参数和运行模式参数等。在实际应用中，多数参数都不需要进行特别设置和调试，只要采用出厂设定即可，但有些参数由于控制场景不同，需要根据实际情况进行重新设定和调试。

三菱 FR-E840 型变频器的参数，按功能分类包括基本功能、标准运行功能、输出端子功能、第二功能、显示功能、通信功能、程序运行功能等，这里仅介绍部分常用的基本参数。

基本参数是指变频器运行所必须具备的参数，主要包括频率给定方式、运行控制方式、基准频率与最高频率、上限频率与下限频率、加速时间与减速时间、转矩提升和电子热过载保护等。

1. 频率给定方式

在使用变频器时，必须先给变频器提供一个改变频率的信号，才能改变变频器的输出频率从而改变电动机的转速，这个信号称为“频率给定信号”。所谓频率给定方式，是指调节变频器输出频率的具体方法，也就是提供给定信号的方式。

（1）频率给定方式的类别

变频器常见的频率给定方式有操作面板给定、外接信号给定和通信方式给定等。这些频率给定方式各有优缺点，须按实际需要进行选择。同时，为了满足不同功能需求，用户还可以灵活选择不同频率给定方式之间的叠加与切换。然而，无论选择何种给定方式，均需在变频器功能预置阶段进行事先的决策与设定。

1）面板给定。通过变频器操作面板上的键盘或电位器进行频率给定（即调节频率）的方式，称为面板给定方式。对于三菱 FR-E840 型变频器，其采用标准操作面板，频率给定是通过面板上的 M 旋钮来设定的，其他采用非标准操作面板的变频器，其频率给定则是通过面板上的升键（▲键）和降键（▼键）来进行的。

多数变频器的操作面板上并无电位器，所谓“面板给定”，实际就是键盘给定。变频器的操作面板通常可以取下，并通过连接电缆延长安置在用户操作方便的地方，如图 2-1-4 所示。

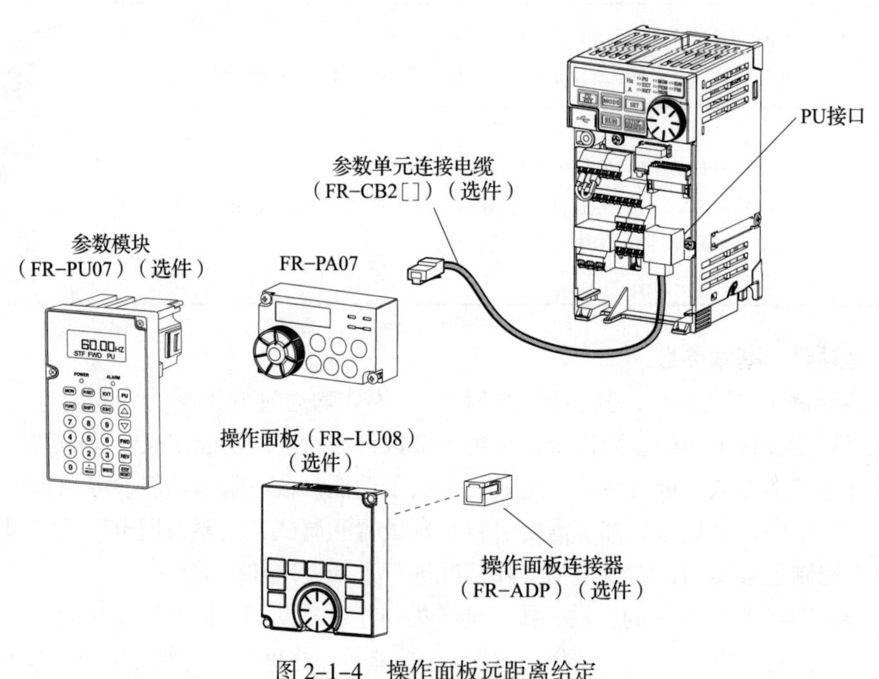

图 2-1-4　操作面板远距离给定

2）外接给定。外接给定也称远程控制给定，是通过外接输入端子输入频率给定信号，来调节变频器输出频率的大小。外接给定有外接输入数字量端子给定和外接输入模拟量端子给定两种方式。

①外接输入数字量端子给定。通过控制变频器数字量端子的通断来控制变频器的频率给定。通常有两种方式：一是频率升、降（UP/DOWN）给定；二是多段速给定。

②外接输入模拟量端子给定。通过变频器模拟量端子从外部输入模拟量信号（电压或电流）进行给定，并通过调节给定信号的大小来调节变频器的输出频率。

3）通信接口给定。由 PLC 或计算机通过通信接口进行频率给定。大部分变频器提供的都是 RS–485 接口。如果上位机的通信接口是 RS–232 接口，则需要另接一个 RS–485 转换器。

（2）选择频率给定方式的一般原则

1）面板给定和外接给定。优先选择面板给定。因为变频器的操作面板包括键盘和显示屏，显示屏的显示功能十分齐全，不仅可以显示运行过程中的各种参数，还可以显示各种故障代码等，控制起来更加精准。但需要注意的是，由于连接线长度限制，控制面板与变频器之间的距离不能太远。

2）数字量给定与模拟量给定。优先选择模拟量给定。因为模拟量给定属于无级调速，频率可任意调节。但模拟量给定抗干扰能力差，选用时需做好抗干扰措施。数字量给定虽然具有给定频率精度高、抗干扰能力强的特点，但频率可调范围受限制（一般最多 15 个速度级别）。

3）电压信号与电流信号。优先选择电流信号。因为电流信号在传输过程中，不受线路压降、接触电阻及其压降、杂散的热电效应以及感应噪声等的影响，抗干扰能力强。但电流信号电路比较复杂，在短距离情况下，还是选用电压信号者居多。

2. 运行控制方式

变频器的运行控制方式是指如何控制变频器的基本运行功能，这些功能包括启动、停止、正转与反转、正向点动与反向点动、复位等。常用的变频器运行控制方式包括面板控制、端子控制和通信控制三种。这些运行控制方式必须按照实际需要进行选择设置，同时也可根据功能进行相互之间的切换。

（1）面板控制

面板控制是变频器最简单的运行指令控制方式，用户可以通过变频器操作面板上的运行键、停止键、点动键和复位键等直接控制变频器的运转。

面板控制的最大优势是方便、实用。经过延长线设计，操作面板可灵活安置在用户操作区域 5 m 范围内。此外，控制面板还具备故障报警功能，能够实时将变频器的运行状态、故障信息或报警提示等准确传达给用户。用户无须额外配线，即可直观了解变频器的工作状态和是否存在故障（如过载、超温、堵转等），并通过显示屏获取详细故障类型信息。

（2）端子控制

端子控制是指通过变频器的外接输入端子输入开关信号（或电平信号）对变频器进行控制的方式，主要由按钮、选择开关、继电器、PLC 或 DCS 的继电器模块等替代操作面板上的运行键、停止键、点动键和复位键等，可实现变频器的远距离控制。

（3）通信控制

通信控制是在不增加线路的情况下，只对上位机传输给变频器的数据稍作修改即可对变频器进行正 / 反转、点动、故障复位等控制。通信接口是所有变频器都有的配置，但接线方式却因变频器的通信协议不同而不同。基本上，变频器的通信接口都是 RS-232 或 RS-485 接口，这是一种最基本的通信接口。通常有三种接线方式：

1）变频器 RS-232 接口与上位机 RS-232 接口联机通信（上位机主要包括人机界面 HMI、PC 机、PLC 控制器或 DCS 控制系统等）。

2）变频器经由 RS-232 接口与调制解调器（Modem）进行连接，进而实现与上位机的联机通信。

3）变频器 RS-485 接口与上位机 RS-485 接口联机通信。

3. 与频率相关的参数

（1）输出频率范围 Pr.1、Pr.2、Pr.18

在特定应用场景中，电动机的转速需严格控制在特定范围内，以避免因超出范围而引发潜在的事故和损失。为确保电动机的稳定运行，防止因误操作而导致转速超出预期，必须在运行前设定电动机的上限和下限频率，以确保其在安全、可控的范围内运行。

1）上限频率 Pr.1。与生产机械所要求的最高转速相对应的频率，称为上限频率。它根据生产机械的要求来设定变频器的最大运行频率，而不是变频器能够输出的最大频率。用上限频率 Pr.1（出厂设定为 120 Hz，设定范围为 0 ~ 120 Hz）来设定输出频率的上限，即使输入了大于 Pr.1 的频率指令，输出频率也会被钳位于 Pr.1。

2）下限频率 Pr.2。与生产机械所要求的最低转速相对应的频率，称为下限频率。用下限频率 Pr.2（出厂设定为 0 Hz，设定范围为 0 ~ 120 Hz）来设定输出频率的下限，即输入了小于 Pr.2 的频率指令，输出频率也会被钳位于 Pr.2。

3）高速上限频率 Pr.18。高速上限频率 Pr.18 的出厂设定为 120 Hz，设定范围为 0 ~ 590 Hz。假如生产机械要在 120 Hz 以上运行，用参数 Pr.18 设定输出频率上限。当 Pr.18 被设定后，Pr.1 自动切换为 Pr.18 所设定的频率值。此外，对 Pr.1 进行设定后，Pr.18 自动切换为 Pr.1 设定的频率值。输出频率和设定值之间的关系如图 2-1-5 所示。

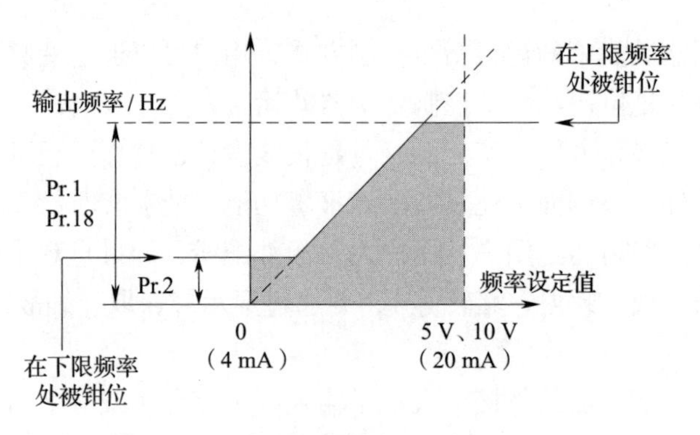

图 2-1-5　输出频率和设定值之间的关系

如果频率设定值大于 50 Hz，当使用模拟信号控制时，仅对 Pr.1、Pr.18 进行更改生产机械是无法在大于 50 Hz 的频率下运行的。此时，还要更改频率设定增益 Pr.125（Pr.126）的设定值。

（2）基准频率 Pr.3 和基准频率电压 Pr.19

基准频率 Pr.3 和基准频率电压 Pr.19 这两个参数的作用是将变频器的输出频率和输出电压调整至额定值，其参数内容见表 2–1–9。

表 2–1–9　　基准频率和基准频率电压的参数内容

参数	参数名称	初始值	设定范围	内容
Pr.3	基准频率	50 Hz	0 ~ 590 Hz	设定电动机额定转矩时的频率（50 Hz/60 Hz）
Pr.19	基准频率电压	9 999	0 ~ 1 000 V	直接设定基准电压的大小
			8 888	代表基准电压是电源电压的 95%
			9 999	代表基准电压与电源电压相同

1）基准频率 Pr.3。当使用标准电动机工作时，一般将变频器的基准频率 Pr.3 设定为电动机的额定频率。例如，当电动机铭牌上记载的额定频率为“50 Hz”时，则基准频率 Pr.3 也设定为“50 Hz”。此外，当电动机需要在工频电源与变频器之间进行切换时，务必要将基准频率 Pr.3 设定为与电源频率相同。

2）基准频率电压 Pr.19。在变频器的设置中，若基准频率电压 Pr.19 的设定值低于电源电压，则变频器的最大输出电压将遵循 Pr.19 所设定的基准频率电压。基准频率电压 Pr.19 在以下情况下可以加以利用。

①再生频度较高（如连续再生等）时。再生过程中，输出电压可能超出预设基准值，进而导致电动机电流异常增加，触发过流保护，造成跳闸现象。

②电源电压变动较大时。电源电压一旦超过电动机的额定电压，由于转矩过大或电动机电流增加，会引起电动机转速变动或过热。

③扩大恒定输出特性时。当要在基准频率以下扩大恒定输出范围时，可以通过基准频率电压 Pr.19 设定比电源电压大的值来实现。

基准频率 Pr.3 和基准频率电压 Pr.19 的关系如图 2–1–6 所示。

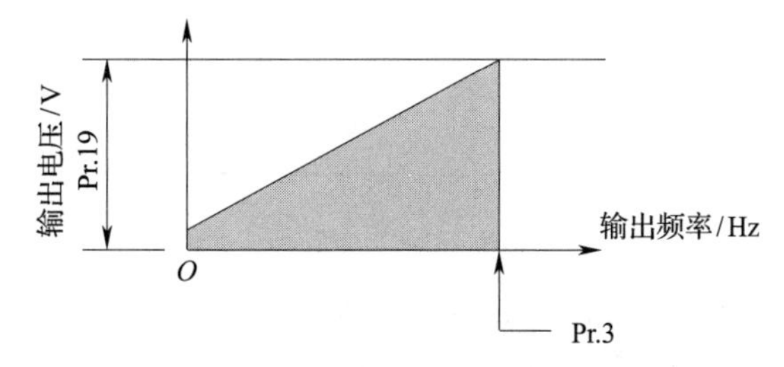

图 2–1–6　基准频率 Pr.3 和基准频率电压 Pr.19 的关系

（3）启动频率 Pr.13

用于设定在启动信号为 ON 时的开始频率。启动频率的设定范围为 0 ~ 60 Hz，出厂设定为 0.5 Hz。启动频率输出信号如图 2–1–7 所示。

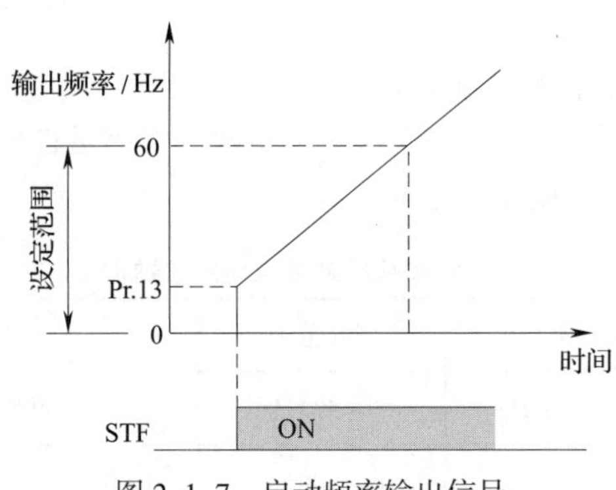

图 2–1–7　启动频率输出信号

①如果变频器的给定频率小于启动频率 Pr.13 的设定值，变频器将不能启动。

②如果启动频率 Pr.13 的设定值小于 Pr.2 的设定值，即使没有输入指令，只要启动信号为 ON，电动机也能在给定频率下运行。

（4）点动（JOG）频率 Pr.15 和点动（JOG）加减速时间 Pr.16

点动（JOG）频率 Pr.15 和点动（JOG）加减速时间 Pr.16 是用于配置点动运行时所需的频率及加减速时长的参数。在实际应用中，这两个参数能够有效地支持运输机械的位置微调与试运行操作，其参数内容见表 2–1–10。

表 2–1–10　　点动频率和点动加减速时间的参数内容

参数	参数名称	初始值	设定范围	内容
Pr.15	点动（JOG）频率	5 Hz	0 ~ 590 Hz	设定点动（JOG）运行时的频率
Pr.16	点动（JOG）加减速时间	0.5 s	0 ~ 3 600 s	设定点动（JOG）运行时的加减速时间。该加减速时间是指当频率达到 Pr.20 所设定的加减速基准频率时，系统所耗费的时间。不可对加减速时间进行个别设定

1）外部操作模式下的点动运行。外部操作模式下的点动运行控制可由输入端子功能进行选择，当点动信号为 ON 时，用正、反转启动信号（STF，STR）进行启动和停止。图 2–1–8 所示是外部点动运行的接线图。

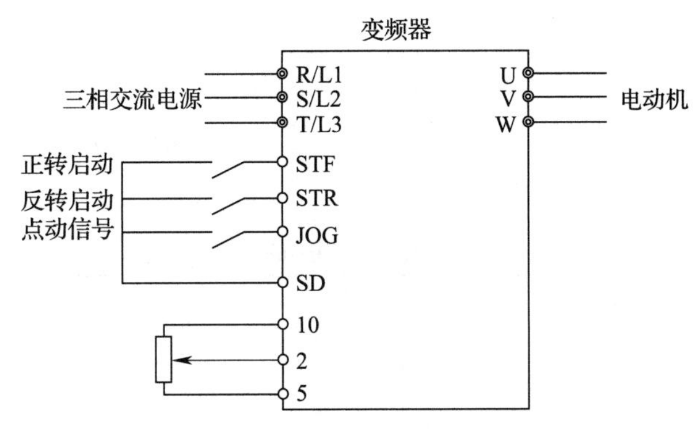

图 2-1-8　外部点动运行的接线图

2）PU 运行模式下的点动运行。PU 运行模式下可通过操作面板进行点动运行（JOG）控制，图 2-1-9 所示是采用操作面板进行点动运行控制的接线图，其输出频率如图 2-1-10 所示。

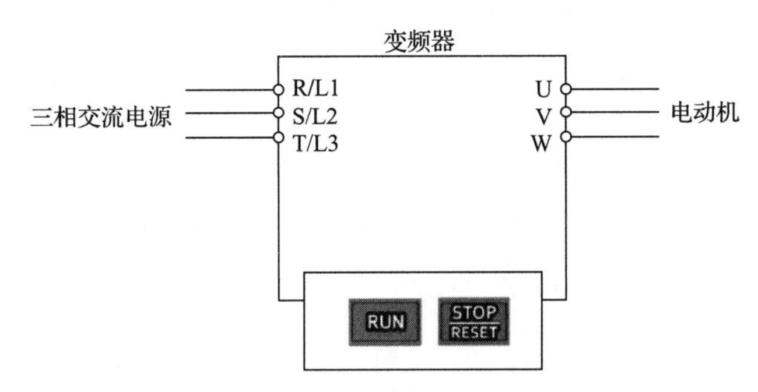

图 2-1-9　采用操作面板进行点动控制的接线图

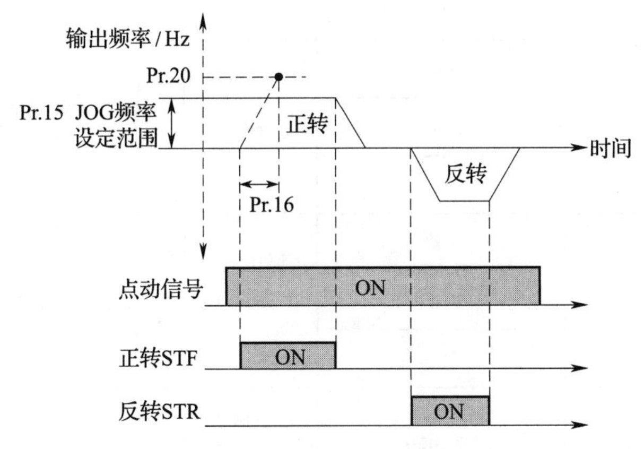

图 2-1-10　点动运行的输出频率

点动频率的设定值必须大于启动频率。

4. 与时间相关的参数

变频器与时间相关的参数有加速时间、减速时间、加减速基准频率、加减速时间单位、第 2 加减速时间、第 2 减速时间、第 3 加减速时间、第 3 减速时间等，具体详见表 2–1–11。这里重点介绍加速时间和减速时间。

表 2–1–11　　变频器与时间相关的参数

<table>
<tr><th rowspan="2">参数</th><th rowspan="2">参数名称</th><th colspan="2">初始值[*1]</th><th rowspan="2">设定范围</th><th rowspan="2" colspan="2">内容</th></tr>
<tr><th>Gr.1</th><th>Gr.2</th></tr>
<tr><td>Pr.20
F000</td><td>加减速基准频率</td><td>60 Hz</td><td>50 Hz</td><td>1～590 Hz</td><td colspan="2">设定以加减速时间为标准的频率。设定加减速时间是指设定从停止到 Pr.20 间的频率变化时间</td></tr>
<tr><td rowspan="2">Pr.21
F001</td><td rowspan="2">加减速时间单位</td><td rowspan="2" colspan="2">0</td><td>0</td><td>单位：0.1 s</td><td rowspan="2">选择加减速时间设定的单位</td></tr>
<tr><td>1</td><td>单位：0.01 s</td></tr>
<tr><td>Pr.16
F002</td><td>JOG 加减速时间</td><td colspan="2">0.5 s</td><td>0～3 600 s</td><td colspan="2">设定 JOG 运行时的加减速时间（从停止到 Pr.20 的时间）</td></tr>
<tr><td rowspan="2">Pr.611
F003</td><td rowspan="2">再启动时加速时间</td><td rowspan="2" colspan="2">9 999</td><td>0～3 600 s</td><td colspan="2">设定再启动时的加速时间（从停止到 Pr.20 的时间）</td></tr>
<tr><td>9 999</td><td colspan="2">再启动时的加速时间为常规的加速时间（Pr.7 等）</td></tr>
<tr><td rowspan="3">Pr.7
F010</td><td rowspan="3">加速时间</td><td colspan="2">5 s[*2]</td><td rowspan="3">0～3 600 s</td><td rowspan="3" colspan="2">设定电动机加速时间（从停止到 Pr.20 的时间）</td></tr>
<tr><td colspan="2">10 s[*3]</td></tr>
<tr><td colspan="2">15 s</td></tr>
<tr><td rowspan="3">Pr.8
F011</td><td rowspan="3">减速时间</td><td colspan="2">5 s[*2]</td><td rowspan="3">0～3 600 s</td><td rowspan="3" colspan="2">设定电动机减速时间（从 Pr.20 到停止的时间）</td></tr>
<tr><td colspan="2">10 s[*3]</td></tr>
<tr><td colspan="2">15 s</td></tr>
<tr><td rowspan="3">Pr.44
F020</td><td rowspan="3">第 2 加减速时间</td><td colspan="2">5 s[*2]</td><td rowspan="3">0～3 600 s</td><td rowspan="3" colspan="2">设定 RT 信号为 ON 时的加减速时间</td></tr>
<tr><td colspan="2">10 s[*3]</td></tr>
<tr><td colspan="2">15 s</td></tr>
<tr><td rowspan="2">Pr.45
F021</td><td rowspan="2">第 2 减速时间</td><td rowspan="2" colspan="2">9 999</td><td>0～3 600 s</td><td colspan="2">设定 RT 信号为 ON 时的减速时间</td></tr>
<tr><td>9 999</td><td colspan="2">加速时间 = 减速时间</td></tr>
<tr><td rowspan="2">Pr.147
F022</td><td rowspan="2">加减速时间切换频率</td><td rowspan="2" colspan="2">9 999</td><td>0～590 Hz</td><td colspan="2">设定 Pr.44、Pr.45 的加减速时间的自动切换为有效的频率</td></tr>
<tr><td>9 999</td><td colspan="2">功能无效</td></tr>
</table>

续表

参数	参数名称	初始值 [1]		设定范围	内容
		Gr.1	Gr.2		
Pr.1103 F040	紧急停止时减速时间	5 s		0 ~ 3 600 s	设定 X92 信号为 ON 时，在减速的情况下电动机的减速时间
Pr.791 F070	低速区域加速时间	9 999		0 ~ 3 600 s	设定低速区域的加速时间
				9 999	以 Pr.7 为加速时间（RT 信号为 ON 时，第 2 功能有效）
Pr.792 F071	低速区域减速时间	9 999		0 ~ 3 600 s	设定低速区域的减速时间
				9 999	以 Pr.8 为减速时间（RT 信号为 ON 时，第 2 功能有效）
Pr.375 H801	加速度异常检测等级	9 999		0 ~ 400 Hz/ms	如果电动机的转速加速度为 Pr.375 设定值以上则为加速度异常（E.OA），将停止变频器的输出

*1　Gr. 1、Gr. 2 表示参数初始值组。

*2　FR-E820-0175（3.7 kW）以下、FR-E840-0095（3.7 kW）以下、FR-E860-0061（3.7 kW）以下、FR-E820S-0110（2.2 kW）以下的初始值。

*3　FR-E820-0240（5.5 kW）、FR-E820-0330（7.5 kW）、FR-E840-0120（5.5 kW）、FR-E840-0170（7.5 kW）、FR-E860-0090（5.5 kW）以上的初始值。

（1）加速时间 Pr.7

变频器在驱动电动机时，为确保电动机在低频启动阶段能够稳定且不过载运行，必须合理设置变频器的加速时间参数。所谓加速时间，是指依据参数 Pr.7（加速时间）所设定的，从停止状态至达到 Pr.20（加减速基准频率）所需的时间。加速时间设定值可通过下式求得：

$$\text{加速时间设定值} = \frac{\text{Pr.20}}{\text{最大使用频率} - \text{Pr.13}} \times \text{从停止到最大使用频率的加速时间}$$

【例 1】已知加减速基准频率 Pr.20=50 Hz，启动频率 Pr.13=0.5 Hz，能够以 10 s 的时间加速至最大使用频率 40 Hz，求其加速时间设定值 Pr.7 为多少？

解：根据加速时间设定值计算公式可得：

$$\text{Pr.7} = \frac{50\ \text{Hz}}{40\ \text{Hz} - 0.5\ \text{Hz}} \times 10\ \text{s} = 12.7\ \text{s}$$

（2）减速时间 Pr.8

电动机减速时间与其拖动的负载有关，有些负载对减速时间有严格要求，因此须设定减速时间。所谓减速时间，是指依据参数 Pr.8（减速时间）所设定的，从 Pr.20（加减速基准频率）至停止状态所需的时间。减速时间设定值可通过下式求得：

$$\text{减速时间设定值} = \frac{\text{Pr.20}}{\text{最大使用频率} - \text{Pr.10}} \times \text{从最大使用频率到停止的减速时间}$$

【例 2】已知加减速基准频率 Pr.20=120 Hz，直流制动动作频率 Pr.10=3 Hz，能够以 10 s

的时间从最大使用频率 50 Hz 减速至停止，求其减速时间设定值 Pr.8 为多少？

解：根据减速时间设定值计算公式可得：

$$Pr.8 = \frac{120\ Hz}{50\ Hz - 3\ Hz} \times 10\ s = 25.5\ s$$

加减速时间及其输出信号如图 2-1-11 所示。

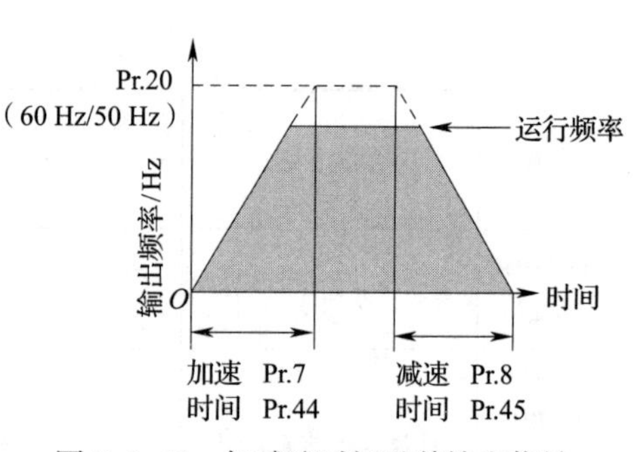

图 2-1-11　加减速时间及其输出信号

（3）加减速基准时间单位 Pr.21

加减速基准时间单位 Pr.21 能够设定加减速时间和最小设定范围。当设定值为“0”（出厂设定）时，设定范围为 0 ~ 3 600 s（最小设定单位为 0.1 s）；当设定值为“1”时，设定范围为 0 ~ 360 s（最小设定单位为 0.01 s）。

提示　Pr.21=0 时，Pr.7=5.0 s，如果变更 Pr.21=1，则 Pr.7=0.5 s。

5. 与变频器保护相关的参数

与变频器保护相关的参数主要有电子过电流保护、输出断相保护、变频器输出停止和报警输出选择等。

（1）电子过电流保护 Pr.9

电子过电流保护 Pr.9 的作用是预防电动机过热，确保电动机在低速运行状态下，即便面临冷却能力下降等不利条件，仍能获得最优的保护特性。在实际应用中，Pr.9 通常被设定为电动机在额定运行频率时的额定电流值，若设定为“0”则电子过电流功能无效，其参数内容见表 2-1-12。

表 2-1-12　电子过电流保护的参数内容

参数	参数名称	初始值	设定范围	内容
Pr.9	电子过电流保护	变频器额定电流*	0 ~ 500 A	设定电动机额定电流

*FR-E820-0050（0.75 kW）以下、FR-E840-0026（0.75 kW）以下、FR-E860-0017（0.75 kW）、FR-E820S-0050（0.75 kW）以下的初始值，设定为变频器额定电流的 85%。

提示　①使用电子过电流保护功能是通过变频器的电源复位以及“输入复位信号”复位为初始值，因此应避免切断电源和不必要的复位。

②当变频器连接两台或三台电动机时，电子过电流保护不起作用，必须在每台电动机上安装外部热继电器。

③特殊电动机不能用电子过电流保护，必须安装外部热继电器。

（2）输出缺相保护 Pr.251

输出缺相保护 Pr.251 是指变频器输出侧（负载侧）U、V、W 三相中，有一相缺相，则变频器停止输出。在实际应用中，若 Pr.251 设定为“0”，则输出缺相保护功能无效；若 Pr.251 设定为“1”，则输出缺相保护功能有效。

（3）停止方式选择 Pr.250

变频器的停止方式选择参数为 Pr.250，有减速停止和自动运行停止两种方式，其参数内容见表 2-1-13。

表 2-1-13　变频器停止方式选择的参数内容

参数	参数名称	初始值	设定范围	内容	
				启动信号（STF/STR）	停止动作
Pr.250	停止选择	9 999	0 ~ 100 s	STF 信号：正转启动 STR 信号：反转启动	当启动信号变为 OFF，在 Pr.250 设定的时间过后，电动机自动运行停止
			1 000 ~ 1 100 s	STF 信号：正转启动 STR 信号：反转启动	当启动信号变为 OFF（Pr.250-1 000）s 后，电动机自动运行停止
			9 999	STF 信号：正转启动 STR 信号：反转启动	当启动信号变为 OFF，电动机减速停止
			8 888	STF 信号：正转启动 STR 信号：反转启动	

1）电动机减速停止。当 Pr.250 设为 9 999（初始值）或 8 888 时，启动信号变为 OFF 后，电动机将减速停止，其输出频率如图 2-1-12 所示。

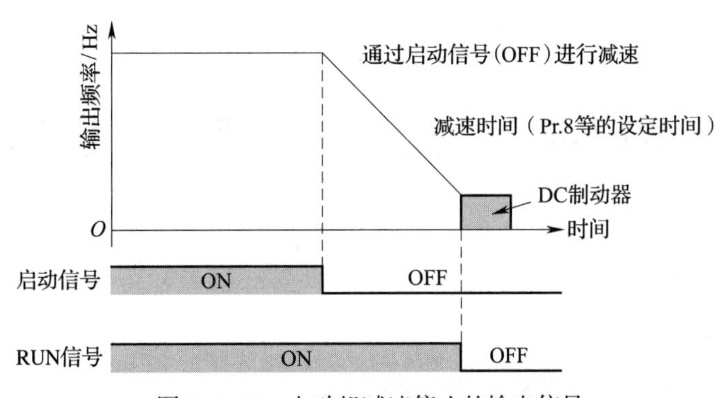

图 2-1-12　电动机减速停止的输出信号

2）电动机自动运行停止。此时 Pr.250 的设定值表示从启动信号变为 OFF 开始，到变频器关闭输出的时间；若 Pr.250 设为“1 000 ~ 1 100 s”，则变频器在（Pr.250-1 000）s 后关闭输出；若 Pr.250 设为“0 ~ 100 s”，则变频器在启动信号变为 OFF 后，经过 Pr.250 设定的时间关闭输出，电动机自动运行停止，其输出频率如图 2-1-13 所示。

6. 其他相关参数

（1）参数写入禁止 Pr.77

利用参数 Pr.77 可选择参数写入禁止或允许，此功能主要用于防止参数值被意外改写。出厂设定为 0，可设定范围为 0、1、2。

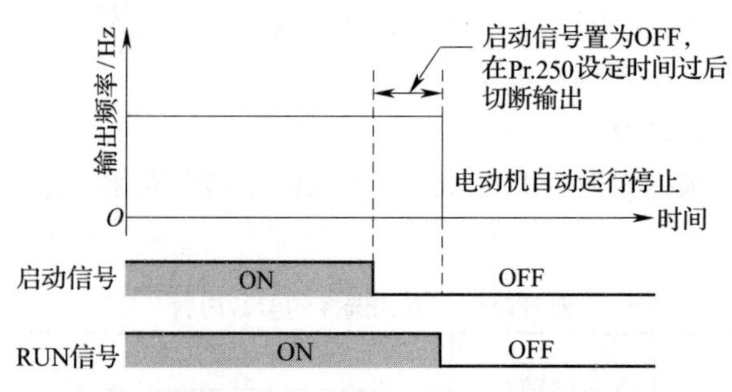

图 2-1-13　电动机自动运行停止的输出频率

1）Pr.77=0：在 PU 模式下（仅限于停止时），参数可以被写入。

2）Pr.77=1：不可写入参数。同时，参数清除、所有参数清除和用户参数清除等都被禁止。

3）Pr.77=2：即使是运行过程中也可写入。

（2）反转（逆转）防止 Pr.78

反转（逆转）防止 Pr.78 的作用是有效遏制启动信号的误操作所引发的逆转风险，特别适用于仅具备单一运行方向的机械设备。例如，风机、泵（此功能设定 PU、外部和通信操作均有效）。Pr.78 的出厂设定值为 0，设定范围为 0、1、2。当 Pr.78 设定为“0”时，正转和逆转均可；当 Pr.78 设定为“1”时，不可逆转；当 Pr.78 设定为“2”时，不可正转。

技能训练 3　变频器面板基本操作

训练目标

1. 掌握变频器各种工作模式的操作和使用方法。
2. 掌握变频器面板的基本操作。

训练准备

实训所需设备及工具材料见表 2-1-14。

表 2-1-14　实训所需设备及工具材料

序号	名称	型号规格	数量	备注
1	电工常用工具		1 套	
2	万用表	MF47 型	1 块	

续表

序号	名称	型号规格	数量	备注
3	变频器	FR-E840-0026-4-60（0.75 kW）	1 台	
4	配电盘	500 mm × 600 mm	1 块	
5	导轨	C45	0.3 m	
6	低压断路器	DZ47-63/3P D20	1 只	
7	铜塑线	BVR 2.5 mm^2	10 m	
8	紧固件	螺钉（型号自定）	若干	
9	线槽	25 mm × 35 mm	若干	
10	号码管		若干	

训练内容

一、实训控制要求

在 PU 操作模式下实现下列操作：

1. 查看变频器的报警记录；
2. 清除变频器的所有报警记录；
3. 将变频器的参数恢复到出厂值；
4. 清除变频器的全部参数。

二、实训操作步骤

1. 查看变频器的报警记录

操作方法及步骤见表 2–1–6。

2. 清除所有报警记录

操作要点：将参数 Er.CL 的值设为“1”，具体操作方法及步骤见表 2–1–7。

3. 将变频器的参数恢复到出厂值

操作要点：将参数 Pr.CL 的值设为“1”，具体操作方法及步骤见表 2–1–5。

4. 清除变频器的全部参数

操作要点：将参数 ALLC 的值设为“1”，具体操作方法及步骤见表 2–1–5。

检查测评

对实训内容的完成情况进行检查，并将检查结果填入表 2–1–15 中。

表 2–1–15　　**实训测评表**

项目内容	考核要点	评分标准	配分	得分
查看变频器报警记录	操作方法及步骤正确	操作方法错误 1 处扣 5 分；不会操作本项不得分	25	

续表

项目内容	考核要点	评分标准		配分	得分
清除变频器所有报警记录	操作方法及步骤正确	操作方法错误 1 处扣 5 分；不会操作本项不得分		25	
将变频器参数恢复到出厂值	操作方法及步骤正确	操作方法错误 1 处扣 5 分；不会操作本项不得分		20	
清除变频器的全部参数	操作方法及步骤正确	操作方法错误 1 处扣 5 分；不会操作本项不得分		20	
安全文明生产	劳动保护用品穿戴整齐；电工工具佩带齐全；遵守操作规程，尊重考评员，文明礼貌；考试结束清理现场	1. 违反安全文明生产考核要求每项扣 2 分，扣完为止 2. 存在重大事故隐患，应立即制止，停止操作，并扣 5 分		10	
工时定额 30 min	每超过 5 min 扣 5 分	开始时间		—	
		结束时间			
教师评价			成绩	100	

技能训练 4　PU 运行模式实现电动机的启动、点动控制

训练目标

1. 能根据控制要求正确设计变频器的控制电路。
2. 能正确选择元器件并检查其质量好坏。
3. 熟练掌握变频器操作面板的操作方法。
4. 能独立完成变频器面板控制电动机点动以及启动电路的安装及调试。

训练准备

实训所需设备及工具材料见表 2-1-16。

表 2-1-16　　实训所需设备及工具材料

序号	名称	型号规格	数量	备注
1	电工常用工具		1 套	
2	万用表	MF47 型	1 块	
3	变频器	FR-E840-0026-4-60（0.75 kW）	1 台	
4	配电盘	500 mm × 600 mm	1 块	
5	导轨	C45	0.3 m	
6	低压断路器	DZ47-63/3P D20	1 只	
7	三相交流异步电动机	型号自定	1 台	
8	端子排	D-10	1 条	
9	铜塑线	BVR 2.5 mm^2	10 m	主电路
10	紧固件	螺钉（型号自定）	若干	
11	线槽	25 mm × 35 mm	若干	
12	号码管		若干	

训练内容

一、电路设计

按照控制要求，设计变频器在 PU 运行模式下实现电动机启动和点动控制的原理电路，如图 2-1-14 所示。

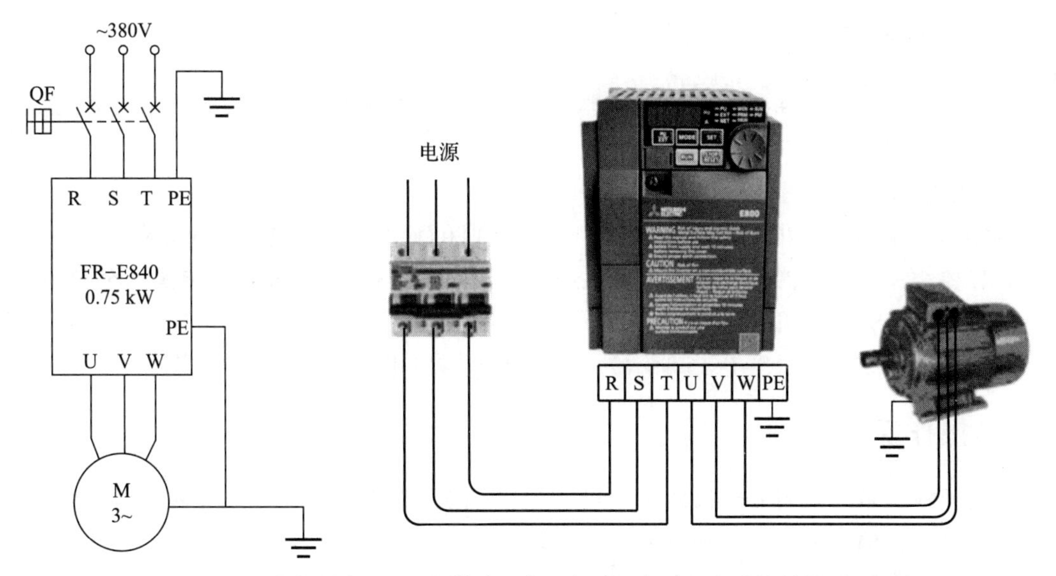

图 2-1-14　变频器在 PU 运行模式下实现电动机启动和点动控制的原理电路

二、安装接线

根据图 2–1–14 所示的原理电路，按以下安装要求，在模拟实物控制配线板上进行元器件及线路的安装。

1. 检查元器件

检查元器件的规格是否符合实训要求，用万用表检测元器件的好坏。

2. 固定元器件

按照图 2–1–15 所示的元器件安装布局图，将元器件在模拟实物控制配线板上固定好。

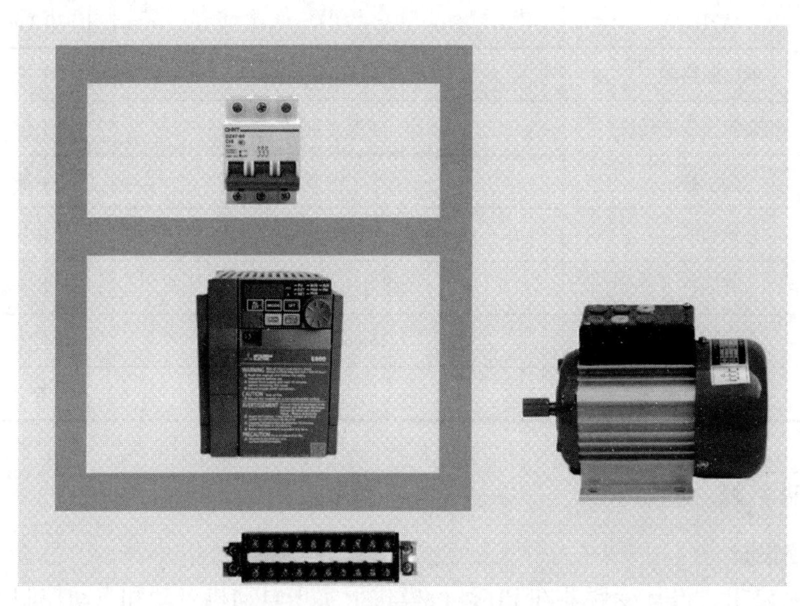

图 2–1–15　元器件安装布局图

操作提示

变频器要垂直安装在配电盘的中间部分，其正上方和正下方不要安装其他大的元器件。元器件的整体布局要整齐均匀，间距合理。

3. 配线安装

根据图 2–1–14 所示的原理电路，按照配线原则和工艺要求，进行配线安装。

操作要领：将变频器与电源和电动机进行正确接线，380 V 三相交流电源接至变频器的输入端“R/L1、S/L2、T/L3”，三相交流异步电动机接至变频器的输出端“U、V、W”，接线时要注意接地保护。图 2–1–15 所示为变频器与电源和电动机的连线示意图。

操作提示

①电源线必须连接到变频器的输入端 R/L1、S/L2、T/L3（无须考虑相序），绝对不能连接到输出端（U、V、W），否则将损坏变频器。

②电动机连接到变频器输出端 U、V、W（需考虑相序）。

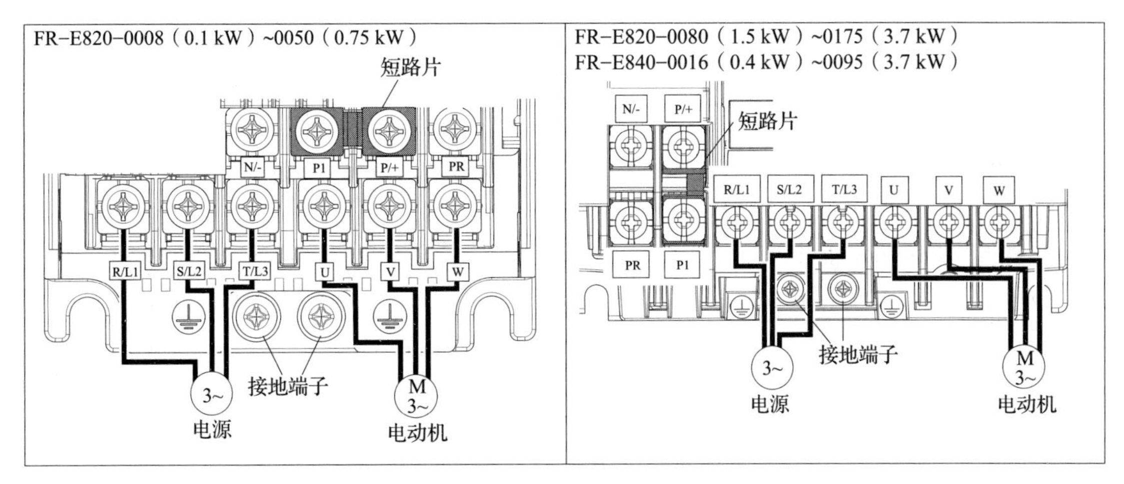

图 2-1-16　变频器与电源和电动机的连线示意图

4. 自检

接线完毕后，应对照原理电路再次检查配线是否正确，有无漏接现象，端子和导线间是否短路或接地，并用万用表检测电路的阻值是否与设计相符。

三、参数设置及运行调试

1. 合上电源开关 QF，接通变频器电源。

2. 恢复出厂设置

操作要领：首先将参数 Pr.77 设置为“0”，即在 PU 运行模式下，允许参数在停止状态下写入。然后找到代码 ALLC，进行参数全部清除，即将参数值和校准值全部恢复到出厂设置，具体操作方法及步骤见表 2-1-5。

3. PU 运行模式下实现电动机的点动运行控制

（1）变频器 PU 运行模式下点动运行控制的相关参数设置，见表 2-1-17。

表 2-1-17　　变频器 PU 运行模式下点动运行控制的相关参数设置

参数	参数名称	设定值
Pr.79	运行模式	1
Pr.15	点动频率	10 Hz
Pr.16	点动加减速时间	3 s

（2）变频器 PU 运行模式下的点动运行控制操作

步骤 1：接通电源

步骤 2：运行模式变更

按下 PU/EXT 键切换到 PU 运行模式，PU 灯亮起。

步骤 3：频率设定

旋转 M 旋钮将频率值设为“30.00”（30 Hz），此时“30.00”开始闪烁。

数值闪烁过程中，按下 SET 键锁定频率，“F”和“30.00”开始交替闪烁；约 3 s 后，显示返回“0.00”。

如果不按 SET 键，数值闪烁约 5 s 后，显示返回“0.00”。此时，应再次旋转 M 旋钮设置频率。

步骤 4：启动→加速→恒速

按 RUN 键运行。显示屏的频率值随 Pr.7 加速时间增大，直至显示为“30.00”（若变更设定频率，应执行 STEP3）。

步骤 5：减速→停止

按 STOP/RESET 键停止。显示屏的频率值随 Pr.8 减速时间减小，当显示为“0.00”时，电动机停止运行。

①如果电动机不能按设定频率运行，很可能是因为设定超时，即未在 M 旋钮设置完频率值后的 5 s 内按下 SET 键。

②操作过程中，旋转 M 旋钮频率数值不变，很可能是因为变频器的操作模式为外部运行模式，此时应通过 PU/EXT 键切换到 PU 运行模式。

③操作过程中，无法切换到 PU 运行模式，很可能是因为参数 Pr.79 没有变更仍为“0”（初始值），或启动指令为 ON。

④为避免电动机超过 50 Hz 运行，应将参数 Pr.1 设定为“50.00”。

检查测评

对实训内容的完成情况进行检查，并将结果填入表 2-1-18 中。

表 2-1-18　　实训测评表

项目内容	考核要点	评分标准	配分	得分
电路设计	正确设计变频器的控制原理电路	1. 功能设计不全，每缺一项扣 5 分 2. 原理电路图表达不正确或画法不规范每处扣 2 分	10	
安装接线	按变频器电路原理图在配电盘上正确接线和安装元器件且元器件和配线布局合理，安装紧固、美观，导线进走线槽并有端子标号	1. 损坏元件扣 5 分 2. 布线不进走线槽，不美观，主电路、控制电路每根扣 1 分 3. 接点松动、露铜过长、反圈、压绝缘层，线号标记不清楚、遗漏或误标，引出端无别径压端子，每处扣 1 分 4. 损伤导线绝缘或线芯，每根扣 1 分 5. 不按变频器接线图接线，每处扣 5 分	20	
参数设置及运行调试	按被控设备的动作要求，正确进行变频器的参数设置和运行调试，达到控制要求	1. 参数设置不全，每处扣 5 分；参数设置错误每处扣 10 分，不会设置参数扣 30 分 2. 变频器操作错误，每处扣 5 分 3. 通电试车不成功扣 20 分 4. 通电试车每错 1 处扣 10 分	60	

续表

<table>
<tr><th>项目内容</th><th>考核要点</th><th colspan="3">评分标准</th><th>配分</th><th>得分</th></tr>
<tr><td>安全文明生产</td><td>劳动保护用品穿戴整齐；电工工具佩带齐全；遵守操作规程；尊重教师，讲文明礼貌；考试结束清理现场</td><td colspan="3">1. 违反安全文明生产考核要求每项扣 2 分，扣完为止
2. 存在重大事故隐患，应立即制止，停止操作，并扣 5 分</td><td>10</td><td></td></tr>
<tr><td rowspan="2">工时定额
90 min</td><td rowspan="2">每超过 5 min 扣 5 分</td><td>开始时间</td><td colspan="2"></td><td rowspan="2">—</td><td rowspan="2"></td></tr>
<tr><td>结束时间</td><td colspan="2"></td></tr>
<tr><td>教师评价</td><td colspan="3"></td><td>成绩</td><td>100</td><td></td></tr>
</table>

§2-2　变频器外部端子的操作与控制

学习目标

1. 熟悉变频器的标准接线。
2. 掌握变频器外部端子的接线与操作控制方式。
3. 熟悉变频器外部端子相关参数的功能及设置。
4. 熟悉变频器组合运行操作的方法。
5. 熟悉多段速端子相关参数的功能及设置。

在实际生产中，若使用键盘作为变频器的控制手段，则仅限于本地操作。若要实现远程控制，则需要依赖外部设备（如按钮、开关等）通过特定的外部端子接口，方能实现对变频器的远程控制操作。

一、变频器的标准接线与端子功能

不同系列的变频器都有其标准的接线端子，接线时应参考使用说明书，并根据实际需要正确地与外部器件进行连接。变频器的接线包括两部分，一部分是主电路接线，即连接电源与电动机；另一部分是控制电路接线，即连接控制端子与外围电气控制元件。下面以三菱 FR-E840 型变频器为例，介绍这两部分接线以及端子功能。

1. 三菱 FR-E840 型变频器的标准接线图

三菱 FR-E840 型变频器的标准接线图如图 2-2-1 所示。

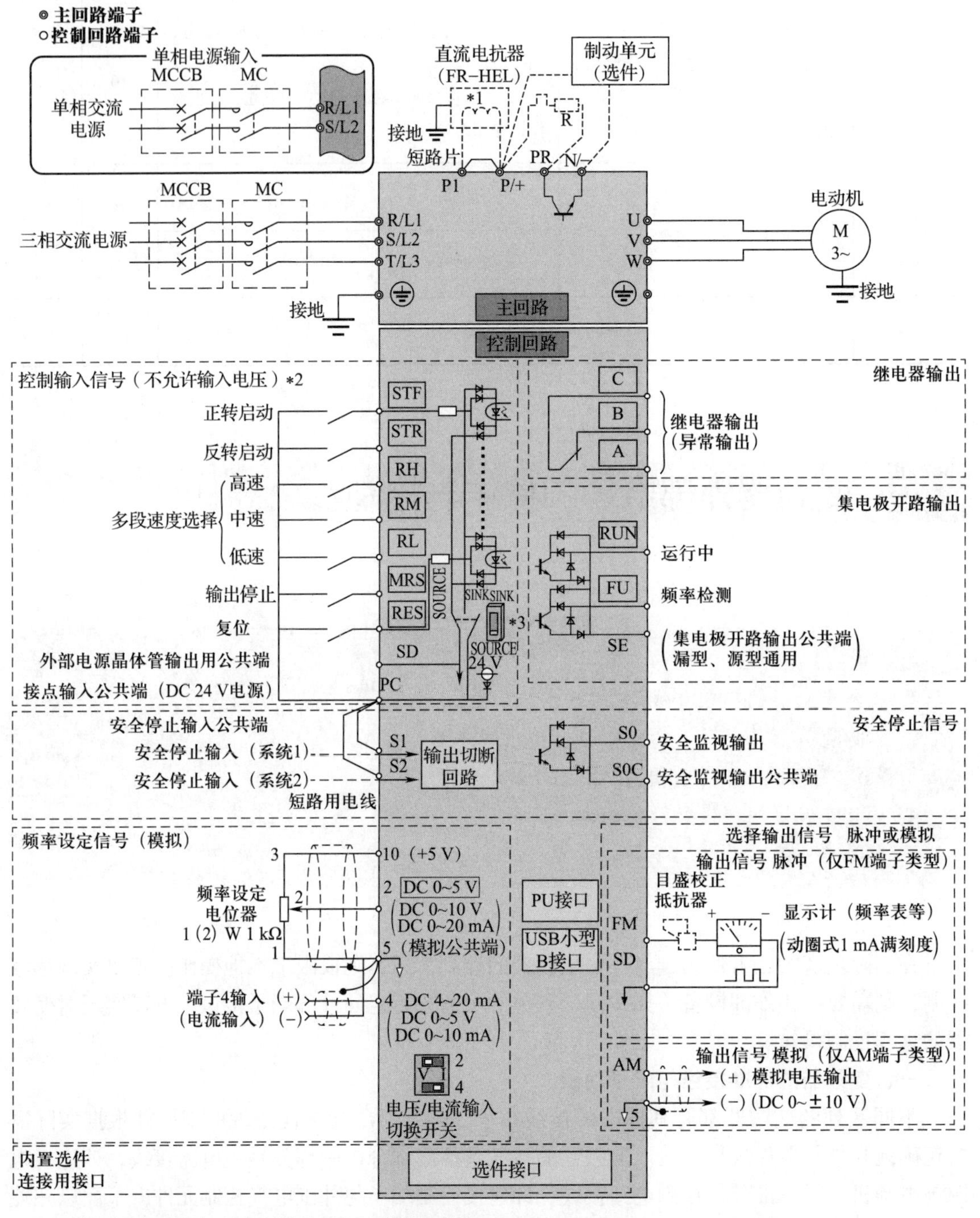

*1 连接直流电抗器时，应拆下端子P1和P/+间的短路片。

*2 可通过输入端子分配（Pr.178~Pr.184）变更端子功能［参照FR-E800 使用手册（功能篇）］。

*3 初始设定因规格不同而异。

图 2-2-1 三菱 FR-E840 型变频器的标准接线图

2. 主电路端子

（1）端子功能

三菱 FR–E840 型变频器的主电路端子如图 2–2–2 所示，其功能说明见表 2–2–1。

a）外形图

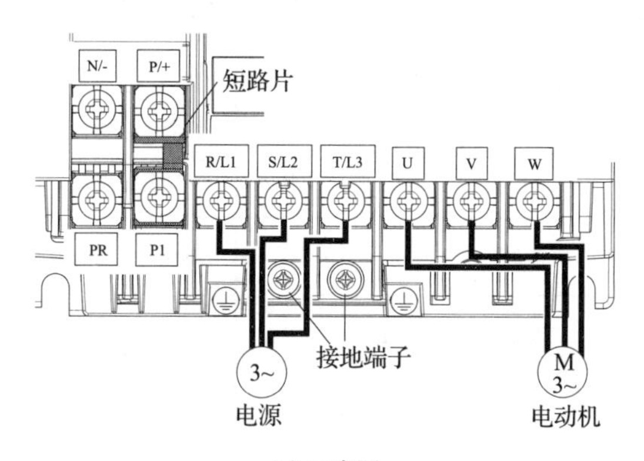

b）示意图

图 2–2–2　三菱 FR–E840 型变频器的主电路端子

表 2–2–1　　三菱 FR–E840 型变频器的主电路端子功能

端子记号	端子名称	端子功能说明
R/L1、S/L2、T/L3	交流电源输入	连接工频电源
U、V、W	变频器输出	连接三相交流异步电动机或永磁同步电动机
P/+、PR	制动电阻连接	将制动电阻（FR–ABR、MRS 型、MYS 型）选件连接至端子 P/+ 和 PR 间
N/–、P/+	制动模块连接	连接制动模块（FR–BU2、FR–BU、BU）、共直流母线整流器（FR–CV）以及多功能再生整流器［FR–XC（再生专用模式时）］
P/+、P1	直流电抗器连接	拆下端子 P/+ 和 P1 间的短路片后，连接直流电抗器（不连直流电抗器时，勿拆下短路片）
⏚	接地	变频器外壳接地用

（2）接线注意事项

1）电源一定不能接到变频器（U、V、W）上，否则将损坏变频器。

2）接线完成后，应将所有零散线头清除干净，以免这些线头造成设备运行异常、失灵，甚至故障。此外，在控制台打孔时，要格外小心碎片、粉末等微小物体进入变频器内，以保障设备正常、安全运行。

3）为使电压降保持在 2% 以内，应选用线径合适的电线连接电路。

4）布线距离最长不超过 500 m。长距离布线时，由于布线寄生电容产生的冲击电流会引起电流保护误动作，这将导致输出侧连接的设备运行异常或发生故障。因此，变频器的最长布线距离应参照表 2–2–2 所示标准执行，当变频器连接两台以上电动机时，总布线距离应在标准范围以内，如图 2–2–3 所示。

表 2–2–2　　三菱 FR–E840 型变频器的布线距离标准

接线种类	Pr.72 设定值（载波频率）	电压等级	0.1 K	0.2 K	0.4 K	0.75 K	1.5 K	2.2 K	3.7 K 以上
无屏蔽层电线	1（1 kHz）以下	200 V	200 m	200 m	300 m	500 m	500 m	500 m	500 m
		400 V	—	—	200 m	200 m	300 m	500 m	500 m
	2（2 kHz）以上	200 V	30 m	100 m	200 m	300 m	500 m	500 m	500 m
		400 V	—	—	30 m	100 m	200 m	200 m	500 m
屏蔽电线	1（1 kHz）以下	200 V	50 m	50 m	75 m	100 m	100 m	100 m	100 m
		400 V	—	—	50 m	50 m	75 m	100 m	100 m
	2（2 kHz）以上	200 V	10 m	25 m	50 m	75 m	100 m	100 m	100 m
		400 V	—	—	10 m	25 m	50 m	75 m	100 m

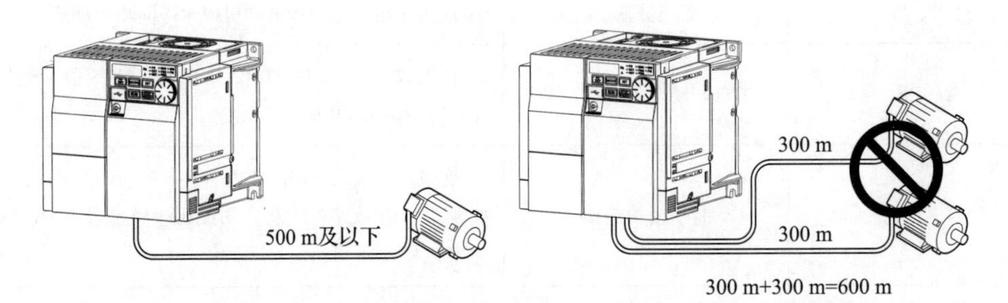

图 2–2–3　变频器连接两台以上电动机时的总布线距离应在标准范围以内

5）在端子 P/+ 和 PR 间连接指定的制动电阻选件，端子间原来的短路片必须拆下。

6）不要在变频器输出侧安装电力电容器、浪涌抑制器和无线电噪声滤波器（FR–BIF 选件）。这些设备将导致变频器故障或电容器和浪涌抑制器损坏。

7）在变频器运行过程中，若需要进行改变接线的操作，首先应切断电源并等待 10 min 以上，然后用万用表检测电压，确保安全后再进行作业。这是由于电容器具有储能特性，虽然电源已经断开但仍有触电可能。

3. 控制电路端子

三菱 FR-E840 型变频器的控制电路端子如图 2-2-4 所示，端子 SD 和 5 为 I/O 信号公共端子，接线时不能互相连接或接地。

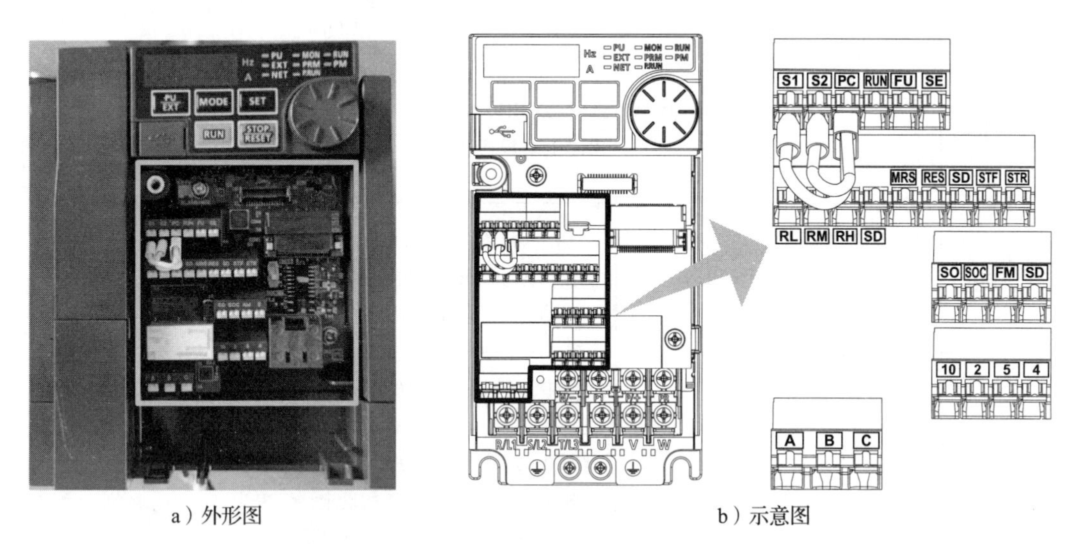

a）外形图　　b）示意图

图 2-2-4　三菱 FR-E840 型变频器的控制电路端子

（1）输入信号端子

三菱 FR-E840 型变频器控制电路输入信号的出厂设定为漏型逻辑。当接通输入信号时，电流从相应输入端子流出，端子 SD 是触点输入信号的公共端，其电路如图 2-2-5 所示，其端子功能见表 2-2-3，其公共端端子功能见表 2-2-4。

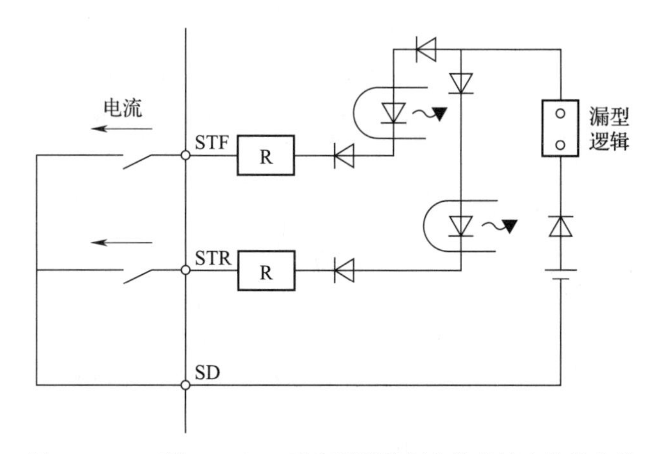

图 2-2-5　三菱 FR-E840 型变频器控制电路的输入信号电路

表 2-2-3　　三菱 FR-E840 型变频器控制电路的输入信号端子功能

<table>
<tr><th>种类</th><th>端子记号</th><th>公共端</th><th>端子名称</th><th colspan="2">端子功能说明</th><th>额定规格</th></tr>
<tr><td rowspan="5">触点输入</td><td>STF</td><td rowspan="5">SD［漏型（负极公共端）］
PC［源型（正极公共端）］</td><td>正转启动</td><td>ON 为正转指令，OFF 为停止指令</td><td rowspan="2">STF、STR 信号同时为 ON 时表示停止指令</td><td rowspan="5">输入电阻 4.7 kΩ
开路时电压 DC 21～26 V
短路时电流 DC 4～6 mA</td></tr>
<tr><td>STR</td><td>反转启动</td><td>ON 为反转指令，OFF 为停止指令</td></tr>
<tr><td>RH
RM
RL</td><td>多段速度选择</td><td colspan="2">通过 RH、RM、RL 的信号组合可以进行多段速度选择</td></tr>
<tr><td>MRS</td><td>输出停止</td><td colspan="2">信号为 ON（2 ms 以上）时，变频器输出停止。用于在通过电磁制动停止电动机时，切断变频器的输出</td></tr>
<tr><td>RES</td><td>复位</td><td colspan="2">对保护功能启动时的报警输出进行复位时使用。应在 RES 信号维持 ON 状态 0.1 s 后，设为 OFF。初始设定时可随时复位。根据 Pr.75 的设定，仅在变频器发生报警时可以复位。复位解除大约 1 s 后会恢复</td></tr>
<tr><td rowspan="2">频率设定</td><td>10</td><td>5</td><td>频率设定用电源</td><td colspan="2">使用频率设定（速度设定）用电位器作为外部连接时的电源</td><td>DC（5±0.5）V
允许负载电流 10 mA</td></tr>
<tr><td>2</td><td>5</td><td>频率设定（电压）</td><td colspan="2">输入 DC 0～5 V（或 0～10 V）时，最大输出为 5 V（10 V），输入输出成正比
通过 Pr.73 进行 DC 0～5 V（初始设定）和 DC 0～10 V、DC 0～20 mA 的输入切换
※ 初始设定因规格不同而异
电流输入（DC 0～20 mA）时，应将电压 / 电流输入切换开关设为“1”</td><td>电压输入时：
输入电阻（10±1）kΩ
最大允许电压 DC 20 V
电流输入时：
输入电阻（245±5）Ω
最大允许电流为 30 mA
电压/电流输入切换开关
2
V　I
4</td></tr>
</table>

续表

种类	端子记号	公共端	端子名称	端子功能说明	额定规格
频率设定	4	5	频率设定（电流）	输入 DC 4 ~ 20 mA（或 DC 0 ~ 5 V/0 ~ 10 V）的情况下，20 mA 时输出频率最大，输入输出成正比。只有 AU 信号为 ON 时该输入信号才会有效（端子 2 输入无效） 使用端子 4（初始设定：电流输入）时，应将 Pr.178 ~ Pr.184（输入端子功能选择）中的任意一个设定为“4”并分配功能，然后将 AU 信号设为 ON ※ 初始设定因规格不同而异 通过 Pr.267 进行 DC 4 ~ 20 mA（初始设定）和 DC 0 ~ 5 V、DC 0 ~ 10 V 的输入切换。电压输入（DC 0 ~ 5 V/0 ~ 10 V）时，应将电压 / 电流输入切换开关设为“V”	电压输入时： 输入电阻（10 ± 1）kΩ 最大允许电压 DC 20 V 电流输入时： 输入电阻（245 ± 5）Ω 最大允许电流为 30 mA 电压/电流输入切换开关 2 V I 4

表 2-2-4　三菱 FR-E840 型变频器控制电路输入信号的公共端端子功能

端子记号	公共端	端子名称	端子功能说明	额定规格
SD	—	触点输入公共端［漏型（负极公共端）］	触点输入端子（漏型逻辑）及端子 FM 的公共端子	—
		外部晶体管公共端［源型（正极公共端）］	在源型逻辑的情况下连接可编程控制器等的晶体管输出（集电极开路输出）时，将晶体管输出用的外部电源公共端连接到该端子上，可防止寄生电流导致的误动作	
		DC 24 V 电源公共端	DC 24 V 电源（端子 PC）的公共端子 端子 5 及端子 SE 为绝缘状态	
PC	—	外部晶体管公共端［漏型（负极公共端）］	当在漏型逻辑下连接了可编程控制器等的晶体管输出（集电极开路输出）时，将晶体管输出用的外部电源公共端连接到该端子上，可防止寄生电流导致的误动作	电源电压范围 DC 22 ~ 26.5 V 允许负载电流 100 mA
		安全停止输入端子公共端	安全停止输入端子的公共端子	

续表

端子记号	公共端	端子名称	端子功能说明	额定规格
PC	—	触点输入公共端［源型（正极公共端）］	触点输入端子（源型逻辑）的公共端子	电源电压范围 DC 22 ~ 26.5 V 允许负载电流 100 mA
	SD	DC 24 V 电源	可以作 DC 24 V、DC 0.1 A 的电源使用	
5	—	频率设定公共端	频率设定信号（端子 2 或 4）的公共端子。请勿接地	—
SE	—	集电极开路输出公共端	端子 RUN 和 FU 的公共端子	—
S0C	—	安全监视输出端子公共端	端子 S0 的公共端子	—

（2）输出信号端子

三菱 FR-E840 型变频器控制电路的输出信号电路为晶体管结构，如图 2-2-6 所示，端子 SE 是集电极开路输出信号的公共端，通常选用正逻辑，其端子功能见表 2-2-5。

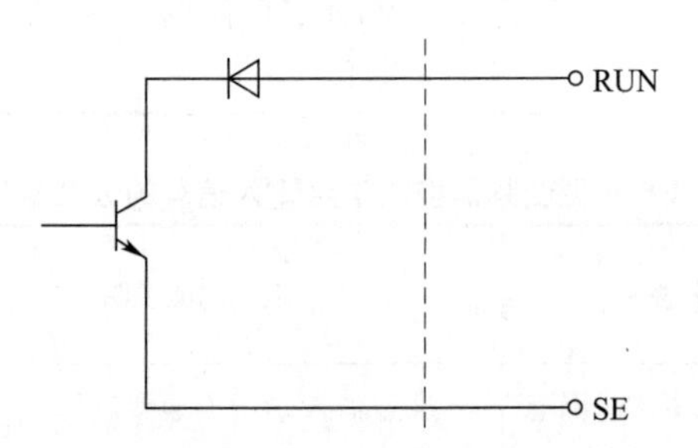

图 2-2-6　三菱 FR-E840 型变频器控制电路的输出信号电路

表 2-2-5　三菱 FR-E840 型变频器控制电路的输出信号端子功能

种类	端子记号	公共端	端子名称	端子功能说明	额定规格
继电器	A、B、C	—	继电器输出（异常输出）	表示变频器因保护功能启动而停止输出的 1c 触点输出 异常时：B-C 间不导通（A-C 间导通），正常时：B-C 间导通（A-C 间不导通）	触点容量　AC 240 V 2 A（功率因数 =0.4） DC 30 V　1 A
集电极开路	RUN	SE	变频器运行中	变频器输出频率为启动频率（初始值 0.5 Hz）以上时为低电平，停止中和正在直流制动时为高电平	允许负载 DC 24 V（最大 DC 27 V）0.1 A（ON 时最大电压下降为 3.4 V）
	FU	SE	频率检测	输出频率为任意设定的检测频率以上时为低电平，未达到时为高电平	

续表

种类	端子记号	公共端	端子名称	端子功能说明		额定规格
脉冲	FM	SD	显示仪表用	可以从输出频率等多种监视项目中选择一项进行输出（变频器复位过程中不输出） 输出信号与各监视项目的大小成正比	输出项目： 输出项目 （初始设定）	允许负载电流 1 mA 60 Hz 时 1 440 pulses/s
模拟	AM	5	模拟电压输出			输出信号 DC 0 ~ ± 10 V 允许负载电流 1 mA （负载阻抗 10 kΩ 以上） 分辨率 12 位

（3）接线注意事项

1）端子 SD、SE 和 5 为 I/O 公共端子，布线时要注意相互隔离，不能互相连接或接地。

2）控制电路端子的接线应使用屏蔽线或双绞线，而且必须与主电路、强电回路（含 220 V 继电器的控制电路）分开布线。

3）由于控制电路的输入信号都是频率很低的微小电流，为了防止接触不良，其触点应采用并联触点或双生触点，如图 2–2–7 所示。

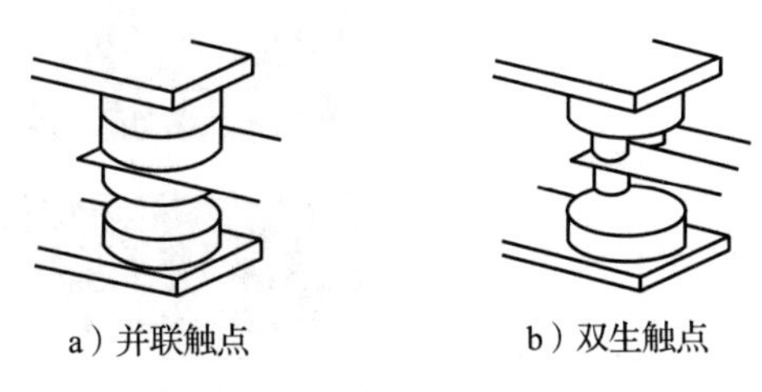

图 2–2–7　微小信号的触点

4）控制电路的输入端子（如 STF）不能接强电。

5）继电器输出（异常输出）端子 A、B、C 上要接继电器线圈或指示灯，不能接接触器。

6）连接控制电路端子的电线建议使用 0.3 ~ 0.75 mm^2 规格的电线。如果使用 1.25 mm^2 或以上规格的电线，当配线数量较多或配线不恰当时，易使表面护盖松动，从而导致操作面板或参数控制单元接触不良。

7）接线长度不应超过 30 m。

二、变频器的外部运行控制

外部运行控制即通过连接至变频器控制端子上的外部线路，实现对电动机启停和运行频率精准控制的方法。

1. STF、STR 等启动命令端子控制

利用 STF、SFR 等启动命令端子控制电动机的启停，主要是通过控制端子的“通”“断”来实现。图 2–2–8 所示为利用外接开关 SA1、SA2 来控制电动机运行的电路原理图，其中，STF 为正转控制，当 SA1 接通时电动机正转运行；STR 为反转控制，当 SA2 接通时电动机反转运行，其变频器运行参数的设定方法及步骤，见表 2–2–6。

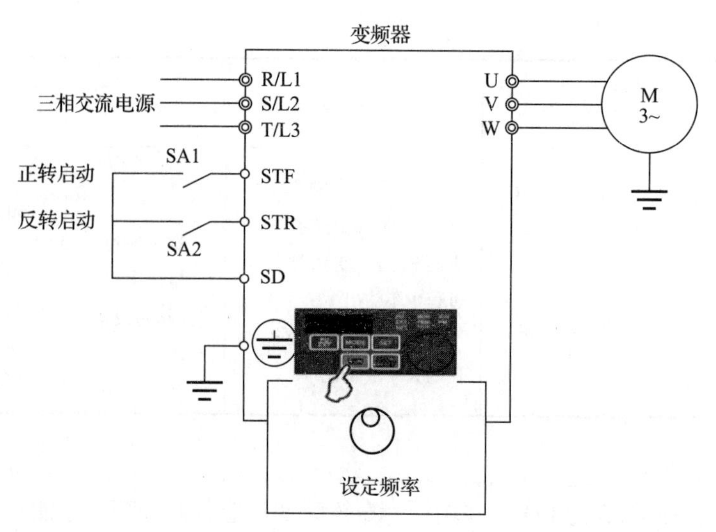

图 2-2-8　利用外接开关 SA1、SA2 来控制电动机运行的电路原理图

表 2-2-6　　变频器运行参数的设定方法及步骤

步骤	方法	变频器对应的显示画面
1	接通电源	0.00 Hz PU EXT NET MON PRM P.RUN RUN PM
2	按下 PU/EXT 键，切换到 PU 运行模式	0.00 Hz PU EXT NET MON PRM P.RUN RUN PM
3	按下 MODE 键，读取当前参数编号	MODE → P. 0（读取当前参数编号）
4	旋转 M 旋钮，直至显示屏显示“Pr.79”	→ P 79
5	按下 SET 键，读取当前设定值（初始值为“0”）	SET → 0 读取当前设定值
6	旋转 M 按钮，将设定值变更为“3”	→ P. 3
7	按下 SET 键，锁定参数值	SET → 3 P. 79 参数与设定值闪烁 参数写入完毕!!

续表

步骤	方法	变频器对应的显示画面
8	将启动开关 STF（正转）或 STR（反转）置为 ON，电动机按操作面板的频率设定模式转动	STF（正转） STR（反转） ON 50.00 Hz MON PU EXT FWD
9	旋转 M 旋钮可以改变运行频率；频率重新设定后，将闪烁约 5 s	40.00 闪烁约5s
10	频率值闪烁时按下 SET 键，将锁定频率值；如果 5 s 内不按 SET 键，显示屏将显示“0.00”，此时需回到第 8 步重新设定频率值	SET 40.00 F 闪烁…参数设置完毕!!
11	将启动开关 STF（正转）或 STR（反转）置为 OFF，经过 Pr.8 设定的减速时间，电动机将停止运行	STF（正转） STR（反转） OFF 停止

2. 外接模拟信号给定控制

模拟量给定信号通常采用电压信号和电流信号。电压给定信号的范围有：0 ~ 10 V、0 ~ ± 10 V、0 ~ 5 V、0 ~ ± 5 V 等；电流给定信号的范围有：0 ~ 20 mA、4 ~ 20 mA 等。

三菱 FR–E840 型变频器的模拟信号端子有二路：一路是由端子 10 和 5 为用户提供的一个高精度的 +5 V 直流稳压电源，端子 2 为模拟信号输入口，外接转速调节电位器 RP1 串接在电路中，调节 RP1 可改变端子 2 的给定模拟输入电压，变频器的频率输出将紧跟给定模拟输入电压的变化而变化，从而实现电动机的无级调速；另一路是由端子 4 和 5 组成，模拟信号由此输入（电流输入）。

（1）通过模拟信号进行频率设定（电压输入）

图 2–2–9 所示是三菱 FR–E840 型变频器通过模拟信号进行频率设定（电压输入）的原理图，其频率设定器通过接收变频器供给的 5 V 电源进行稳定运行（端子 10），该控制操作的频率设置方法及步骤见表 2–2–7。

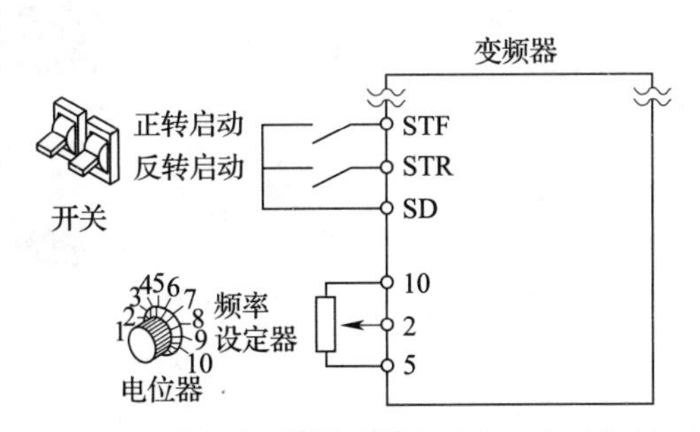

图 2–2–9　三菱 FR–E840 型变频器通过模拟信号进行频率设定（电压输入）的原理图

表 2-2-7　　通过模拟信号进行频率设定（电压输入）的方法及步骤

步骤	方法	变频器对应的显示画面
1	接通电源	 0.00 Hz PU MON RUN EXT PRM PM NET P.RUN
2	按下 PU/EXT 键，切换到 PU 运行模式	 0.00 Hz PU MON RUN EXT PRM PM NET P.RUN
3	按下 MODE 键，读取当前参数编号	 MODE → P. 0（读取当前参数编号）
4	旋转 M 旋钮，直至显示屏显示“Pr.79”	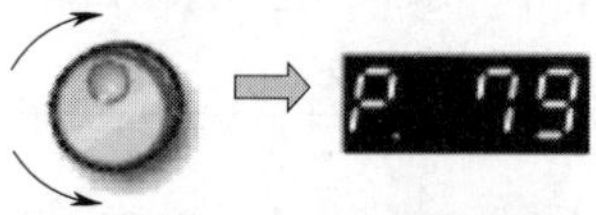 → P. 79
5	按下 SET 键，读取当前设定值（初始值为“0”）	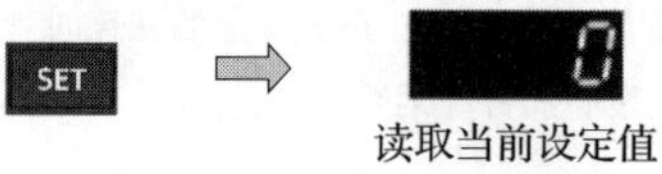 SET → 0 读取当前设定值
6	旋转 M 旋钮，变更设定值为“2”（外部运行模式）	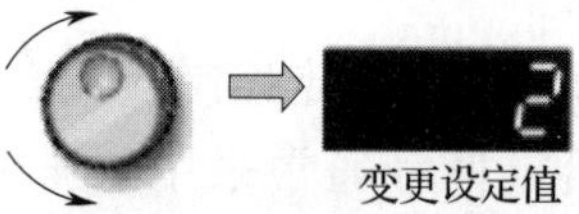 → 2 变更设定值
7	按下 SET 键，锁定设定值	 2 P. 79 参数与设定值闪烁 参数写入完毕!!
8	启动：将启动开关 STF（正转）或 STR（反转）置为 ON	 STF（正转） STR（反转） ON → 0.00 Hz PU MON RUN EXT PRM PM NET P.RUN
9	加速→恒速：将电位器顺时针旋转到最大，显示值按 Pr.7 设定的加速时间慢慢变大，最终变为“50.00”（50.00 Hz）	 1 2 3 4 5 6 7 8 9 10 → 50.00 Hz PU MON RUN EXT PRM PM NET P.RUN
10	减速：将电位器逆时针慢慢旋转到最小，显示值按 Pr.8 设定的减速时间慢慢变小，最终变为“0.00”（0.00 Hz），电动机停止运行	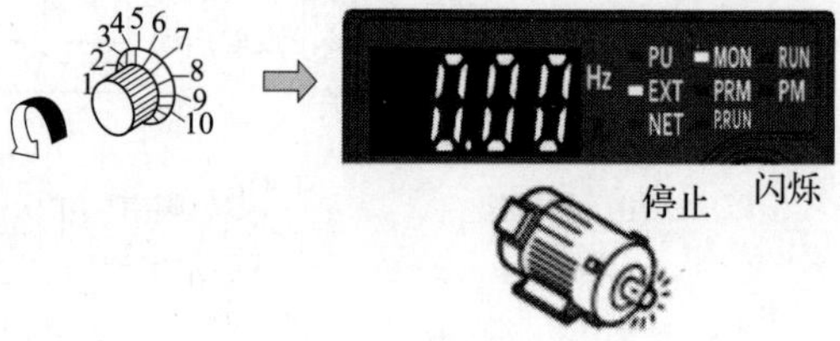 1 2 3 4 5 6 7 8 9 10 → 0.00 Hz PU MON RUN EXT PRM PM NET P.RUN 停止 闪烁

续表

步骤	方法	变频器对应的显示画面
11	停止：将启动开关 STF（正转）或 STR（反转）置为 OFF	STF（正转） STR（反转） OFF 0.00 Hz PU MON RUN EXT PRM PM NET P.RUN

①若想供电后不按 PU/EXT 键自动切换到外部运行模式，可将运行模式参数 Pr.79 设定为“2”（外部运行模式），这样上电后变频器就是外部运行模式。

②进行上一步操作时，还需将参数 Pr.178（STF 端子功能）设置为“60”（初始值）或将参数 Pr.179（STR 端子功能）设置为“61”（初始值）。

③变频器启动时，若将 STF（正转）和 STR（反转）同时置为 ON 会导致电动机无法启动；变频器运行中，若将 STF（正转）和 STR（反转）同时置为 ON，电动机将减速停止。

调整电位器最大值（初始值 5 V）时的频率（初始值 50 Hz），即改变最高频率，应按以下方法进行：在 DC 0 ~ 5 V 输入频率设定器中，将 5 V 对应的频率由初始值 50 Hz 调整为所需频率，如 40 Hz，即当输入电压为 5 V 时，输出频率将被调整为 40 Hz，其关键核心是将参数 Pr.125（频率设定增益）设置为“40.00”，具体操作方法及步骤见表 2-2-8。

表 2-2-8　改变最高频率的操作方法及步骤

步骤	方法	变频器对应显示画面
1	在参数设定模式下，旋转 M 旋钮找到参数 Pr.125	P.125
2	按下 SET 键，读取当前设定值（初始值为“50.00”）	SET → 50.00 Hz
3	旋转 M 旋钮，将数值调整为“40.00”	40.00 Hz
4	按下 SET 键，锁定设定值	SET → 40.00 P.125 闪烁，设置完毕
5	模式・监视确认：按 MODE 键两次设置为频率监视器	MODE → 0.00 Hz PU MON RUN EXT PRM PM NET P.RUN
6	参照表 2-2-7 步骤 8 ~ 11 进行操作	

（2）通过模拟信号进行频率设定（电流输入）

图 2-2-10 所示为三菱 FR-E840 型变频器通过模拟信号进行频率设定（电流输入）的接线原理图。其控制要点是：模拟电流输入信号在端子 4 和 5 之间输入 DC 4 ~ 20 mA，将 AU 信号置为 ON，设定参数 Pr.79=2（外部运行模式）。具体的操作方法及步骤见表 2-2-9。

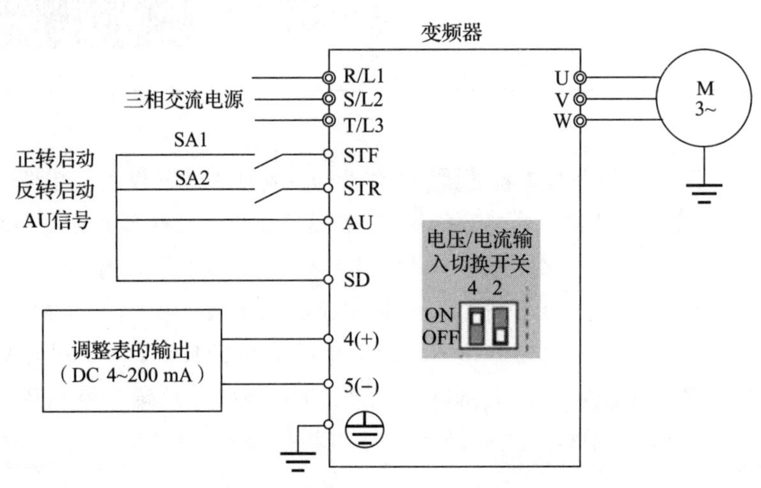

图 2-2-10　三菱 FR-E840 型变频器通过模拟信号进行频率设定（电流输入）的接线原理图

表 2-2-9　三菱 FR-E840 型变频器通过模拟信号进行频率设定（电流输入）的操作方法及步骤

步骤	方法	变频器对应的显示画面
1	接通电源	0.00 Hz PU MON RUN EXT PRM PM NET P.RUN
2	按下 PU/EXT 键，切换到 PU 运行模式	0.00 Hz PU MON RUN EXT PRM PM NET P.RUN
3	按下 MODE 键，读取当前参数编号	MODE → P. 0（读取当前参数编号）
4	旋转 M 旋钮，直至显示屏显示 “Pr.79”	→ P 79
5	按下 SET 键，读取当前设定值（初始值为 “0”）	SET → 0 读取当前设定值
6	旋转 M 按钮，变更设定值为 “2”	→ 2 变更设定值

续表

步骤	方法	变频器对应的显示画面
7	按下 SET 键，锁定设定值	参数与设定值闪烁 参数写入完毕!!
8	启动：将启动开关 STF（正转）或 STR（反转）置为 ON	STF（正转） STR（反转） ON
9	加速→恒速：输入 20 mA，显示值按 Pr.7 设定的加速时间慢慢变大，最后变为“50.00”（50.00 Hz）	调整表的输出（DC 4~20 mA）
10	减速：输入 4 mA，显示值按 Pr.8 设定的减速时间慢慢变小，最后变为“0.00”（0.00 Hz）	调整表的输出（DC 4~20 mA）
11	停止：将启动开关 STF（正转）或 STR（反转）置为 OFF	STF（正转） STR（反转） OFF

调整电流最大输入（初始值 20 mA）时的频率（初始值 50 Hz），即改变最高频率，应按以下方法进行：在 4 ~ 20 mA 输入频率设定器中，把 20 mA 对应的频率由初始值 50 Hz 调整为所需频率，如 40 Hz，即当输入电流为 20 mA 时，输出频率将被调整为 40 Hz，其关键核心是把 Pr.126（频率设定增益）设定为“40.00”，具体操作方法及步骤见表 2–2–10。

表 2–2–10　　改变最高频率的操作方法及步骤

步骤	方法	变频器对应显示画面
1	在参数设定模式下，旋转 M 旋钮找到参数 Pr.126	P.126
2	按下 SET 键，读取当前设定值（初始值为“50.00”）	SET → 50.00 Hz

续表

步骤	方法	变频器对应显示画面
3	旋转 M 旋钮，将数值调整为“40.00”	40.00 Hz
4	按下 SET 键，锁定设定值	SET → 40.00 P.126 闪烁，设置完毕
5	模式・监视确认：按 MODE 键两次设置为频率监视器	MODE → 0.00 Hz PU MON RUN EXT PRM PM NET P.RUN
6	参照表 2-2-9 步骤 8 ~ 11 进行操作	

（3）模拟量输入端子功能设置

模拟量输入给定电压、给定电流的方式由频率设定功能参数和模拟量输入通道决定。对于电流输入，必须将相应通道的拨码开关置为 ON。

如前所述，三菱 FR-E840 型变频器为用户提供了二路模拟输入端子，即端子 2 和 5、端子 4 和 5。通过参数 Pr.73 和 Pr.267，可以选择模拟输入端子的规格、速度变化功能以及输入信号的极性切换，实现电动机的正 / 反转。模拟量输入选择参数 Pr.73 和 Pr.267 的设置内容见表 2-2-11，其设定值含义分别见表 2-2-12 和表 2-2-13。

表 2-2-11　　参数 Pr.73 和 Pr.267 的设置内容

参数	参数名称	初始值	设定范围	开关状态	内容
Pr.73 T000	模拟量输入选择	1	0、1、10、11	开关 2-V（初始状态）	可选择端子 2 的输入规格（0 ~ 5 V、0 ~ 10 V、0 ~ 20 mA），也可选择比例补偿或可逆运行
			6、16	开关 2-I	
Pr.267 T001	端子 4 输入选择	0	0	开关 4-I（初始状态）	端子 4 输入 4 ~ 20 mA
			1	开关 4-V	端子 4 输入 0 ~ 5 V
			2		端子 4 输入 0 ~ 10 V

表 2-2-12　　参数 Pr.73 的设定值含义

Pr.73 设定值	端子 2 输入	开关 2	可逆运行
0	0 ~ 10 V	V	否
1（初始值）	0 ~ 5 V	V	
6	0 ~ 20 mA	I	

续表

Pr.73 设定值	端子 2 输入	开关 2	可逆运行
10	0 ~ 10 V	V	是
11	0 ~ 5 V	V	
16	0 ~ 20 mA	I	

表 2–2–13　　参数 Pr.267 的设定值含义

Pr.267 设定值	端子 4 输入	开关 4	可逆运行
0（初始值）	4 ~ 20 mA	I	根据 Pr.73
1	0 ~ 5 V	V	
2	0 ~ 10 V	V	

1）模拟量输入规格的选择。通过模拟量输入端子 2 和 4 能够选择输入电压（DC 0 ~ 5 V，DC 0 ~ 10 V）和输入电流（DC 4 ~ 20 mA）。图 2–2–11 所示为端子 2 和 4 的电压 / 电流输入切换开关，当开关置为 OFF，通过参数 Pr.73 和 Pr.267 可设定端子的输入规格；当开关置为 ON，输入电流固定为 DC 4 ~ 20 mA。

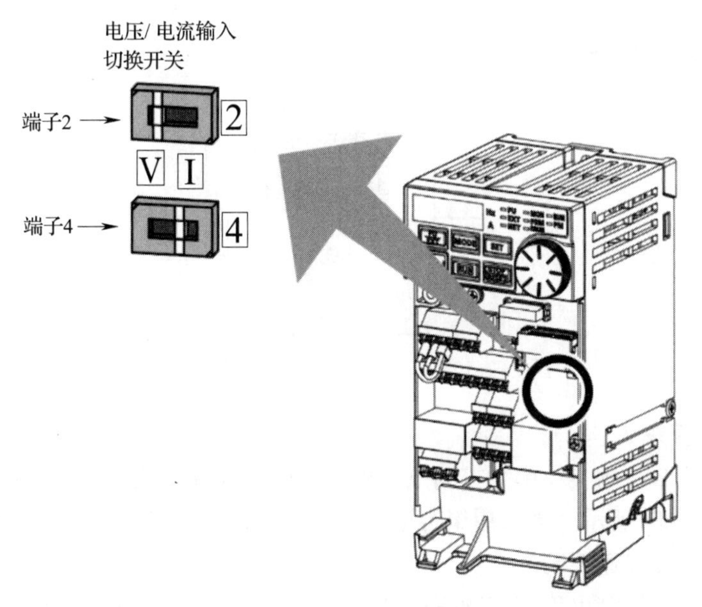

图 2–2–11　端子 2 和 4 的电压 / 电流输入切换开关

2）模拟电压输入运行。由图 2–2–9 可知，模拟电压输入信号在端子 2 和 5 之间输入 DC 0 ~ 5 V（或 DC 0 ~ 10 V），5 V（10 V）直流电源可使用内部电源，也可使用外部电源。内部电源在端子 10 和 5 之间输出 DC 5 V 电压，其中端子 2 输入电压的选择和设定见表 2–2–14。

表 2-2-14　　端子 2 输入电压的选择和设定

端子	变频器内置电源电压	频率设定分辨率	Pr.73（端子 2 输入电压）
10	DC 5 V	0.030 Hz/60 Hz	DC 0～5 V 输入

3）模拟电流输入运行。由图 2-2-10 可知，模拟电流输入信号在端子 4 和 5 之间输入 DC 4～20 mA。此时应将 AU（电流输入有效接线端子，只有 AU 信号处于 ON 时，变频器才可用 DC 4～20 mA 作为频率设定）信号分配到未使用的端子上，并且接通 AU 信号，使端子 4 输入有效。

三、变频器的组合运行模式

变频器的组合运行模式是运用参数单元和外部接线共同控制变频器运行的一种方法，一般有两种控制模式，即组合运行模式 1 和组合运行模式 2。

1. 组合运行模式 1

组合运行模式 1 是用参数单元控制电动机的运行频率，外部接线控制电动机的启停，其控制原理如图 2-2-12 所示。这种控制方法不接受外部的频率设定信号以及 PU 的正转、反转和停止键控制。当采用组合运行模式 1 时，需将参数 Pr.79 的值设为“3”。

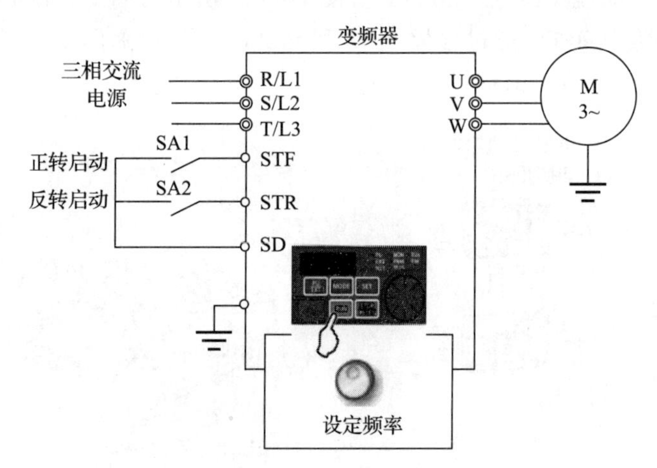

图 2-2-12　组合运行模式 1 的控制原理

2. 组合运行模式 2

组合运行模式 2 是用参数单元控制电动机的启停，外部接线控制电动机的运行频率，其控制原理如图 2-2-13 所示。当采用组合运行模式 2 时，需将参数 Pr.79 的值设为“4”。

四、变频器的多段速控制

变频器的多段速控制也称固定频率控制，是在生产过程中为满足不同阶段生产机械对转速的差异化需求而设立的一种控制机制，其主要通过外接开关对输入端子的状态进行组合来实现对生产机械转速的精确调控。

1. 多段速功能的端子接线

图 2-2-14 所示是三菱 FR-E840 型变频器多段速功能的端子接线图。其通过数字输入端子的不同组合，可以实现 15 个段速的切换。

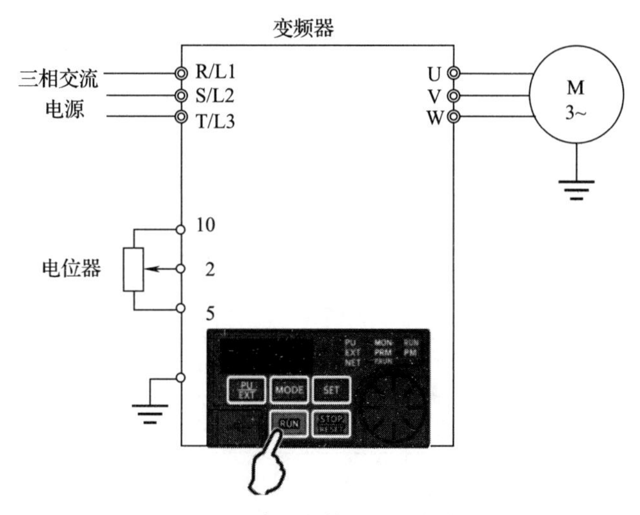

图 2-2-13　组合运行模式 2 的控制原理

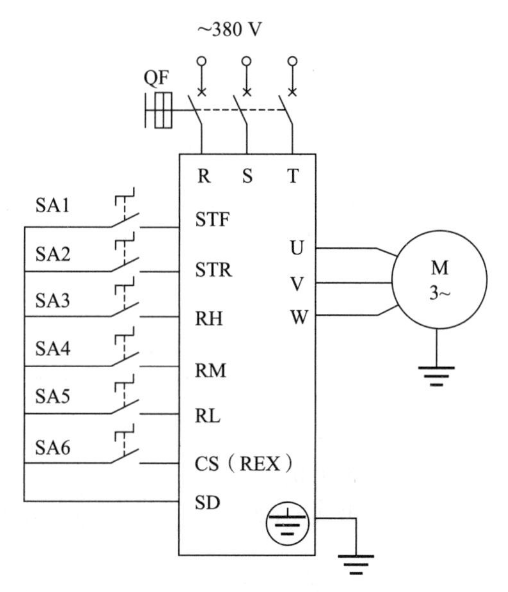

图 2-2-14　三菱 FR-E840 型变频器多段速功能的端子接线图

2. 多段速功能的参数设置

三菱 FR-E840 型变频器多段速功能的参数设置见表 2-2-15，其运行控制曲线如图 2-2-15 所示。三菱 FR-E840 型变频器的运行速度参数由 PU 单元来设定，通过外部端子的组合进行切换。如果不使用 REX 信号，仅通过 RH、RM、RL 的开关信号组合，其最多可实现 7 个段速的运行控制；如果使用 REX 信号，则可实现 15 个段速的运行控制。

提示　变频器的多段速功能，只在外部操作模式（Pr.79=2）或 PU/ 外部组合操作模式（Pr.79=3 或 4）中有效。

表 2-2-15　　三菱 FR-E840 型变频器多段速功能的参数设置

参数	参数名称	初始值	设定范围	内容
Pr.4	3 速设定（高速）	50 Hz	0 ~ 400 Hz	设定仅 RH 置 ON 的频率
Pr.5	3 速设定（中速）	30 Hz	0 ~ 400 Hz	设定仅 RM 置 ON 的频率
Pr.6	3 速设定（低速）	10 Hz	0 ~ 400 Hz	设定仅 RL 置 ON 的频率
Pr.24	多段速设定（4 速）	9 999	0 ~ 400 Hz，9 999	通过 RH、RM、RL 和 REX 的信号组合可以进行 4 ~ 15 速的频率设定。 9 999：无选择
Pr.25	多段速设定（5 速）	9 999	0 ~ 400 Hz，9 999	
Pr.26	多段速设定（6 速）	9 999	0 ~ 400 Hz，9 999	
Pr.27	多段速设定（7 速）	9 999	0 ~ 400 Hz，9 999	
Pr.232	多段速设定（8 速）	9 999	0 ~ 400 Hz，9 999	
Pr.233	多段速设定（9 速）	9 999	0 ~ 400 Hz，9 999	
Pr.234	多段速设定（10 速）	9 999	0 ~ 400 Hz，9 999	
Pr.235	多段速设定（11 速）	9 999	0 ~ 400 Hz，9 999	
Pr.236	多段速设定（12 速）	9 999	0 ~ 400 Hz，9 999	
Pr.237	多段速设定（13 速）	9 999	0 ~ 400 Hz，9 999	
Pr.238	多段速设定（14 速）	9 999	0 ~ 400 Hz，9 999	
Pr.239	多段速设定（15 速）	9 999	0 ~ 400 Hz，9 999	

3. 多段速说明

（1）当多段速信号接通时，其优先级别高于主速度。

（2）在三段速运行控制场景中，当两段以上的速度设定被同时选择时，低速信号的设定频率优先。

（3）参数 Pr.24 ~ Pr.27 和 Pr.232 ~ Pr.239 的设定，没有优先级。

（4）变频器运行期间，参数值可以被改变。

（5）REX 信号的输入端子，由参数 Pr.178 ~ Pr.189（输入端子功能选择）进行配置，设定值为“8”。

4. 应用举例

（1）三段速运行控制的参数设置

由图 2-2-14 可知，开关 SA3、SA4、SA5 分别控制变频器的 RH、RM 和 RL 端子。当 RH 信号被单独置为 ON 时，变频器按 Pr.4 设定的频率控制运行；当 RM 信号被单独置为 ON 时，变频器按 Pr.5 设定的频率控制运行；当 RL 信号被单独置为 ON 时，变频器按 Pr.6 设定的频率控制运行。

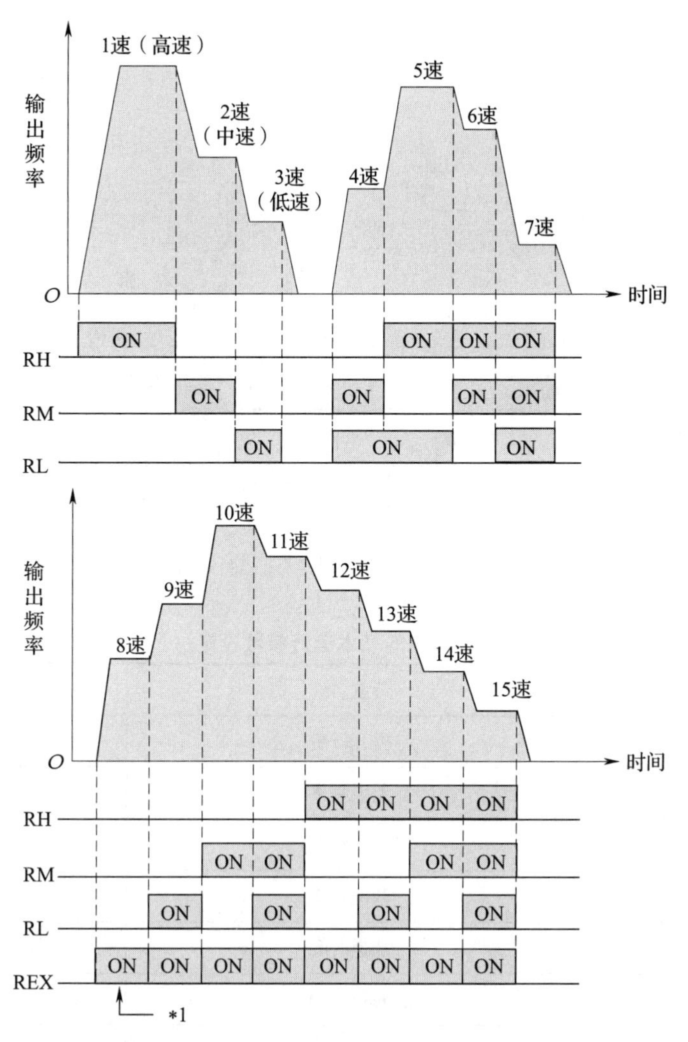

*1　在设定了 Pr.232 多段速设定（8 速）=“9999”的情况下，将 RH、RM、RL 设为 OFF 且将 REX 设为 ON 时，将按照 Pr.6 的频率动作。

图 2-2-15　三菱 FR-E840 型变频器的多段速运行控制曲线

初始设定时，RH、RM、RL 信号被对应分配在端子 RH、RM、RL 上，若修改参数 Pr.178 ~ Pr.189（输入端子功能分配）的设定值为“0（RL）”“1（RM）”“2（RH）”，也可将 RH、RM、RL 信号分配到其他端子上。

（2）七段速运行控制的参数设置

由图 2-2-14 可知，通过 RH、RM、RL 和 REX 的信号组合可以进行 4 ~ 15 速的设定，利用参数 Pr.24 ~ Pr.27、Pr.232 ~ Pr.239可设定运行频率（初始值状态下不可使用 4 ~ 15 速设定）。图 2-2-16 所示为变频器的七段速运行控制曲线，其基本运行参数和七段速运行控制参数的设置分别见表 2-2-16 和表 2-2-17。

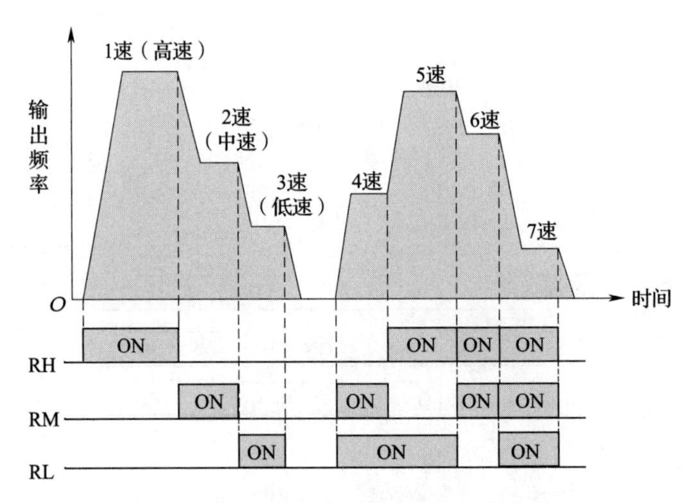

图 2–2–16　变频器的七段速运行控制曲线

表 2–2–16　**变频器的基本运行参数设置**

参数	参数名称	设定值
Pr.0	提升转矩	5%
Pr.1	上限频率	50 Hz
Pr.2	下限频率	3 Hz
Pr.3	基准频率	50 Hz
Pr.7	加速时间	4 s
Pr.8	减速时间	3 s
Pr.9	电子过流保护	3 A（由电动机功率确定）
Pr.20	加减速基准频率	50 Hz
Pr.79	操作模式	3

表 2–2–17　**变频器的七段速运行控制参数设置**

控制端子	RH	RM	RL	RM、RL	RH、RL	RH、RM	RL、RH、RM
参数	Pr.4	Pr.5	Pr.6	Pr.24	Pr.25	Pr.26	Pr.27
设定值（Hz）	15	20	25	30	35	40	45

技能训练 5　基于外部端子实现电动机的点动及正 / 反转控制

训练目标

1. 能按控制要求正确设计变频器的控制电路。
2. 能正确选择元器件并检查其质量好坏。
3. 熟悉变频器外部端子 STF、STR、RL、SD 的功能及设置。
4. 能独立完成基于外部操作开关实现电动机点动、正 / 反转控制的安装接线、参数设置及运行调试。

训练准备

实训所需设备及工具材料见表 2-2-18。

表 2-2-18　实训所需设备及工具材料

序号	名称	型号规格	数量	备注
1	电工常用工具		1 套	
2	万用表	MF47 型	1 块	
3	变频器	FR-E840-0026-4-60（0.75 kW）	1 台	
4	配电盘	500 mm × 600 mm	1 块	
5	导轨	C45	0.3 m	
6	低压断路器	DZ47-63/3P D20	1 只	
7	二位旋钮	LAY16	3 只	
8	三相交流异步电动机	型号自定	1 台	
9	端子排	D-10	1 条	
10	铜塑线	BVR 2.5 mm^2	10 m	主电路
11	紧固件	螺钉（型号自定）	若干	
12	线槽	25 mm × 35 mm	若干	
13	号码管		若干	

训练内容

一、电路设计

根据控制要求，设计变频器基于外部端子实现电动机点动及正 / 反转控制的原理电路，如图 2–2–17 所示。

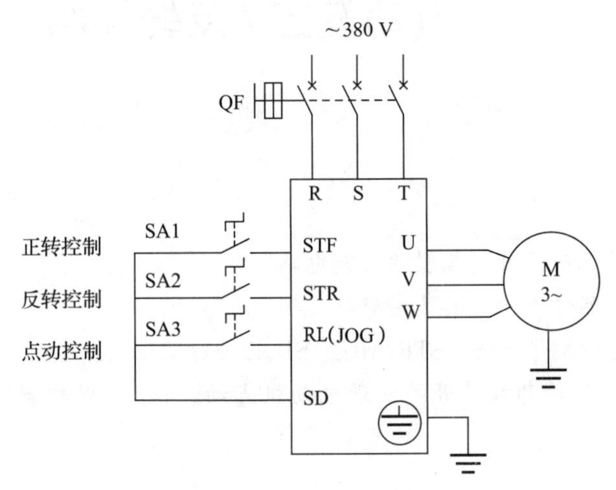

图 2–2–17　变频器基于外部端子实现电动机点动及正 / 反转控制的原理电路

二、安装接线

根据图 2–2–17 所示的原理电路，按以下安装要求，在模拟实物控制配线板上进行元器件及线路的安装。

1. 检查元器件

检查元器件的规格是否符合实训要求，用万用表检测元器件的好坏。

2. 固定元器件

按照图 2–2–18 所示的元器件安装布局图，将元器件在模拟实物控制配线板上固定好。

3. 配线安装

根据图 2–2–17 所示的原理电路，按照配线原则和工艺要求，进行配线安装。

操作要领：将变频器与电源和电动机进行正确接线，380 V 三相交流电源接至变频器的输入端“R/L1、S/L2、T/L3”，三相交流异步电动机接至变频器的输出端“U、V、W”，接线时要注意接地保护。正、反转控制开关 SA1 和 SA2 分别接到变频器的 STF 和 STR 端子上，点动控制开关 SA3 接到变频器的 RL 端子上。

4. 自检

接线完毕后，应对照原理电路再次检查配线是否正确，有无漏接现象，端子和导线间是否短路或接地，并用万用表检测电路的阻值是否与设计相符。

三、参数设置及运行调试

1. 合上电源开关 QF，接通变频器电源。

2. 恢复出厂设置。

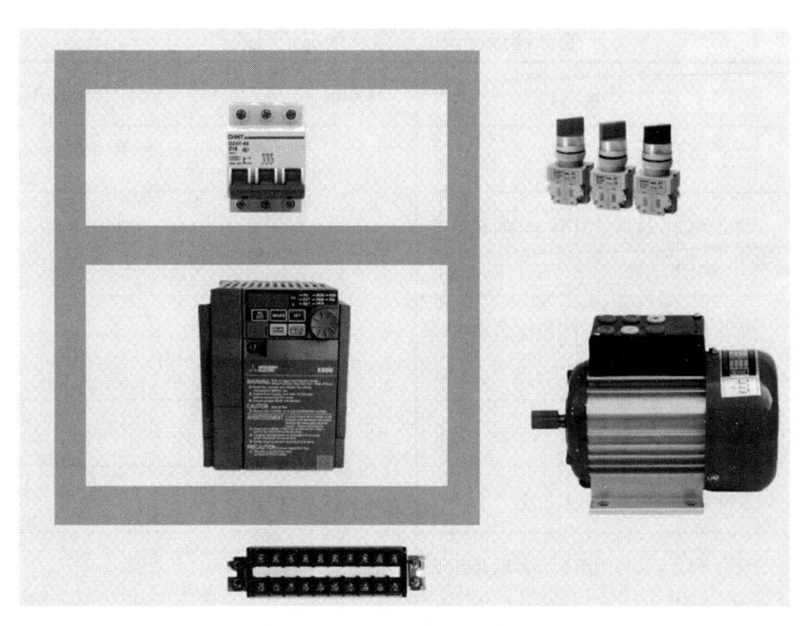

图 2-2-18　元器件安装布局图

3. 设置变频器基于外部端子实现电动机点动及正 / 反转控制的相关参数，见表 2-2-19。

表 2-2-19　　变频器基于外部端子实现电动机点动及正 / 反转控制的相关参数

参数	参数名称	设定值
Pr.79	运行模式选择	2
Pr.1	上限频率	50 Hz
Pr.2	下限频率	0 Hz
Pr.3	基准频率	50 Hz
Pr.7	加速时间	3 s
Pr.8	减速时间	3 s
Pr.15	点动频率	10 Hz
Pr.16	点动加减速时间	3 s
Pr.20	加减速基准频率	50 Hz
Pr.250	停机方式选择	9 999
Pr.178	STF 端子功能选择	60
Pr.179	STR 端子功能选择	61
Pr.180	RL 端子功能选择	5

4. 参数设置完毕后，按照控制要求和表 2-2-20 所示的操作步骤进行运行调试，并将调试结果填入表中。

表 2-2-20　　变频器运行调试步骤及情况记录表

步骤	方法	观察内容	观察结果
1	合上 SA3，接通“JOG”	电动机运行和变频器显示情况	
2	合上 SA1（接通“STF”），断开 SA2（断开“STR”）		
3	断开 SA1（断开“STF”），合上 SA2（接通“STR”）		
4	SA1，SA2 全部断开		
5	断开 SA3，断开“JOG”		
6	合上 SA1（接通“STF”），断开 SA2（断开“STR”）		
7	断开 SA1（断开“STF”），合上 SA2（接通“STR”）		
8	SA1，SA2 全部断开		

操作提示

①表中一至五步为点动控制操作，控制时要将 SA3 置为 ON（接通 JOG）。

②表中六至八步为正 / 反转控制操作，控制时要将 SA3 置为 OFF（断开 JOG）。启动操作时，若将正转启动开关 SA1 和反转启动开关 SA2 同时置为 ON，会导致电动机无法启动。此外，运行中若将正转启动开关 SA1 和反转启动开关 SA2 同时置为 ON，电动机将减速停止。

③运行调试结束后，必须在电动机转子完全停稳后方可断开电源开关 QF，否则易损坏变频器。

检查测评

对实训内容的完成情况进行检查，并将检查结果填入表 2-2-21 中。

表 2-2-21　　实训测评表

项目内容	考核要点	评分标准	配分	得分
电路设计	正确设计变频器的控制原理电路	1. 功能设计不全，每缺一项功能扣 5 分 2. 原理电路错误或画法不规范每处扣 2 分	10	

续表

项目内容	考核要点	评分标准		配分	得分
安装接线	按原理电路在模拟实物控制配线板上正确安装元器件及配线，要求布局合理，安装准确、紧固，导线进走线槽并有端子标号	1. 损坏元件扣5分 2. 布线不进走线槽，不美观，主电路、控制电路每根扣1分 3. 接点松动、露铜过长、反圈、压绝缘层，标记线号不清楚、遗漏或误标，引出端无别径压端子，每处扣1分 4. 损伤导线绝缘或线芯，每根扣1分 5. 不按变频器控制接线图接线，每处扣5分		20	
参数设置及运行调试	按被控设备的动作要求，正确进行变频器的参数设置和运行调试，达到控制要求	1. 参数设置不全，每处扣5分；参数设置错误每处扣10分，不会设置参数扣30分 2. 变频器操作错误，每处扣5分 3. 通电试车不成功扣20分 4. 通电试车每错1处扣10分		60	
安全文明生产	劳动保护用品穿戴整齐；电工工具佩带齐全；遵守操作规程；尊重考评员，讲文明礼貌；考试结束要清理现场	1. 违反安全文明生产考核要求每项扣2分，扣完为止 2. 存在重大事故隐患，应立即制止，停止操作，并扣5分		10	
工时定额 90 min	每超过5 min扣5分	开始时间		—	
		结束时间			
教师评价			成绩	100	

技能训练6　基于组合运行模式1实现电动机的正/反转控制

训练目标

1. 能按控制要求正确设计变频器的控制电路。
2. 能正确选择元器件并检查其质量好坏。
3. 熟悉变频器组合运行模式1控制方法。
4. 能独立完成基于组合运行模式1实现电动机正/反转控制的安装接线、参数设置及运行调试。

训练准备

实训所需设备及工具材料见表 2–2–22。

表 2–2–22　实训所需设备及工具材料

序号	名称	型号规格	数量	备注
1	电工常用工具		1 套	
2	万用表	MF47 型	1 块	
3	变频器	FR–E840–0026–4–60（0.75 kW）	1 台	
4	配电盘	500 mm × 600 mm	1 块	
5	导轨	C45	0.3 m	
6	低压断路器	DZ47–63/3P D20	1 只	
7	二位旋钮	LAY16	2 只	
8	三相交流异步电动机	型号自定	1 台	
9	端子排	D–10	1 条	
10	铜塑线	BVR 2.5 mm^2	10 m	主电路
11	紧固件	螺钉（型号自定）	若干	
12	线槽	25 mm × 35 mm	若干	
13	号码管		若干	

训练内容

一、电路设计

根据控制要求，设计基于组合运行模式 1 实现电动机正 / 反转控制的原理电路，如图 2–2–19 所示。

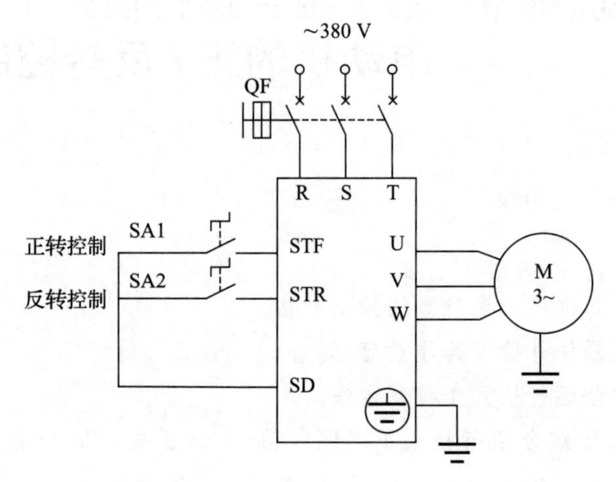

图 2–2–19　基于组合运行模式 1 实现电动机正 / 反转控制的原理电路

二、安装接线

根据图 2-2-19 所示的原理电路，按以下安装要求，在模拟实物控制配线板上进行元器件及线路的安装。

1. 检查元器件

检查元器件的规格是否符合实训要求，用万用表检测元器件的好坏。

2. 固定元器件

按照图 2-2-20 所示的元器件安装布局图，将元器件在模拟实物控制配线板上固定好。

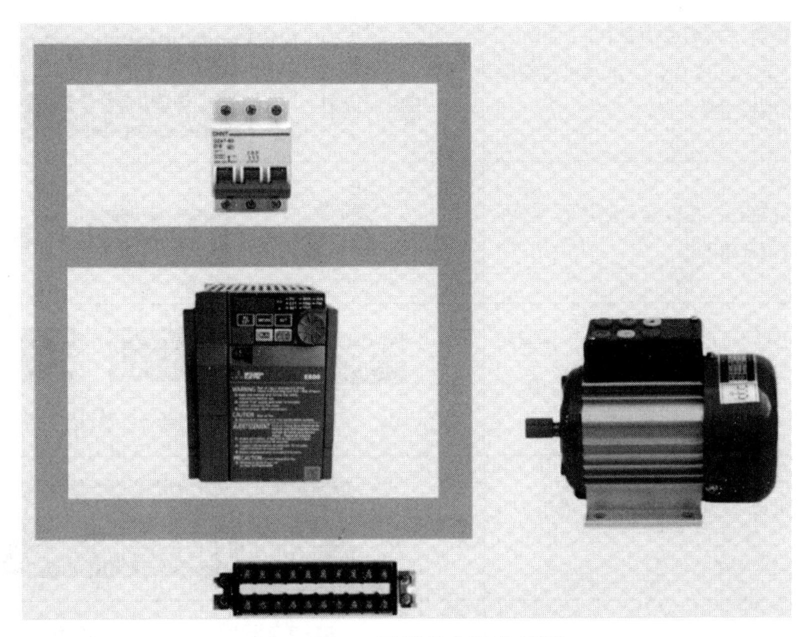

图 2-2-20　元器件安装布局图

3. 配线安装

根据图 2-2-19 所示的原理电路，按照配线原则和工艺要求，进行配线安装。

操作要领：将变频器与电源和电动机进行正确接线，380 V 三相交流电源接至变频器的输入端“R/L1、S/L2、T/L3”，三相交流异步电动机接至变频器的输出端“U、V、W”，接线时要注意接地保护。正、反转控制开关 SA1 和 SA2 分别接到变频器的 STF 和 STR 端子上。

4. 自检

接线完毕后，应对照原理电路再次检查配线是否正确，有无漏接现象，端子和导线间是否短路或接地，并用万用表检测电路的阻值是否与设计相符。

三、参数设置及运行调试

1. 合上电源开关 QF，接通变频器电源。
2. 恢复出厂设置。
3. 按照控制要求和表 2-2-23 所示的操作步骤及方法进行运行调试。

表 2-2-23　基于组合运行模式 1 实现电动机正 / 反转控制的操作步骤及方法

步骤	方法	变频器对应显示画面
1	上电后，在 PU 运行模式下，切换到参数设定模式，将参数 Pr.79 的值设为“3”	 SET → 3　P. 79 参数与设定值闪烁 参数写入完毕!!
2	将正转启动开关 SA1 置 ON（或将反转启动开关 SA2 置 ON），电动机按操作面板的频率设定模式运转	 SA1（正转） SA2（反转） ON 50.00 Hz PU MON RUN EXT PRM PM NET P.RUN
3	旋转 M 旋钮，更改运行频率设定值，显示屏数值开始闪烁	 40.00 闪烁
4	数值闪烁期间按下 SET 键，锁定设定频率（如 5 s 内未按下 SET 键，则重回第 3 步）	 SET → 40.00　F 闪烁…参数设置完毕!!
5	电动机以 40 Hz 频率正向（或反向）转动	 40.00 Hz PU MON RUN EXT PRM PM NET P.RUN
6	将启动开关 STF（正转）或 STR（反转）置为 OFF，经过 Pr.8 设定的减速时间，电动机停止运行	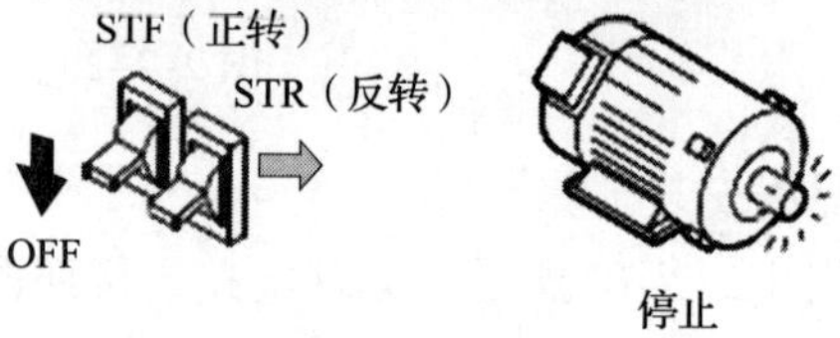 STF（正转） STR（反转） OFF 停止

操作提示

①将参数 Pr.79 设置为“3”时，变频器操作面板上的“PU”灯和“EXT”灯同时亮起 [0.00 Hz PU MON RUN EXT PRM PM NET P.RUN]。

②运行调试结束后，必须在电动机转子完全停稳后方可断开电源开关 QF，否则容易损坏变频器。

检查测评

对实训内容的完成情况进行检查，并将检查结果填入表 2-2-24 中。

表 2-2-24　　实训测评表

项目内容	考核要点	评分标准		配分	得分
电路设计	正确设计变频器的控制原理电路	1. 功能设计不全，每缺一项功能扣 5 分 2. 原理电路错误或画法不规范每处扣 2 分		10	
安装接线	按原理电路在模拟实物控制配线板上正确安装元器件及配线，要求布局合理，安装准确、紧固，导线进走线槽并有端子标号	1. 损坏元件扣 5 分 2. 布线不进走线槽，不美观，主电路、控制电路每根扣 1 分 3. 接点松动、露铜过长、反圈、压绝缘层，标记线号不清楚、遗漏或误标，引出端无别径压端子，每处扣 1 分 4. 损伤导线绝缘或线芯，每根扣 1 分 5. 不按变频器控制接线图接线，每处扣 5 分		20	
参数设置及运行调试	按被控设备的动作要求，正确进行变频器的参数设置和运行调试，达到控制要求	1. 参数设置不全，每处扣 5 分；参数设置错误每处扣 10 分，不会设置参数扣 30 分 2. 变频器操作错误，每处扣 5 分 3. 通电试车不成功扣 20 分 4. 通电试车每错 1 处扣 10 分		60	
安全文明生产	劳动保护用品穿戴整齐；电工工具佩带齐全；遵守操作规程；尊重考评员，讲文明礼貌；考试结束要清理现场	1. 违反安全文明生产考核要求每项扣 2 分，扣完为止 2. 存在重大事故隐患，应立即制止，停止操作，并扣 5 分		10	
工时定额 90 min	每超过 5 min 扣 5 分	开始时间		—	
		结束时间			
教师评价			成绩	100	

技能训练 7　基于组合运行模式 2 实现电动机的启动控制

训练目标

1. 能按控制要求正确设计变频器的控制电路。
2. 能正确选择元器件并检查其质量好坏。
3. 熟悉变频器组合运行模式 2 控制方法。
4. 能独立完成基于组合运行模式 2 实现电动机启动控制的安装接线、参数设置及运行调试。

训练准备

实训所需设备及工具材料见表 2–2–25。

表 2–2–25　实训所需设备及工具材料

序号	名称	型号规格	数量	备注
1	电工常用工具		1 套	
2	万用表	MF47 型	1 块	
3	变频器	FR–E840–0026–4–60（0.75 kW）	1 台	
4	配电盘	500 mm × 600 mm	1 块	
5	导轨	C45	0.3 m	
6	低压断路器	DZ47–63/3P D20	1 只	
7	电位器	2 kΩ	1 只	
8	三相交流异步电动机	型号自定	1 台	
9	端子排	D–10	1 条	
10	铜塑线	BVR 2.5 mm^2	10 m	主电路
11	紧固件	螺钉（型号自定）	若干	
12	线槽	25 mm × 35 mm	若干	
13	号码管		若干	

训练内容

一、电路设计

根据控制要求，设计基于组合运行模式 2 实现电动机启动控制的原理电路，如图 2–2–21 所示。

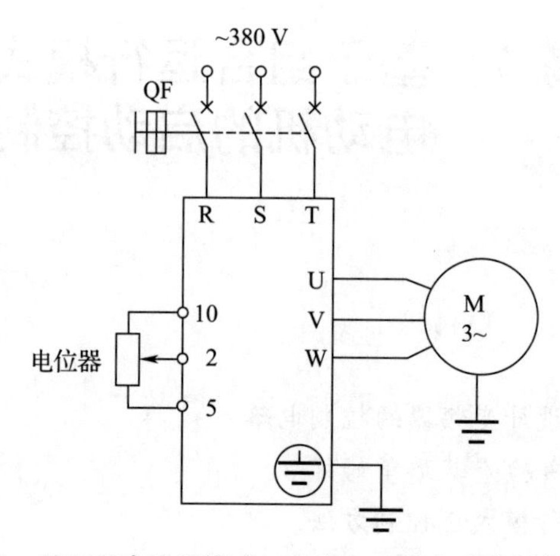

图 2–2–21　基于组合运行模式 2 实现电动机启动控制的原理电路

二、安装接线

根据图 2–2–21 所示的原理电路，按以下安装要求，在模拟实物控制配线板上进行元器件及线路的安装。

1. 检查元器件

检查元器件的规格是否符合实训要求，用万用表检测元器件的好坏。

2. 固定元器件

按照图 2–2–22 所示的元器件安装布局图，将元器件在模拟实物控制配线板上固定好。

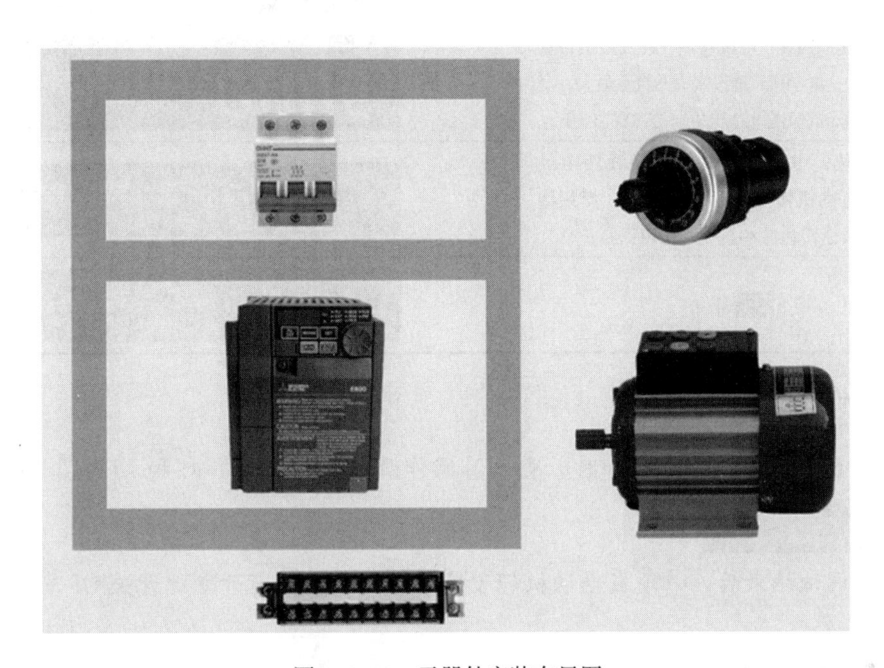

图 2–2–22　元器件安装布局图

3. 配线安装

根据图 2–2–21 所示的原理电路，按照配线原则和工艺要求，进行配线安装。

操作要领：将变频器与电源和电动机进行正确接线，380 V 三相交流电源接至变频器的输入端“R/L1、S/L2、T/L3”，三相交流异步电动机接至变频器的输出端“U、V、W”，接线时要注意接地保护。频率设定器分别接到变频器的 10、2、5 端子上。

4. 自检

接线完毕后，应对照原理电路再次检查配线是否正确，有无漏接现象，端子和导线间是否短路或接地，并用万用表检测电路的阻值是否与设计相符。

三、参数设置及运行调试

1. 合上电源开关 QF，接通变频器电源。
2. 恢复出厂设置。
3. 按照控制要求和表 2–2–26 所示的操作方法及步骤进行运行调试。

表 2-2-26　　基于组合运行模式 2 实现电动机正 / 反转控制的操作方法及步骤

步骤	方法	变频器对应的显示画面
1	上电后，在 PU 运行模式下，切换到参数设定模式，将参数 Pr.79 的值设为“4”	SET → 4　P. 79　参数与设定值闪烁　参数写入完毕!!
2	按下 RUN 键（RUN 灯亮起）	0.00 Hz PU EXT NET MON PRM P.RUN RUN PM
3	加速→恒速：电位器顺时针慢慢旋转直至最大，电动机转速慢慢提升直至最大，变频器显示数值慢慢提升直至“50.00”停止	50.00 Hz PU EXT NET MON PRM P.RUN RUN PM
4	减速：电位器逆时针慢慢旋转至最小，电动机慢慢减速直至停止，变频器显示数值慢慢减小直至“0.00”停止	0.00 Hz PU EXT NET MON PRM P.RUN RUN PM
5	停止：按下 STOP RESET 键	0.00 Hz PU EXT NET MON PRM P.RUN RUN PM

操作提示

①将参数 Pr.79 设置为“4”时，变频器操作面板上的“PU”灯和“EXT”灯同时亮起 0.00 Hz PU EXT NET MON PRM P.RUN RUN PM。

②运行调试结束后，必须在电动机转子完全停稳后方可断开电源开关 QF，否则容易损坏变频器。

检查测评

对实训内容的完成情况进行检查，并将检查结果填入表 2-2-27 中。

表 2-2-27　　实训测评表

项目内容	考核要点	评分标准	配分	得分
电路设计	正确设计变频器的控制原理电路	1. 功能设计不全，每缺一项功能扣 5 分 2. 原理电路错误或画法不规范每处扣 2 分	10	
安装接线	按原理电路在模拟实物控制配线板上正确安装元器件及配线，要求布局合理，安装准确、紧固，导线进走线槽并有端子标号	1. 损坏元件扣 5 分 2. 布线不进走线槽，不美观，主电路、控制电路每根扣 1 分 3. 接点松动、露铜过长、反圈、压绝缘层，标记线号不清楚、遗漏或误标，引出端无别径压端子，每处扣 1 分 4. 损伤导线绝缘或线芯，每根扣 1 分 5. 不按变频器控制接线图接线，每处扣 5 分	20	

续表

项目内容	考核要点	评分标准		配分	得分
参数设置及运行调试	按被控设备的动作要求，正确进行变频器的参数设置和运行调试，达到控制要求	1. 参数设置不全，每处扣5分；参数设置错误每处扣10分，不会设置参数扣30分 2. 变频器操作错误，每处扣5分 3. 通电试车不成功扣20分 4. 通电试车每错1处扣10分		60	
安全文明生产	劳动保护用品穿戴整齐；电工工具佩带齐全；遵守操作规程；尊重考评员，讲文明礼貌；考试结束要清理现场	1. 违反安全文明生产考核要求每项扣2分，扣完为止 2. 存在重大事故隐患，应立即制止，停止操作，并扣5分		10	
工时定额 90 min	每超过5 min扣5分	开始时间		—	
		结束时间			
教师评价			成绩	100	

技能训练8　基于模拟信号实现电动机的运行控制

训练目标

1. 能按控制要求正确设计变频器的控制电路。
2. 能正确选择元器件并检查其质量好坏。
3. 掌握外接模拟信号给定控制的操作方法和步骤。
4. 能独立完成基于模拟信号实现电动机运行控制的安装接线、参数设置及运行调试。

训练准备

实训所需设备及工具材料见表2-2-28。

表2-2-28　实训所需设备及工具材料

序号	名称	型号规格	数量	备注
1	电工常用工具		1套	
2	万用表	MF47型	1块	
3	变频器	FR-E840-0026-4-60（0.75 kW）	1台	

续表

序号	名称	型号规格	数量	备注
4	配电盘	500 mm × 600 mm	1 块	
5	导轨	C45	0.3 m	
6	低压断路器	DZ47–63/3P D20	1 只	
7	熔断器		2 只	
8	电位器	0.5 W 2 kΩ	1 只	
9	三位旋转开关	LAY7	1 只	
10	按钮	LA4–2H	1 只	
11	接触器	CJX2–0910	1 只	
12	三相交流异步电动机	型号自定	1 台	
13	端子排	D–10	1 条	
14	铜塑线	BVR 2.5 mm^2	10 m	主电路
15	紧固件	螺钉（型号自定）	若干	
16	线槽	25 mm × 35 mm	若干	
17	号码管		若干	

训练内容

一、电路设计

根据控制要求，设计基于模拟信号实现电动机运行控制的原理电路，如图 2–2–23 所示。

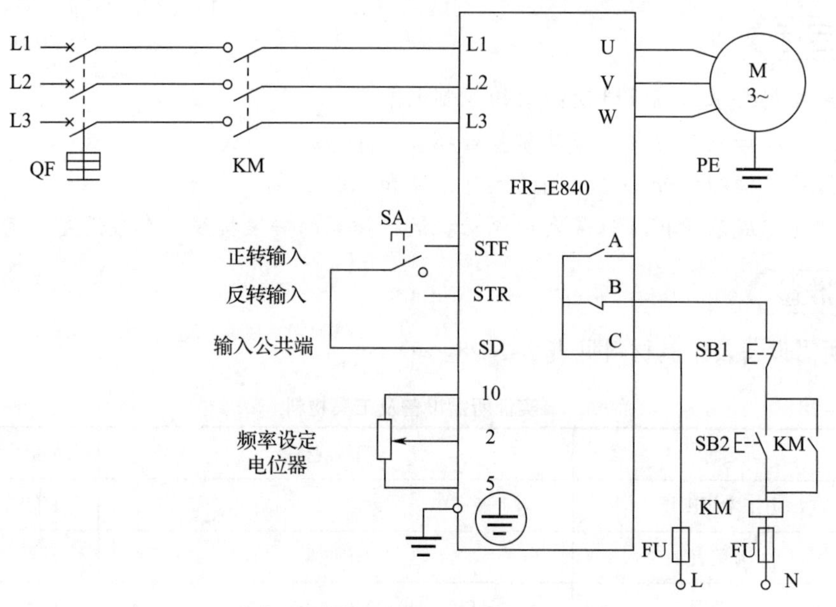

图 2–2–23　基于模拟信号实现电动机运行控制的原理电路

二、安装接线

根据图 2–2–23 所示的原理电路，按以下安装要求，在模拟实物控制配线板上进行元器件及线路的安装。

1. 检查元器件

检查元器件的规格是否符合实训要求，用万用表检测元器件的好坏。

2. 固定元器件

按照图 2–2–24 所示的元器件安装布局图，将元器件在模拟实物控制配线板上固定好。

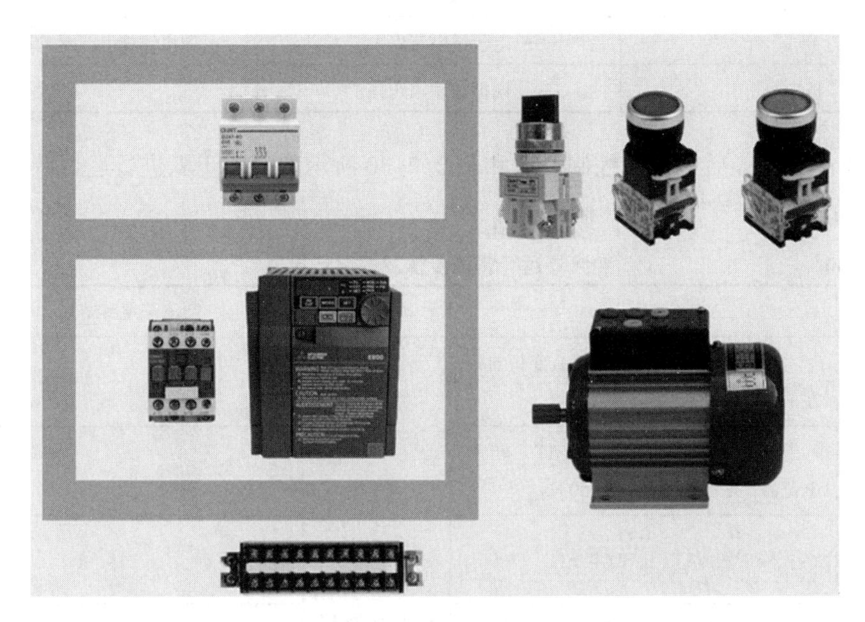

图 2–2–24　元器件安装布局图

3. 配线安装

根据图 2–2–23 所示的原理电路，按照配线原则和工艺要求，进行配线安装。

操作要领：将变频器与电源和电动机进行正确接线，380 V 三相交流电源接至变频器的输入端“R/L1、S/L2、T/L3”，三相交流异步电动机接至变频器的输出端“U、V、W”，接线时要注意接地保护。频率设定器分别接到变频器的 10、2、5 端子上。接触器自锁控制线路分别接到变频器的 B、C 端子上。

4. 自检

接线完毕后，应对照原理电路再次检查配线是否正确，有无漏接现象，端子和导线间是否短路或接地，并用万用表检测电路的阻值是否与设计相符。

三、参数设置及运行调试

1. 合上电源开关 QF，接通变频器电源。

2. 恢复出厂设置。

3. 设置变频器基于模拟信号实现电动机运行控制的相关参数，见表 2–2–29。

表 2-2-29　　变频器基于模拟信号实现电动机运行控制的相关参数

参数	参数名称	设定值
Pr.79	运行模式选择	1
Pr.1	上限频率	50 Hz
Pr.2	下限频率	0 Hz
Pr.3	基准频率	50 Hz
Pr.7	加速时间	2 s
Pr.8	减速时间	2 s
Pr.9	电子过电流保护	电动机铭牌上标示的额定电流值
Pr.73	模拟量输入选择	1

4. 参数设置完毕后，按照控制要求和表 2-2-30 所示的操作步骤进行运行调试，并将调试结果填入表中。

表 2-2-30　　变频器运行调试步骤及情况记录表

步骤	方法	观察内容	观察结果
1	按下启动按钮 SB2，并确认变频器处在 EXT 模式	电动机运行和变频器显示情况	
2	操作旋钮 SA 接通 SD 与 STF，转动电位器，使频率逐渐达到 50 Hz		
3	操作旋钮 SA 断开 SD 与 STF		
4	操作旋钮 SA 接通 SD 与 STR，转动电位器，电动机反向旋转，使频率逐渐达到 50 Hz		
5	操作 SA 断开 SD 与 STR		
6	待电动机停稳后，按下 SB1		

操作提示

运行调试结束后，必须在电动机转子完全停稳后方可按下停止按钮 SB1，否则易损坏变频器。

检查测评

对实训内容的完成情况进行检查，并将检查结果填入表 2-2-31 中。

表 2-2-31　　　　实训测评表

项目内容	考核要点	评分标准	配分	得分
电路设计	正确设计变频器的控制原理电路	1. 功能设计不全，每缺一项功能扣 5 分 2. 原理电路错误或画法不规范每处扣 2 分	10	
安装接线	按原理电路在模拟实物控制配线板上正确安装元器件及配线，要求布局合理，安装准确、紧固，导线进走线槽并有端子标号	1. 损坏元件扣 5 分 2. 布线不进走线槽，不美观，主电路、控制电路每根扣 1 分 3. 接点松动、露铜过长、反圈、压绝缘层，标记线号不清楚、遗漏或误标，引出端无别径压端子，每处扣 1 分 4. 损伤导线绝缘或线芯，每根扣 1 分 5. 不按变频器控制接线图接线，每处扣 5 分	20	
参数设置及运行调试	按被控设备的动作要求，正确进行变频器的参数设置和运行调试，达到控制要求	1. 参数设置不全，每处扣 5 分；参数设置错误每处扣 10 分，不会设置参数扣 30 分 2. 变频器操作错误，每处扣 5 分 3. 通电试车不成功扣 20 分 4. 通电试车每错 1 处扣 10 分	60	
安全文明生产	劳动保护用品穿戴整齐；电工工具佩带齐全；遵守操作规程；尊重考评员，讲文明礼貌；考试结束要清理现场	1. 违反安全文明生产考核要求每项扣 2 分，扣完为止 2. 存在重大事故隐患，应立即制止，停止操作，并扣 5 分	10	
工时定额 90 min	每超过 5 min 扣 5 分	开始时间 结束时间	—	
教师评价		成绩	100	

技能训练 9　变频器的三段速运行控制操作

训练目标

1. 能按控制要求正确设计变频器的控制电路。
2. 能正确选择元器件并检查其质量好坏。
3. 熟悉多段速端子相关参数的功能及设置。
4. 能独立完成变频器三段速运行控制的安装接线、参数设置及运行调试。

训练准备

实训所需设备及工具材料见表 2-2-32。

表 2-2-32　　实训所需设备及工具材料

序号	名称	型号规格	数量	备注
1	电工常用工具		1 套	
2	万用表	MF47 型	1 块	
3	变频器	FR-E840-0026-4-60（0.75 kW）	1 台	
4	配电盘	500 mm × 600 mm	1 块	
5	导轨	C45	0.3 m	
6	低压断路器	DZ47-63/3P D20	1 只	
7	二位旋钮	LAY16	5 只	
8	三相交流异步电动机	型号自定	1 台	
9	端子排	D-10	1 条	
10	铜塑线	BVR 2.5 mm^2	10 m	主电路
11	紧固件	螺钉（型号自定）	若干	
12	线槽	25 mm × 35 mm	若干	
13	号码管		若干	

训练内容

一、控制要求

生产机械由 1 台电动机拖动，根据工艺要求，电动机要实现 3 挡速度运行，且分别对应频率 10 Hz、30 Hz、50 Hz。电动机由 5 个旋钮开关进行控制，其中 SA1 为正转控制开关，SA2 为反转控制开关，SA3 为高速控制开关，SA4 为中速控制开关，SA5 为低速控制开关。具体控制要求是：

1. 正转多段速运行控制

接通 SA1，变频器正转启动，由于未给定频率，变频器无输出。此时接通 SA4，变频器在 4 s 内升速，输出频率为 30 Hz，电动机在中速下运行。

断开 SA4，保持 SA1 接通，再接通 SA5，变频器在 3 s 内降速，输出频率为 10 Hz，电动机在低速下运行。

2. 反转多段速运行控制

接通 SA2，变频器反转启动，由于未给定频率，变频器无输出。此时接通 SA3，变频器在 4 s 内升速，输出频率为 50 Hz，电动机在高速下运行。

断开 SA3，保持 SA2 接通，再接通 SA5，变频器在 3 s 内降速，输出频率为 10 Hz，电动机在低速下运行。

3. 停止操作

当 SA1、SA2 都断开时，电动机停止运行。在电动机正常运行的任何频段，将 SA3、SA4 和 SA5 都断开，电动机也能停止运行。

二、电路设计

根据控制要求，设计变频器三段速运行控制的原理电路，如图 2-2-25 所示。

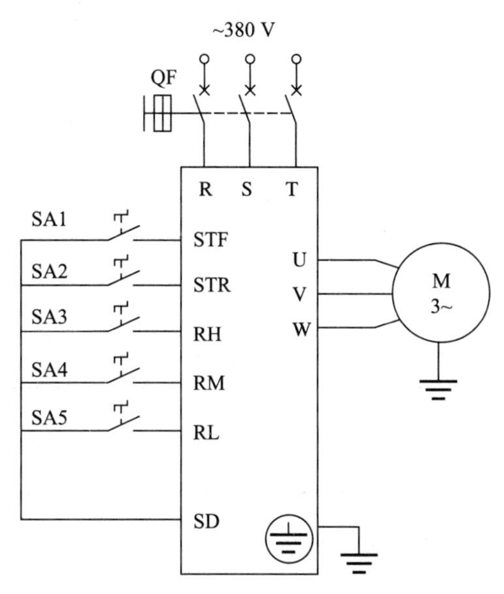

图 2-2-25　变频器三段速运行控制的原理电路

三、安装接线

根据图 2-2-25 所示的原理电路，按以下安装要求，在模拟实物控制配线板上进行元器件及线路的安装。

1. 检查元器件

检查元器件的规格是否符合实训要求，用万用表检测元器件的好坏。

2. 固定元器件

将元器件在模拟实物控制配线板上固定好，注意合理布局。

3. 配线安装

根据图 2-2-25 所示的原理电路，按照配线原则和工艺要求，进行配线安装。

操作要领：将变频器与电源和电动机进行正确接线，380 V 三相交流电源接至变频器的输入端“R/L1、S/L2、T/L3”，三相交流异步电动机接至变频器的输出端“U、V、W”，接线时要注意接地保护。

4. 自检

接线完毕后，应对照原理电路再次检查配线是否正确，有无漏接现象，端子和导线间是否短路或接地，并用万用表检测电路的阻值是否与设计相符。

四、参数设置及运行调试

1. 合上电源开关 QF，接通变频器电源。

2. 恢复出厂设置。

3. 设置变频器三段速运行控制的相关参数，见表 2-2-33。

表 2-2-33　　变频器三段速运行控制的相关参数

参数	参数名称	设定值
Pr.79	运行模式选择	1
Pr.1	上限频率	50 Hz
Pr.2	下限频率	0 Hz
Pr.3	基准频率	50 Hz
Pr.7	加速时间	4 s
Pr.8	减速时间	3 s
Pr.20	加减速基准频率	50 Hz
Pr.4	高速设定（RH）	50 Hz
Pr.5	中速设定（RM）	30 Hz
Pr.6	低速设定（RL）	10 Hz

4. 参数设置完毕后，按照控制要求和表 2-2-34 所示的操作步骤进行运行调试，并将调试结果填入表中。

表 2-2-34　　变频器运行调试步骤及情况记录表

步骤	方法	观察内容	观察结果
1	接通 SA1 和 SA4	电动机运行和变频器显示情况	
2	保持 SA1 接通，断开 SA4，再接通 SA5		
3	断开 SA1，接通 SA2 和 SA3		
4	保持 SA2 接通，断开 SA3，再接通 SA5		
5	断开 SA1、SA2（或在电动机正常运行的任何频段，断开 SA3、SA4、SA5）		

操作提示

运行调试结束后，必须在电动机转子完全停稳后方可断开电源开关 QF，否则容易损坏变频器。

检查测评

对实训内容的完成情况进行检查，并将检查结果填入表 2–2–35 中。

表 2–2–35　　实训测评表

<table>
<tr><th>项目内容</th><th>考核要点</th><th colspan="2">评分标准</th><th>配分</th><th>得分</th></tr>
<tr><td>电路设计</td><td>正确设计变频器的控制原理电路</td><td colspan="2">1. 功能设计不全，每缺一项功能扣 5 分
2. 原理电路错误或画法不规范每处扣 2 分</td><td>10</td><td></td></tr>
<tr><td>安装接线</td><td>按原理电路在模拟实物控制配线板上正确安装元器件及配线，要求布局合理，安装准确、紧固，导线进走线槽并有端子标号</td><td colspan="2">1. 损坏元件扣 5 分
2. 布线不进走线槽，不美观，主电路、控制电路每根扣 1 分
3. 接点松动、露铜过长、反圈、压绝缘层，标记线号不清楚、遗漏或误标，引出端无别径压端子，每处扣 1 分
4. 损伤导线绝缘或线芯，每根扣 1 分
5. 不按变频器控制接线图接线，每处扣 5 分</td><td>20</td><td></td></tr>
<tr><td>参数设置及运行调试</td><td>按被控设备的动作要求，正确进行变频器的参数设置和运行调试，达到控制要求</td><td colspan="2">1. 参数设置不全，每处扣 5 分；参数设置错误每处扣 10 分，不会设置参数扣 30 分
2. 变频器操作错误，每处扣 5 分
3. 通电试车不成功扣 20 分
4. 通电试车每错 1 处扣 10 分</td><td>60</td><td></td></tr>
<tr><td>安全文明生产</td><td>劳动保护用品穿戴整齐；电工工具佩带齐全；遵守操作规程；尊重考评员，讲文明礼貌；考试结束要清理现场</td><td colspan="2">1. 违反安全文明生产考核要求每项扣 2 分，扣完为止
2. 存在重大事故隐患，应立即制止，停止操作，并扣 5 分</td><td>10</td><td></td></tr>
<tr><td rowspan="2">工时定额
90 min</td><td rowspan="2">每超过 5 min 扣 5 分</td><td>开始时间</td><td></td><td rowspan="2">—</td><td rowspan="2"></td></tr>
<tr><td>结束时间</td><td></td></tr>
<tr><td>教师评价</td><td colspan="2"></td><td>成绩</td><td>100</td><td></td></tr>
</table>

§2–3　变频器的制动、保护和显示控制

学习目标

1. 理解变频器的制动方式及原理。
2. 理解变频器的保护与显示功能。
3. 掌握变频器多功能端子的功能及使用方法。

一、变频器的制动方式及原理

在电网、变频器、电动机、负载构成的电力拖动系统中，当电动机处于电动工作状态时，电能从电网经变频器传递到电动机，电动机将电能转换为机械能驱动负载运行。当负载释放能量改变运动状态时，电动机可能会被负载反向带动，进入发电机工作状态，将机械能转化为电能反馈给前级变频器。这些能量可以通过变频器反馈回电网，或者消耗在变频器直流母线上的制动电阻中，以满足变频器调速系统平稳减速、停车等制动要求。因此，在变频器的制动过程中，必须合理选择变频器的减速时间和停车制动方式，才能达到平稳制动的要求。

1. 变频器的减速特性

（1）减速时间

变频器输出频率从加减速基准频率（Pr.20）下降至 0 Hz 所需要的时间，称为减速时间。

（2）减速方式

变频器的减速方式主要有线性减速和“S”型减速，如图 2-3-1 所示。

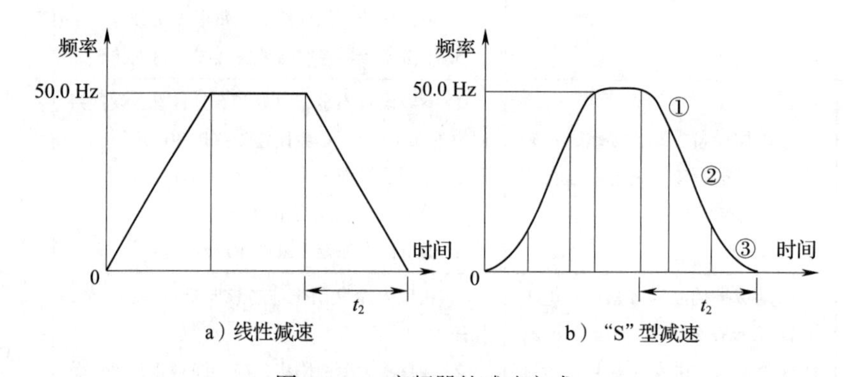

图 2-3-1　变频器的减速方式

一般情况下，多数负载都选用线性减速方式；对于加减速时需要减缓噪声、振动以及其他冲击的负载，可选用“S”型减速方式。

2. 变频器的停止方式

变频器停止就是将电动机的转速降为零的操作，有减速停止和自动运行停止两种方式。三菱 FR-E840 型变频器的停止方式选择主要通过参数 Pr.250 进行设定，其具体内容在本章第一节中已做介绍，在此不再赘述。

当“位置控制”“停电停止（Pr.261）”“PU 停止（Pr.75）”“通信异常造成减速停止（Pr.502）”和“离线自动调整（电动机旋转）”等功能发挥作用时，停止选择功能无效。

3. 变频器的制动方式

变频器常用的制动方式有能耗制动、再生回馈制动和直流制动三种。

（1）能耗制动

电动机在减速和停机过程中产生的再生电能通过变频器直流回路中的制动电阻和制动单元进行消耗，从而实现快速停止的制动方式，称为能耗制动。图 2–3–2 所示为小功率变频器内置的制动电路原理图。

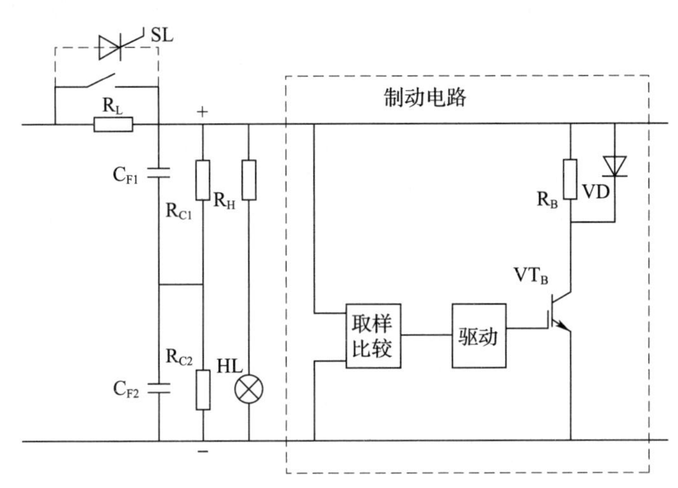

图 2–3–2　小功率变频器内置的制动电路原理图

由图可知，变频器内置的制动电路主要由制动开关管 VT_B、电压取样和比较电路、驱动电路、二极管 VD 和制动电阻 R_B 等组成。其工作原理是：当工作频率下降时，电动机将处于再生制动状态，拖动系统的动能将反馈到直流电路中，使直流侧电压升高。通过取样电路得到的取样电压与基准电压进行比较，当电压值超过设定值时，发出制动信号，用来控制驱动电路从而控制制动开关管 VT_B 的导通，使电阻 R_B 与电容 C_{F1} 和 C_{F2} 并联，这样存储在电容中的回馈能量就会被 R_B 消耗掉，进而使直流电压下降，同时电动机上也将产生相应的附加制动转矩。当直流电压下降到下限值时，制动开关管 VT_B 又将自动关断，从而结束制动。

在通用变频器中，一般 7.5 kW 以下的小功率变频器内置制动单元和制动电阻；7.5 kW～22 kW 的中功率变频器则内置制动单元和外加制动电阻；22 kW 以上的大功率变频器则外置制动单元和制动电阻，用户需根据负载运行情况选配制动单元和制动电阻。

（2）再生回馈制动

再生回馈制动是指变频器专门加设回馈制动单元，当电动机处于再生制动状态时，将再生电能逆变为与电网同频率、同相位的交流电回送电网，从而实现制动。这种制动方式适用于卷扬机、起重机等大、中功率的机械设备制动，不但节省能源，还增大了制动转矩。

（3）直流制动

直流制动也称 DC 制动，是指当变频器输出频率接近零，电动机转速降低到一定值时，由变频器向异步电动机的定子绕组通入直流电，形成静止磁场，转子切割静止磁场产生制动转矩，使电动机迅速停止的制动方式。

1）直流制动的特点。直流制动能产生较大的制动转矩，当电动机转速降为 0 时，制动转矩也降为 0，从而确保了制动过程的高效、平稳和安全。

2）直流制动的应用。在实际应用中，直流制动的作用主要体现在两方面：一是实现精准停止控制，二是针对启动前可能出现的不规则旋转现象进行制动控制。因此，直流制动广泛应用于需要实现精确停车和防范因外界因素（如风机类负载）导致的电动机启动前不规则旋转场景中。

3）直流制动三要素。在通用变频器中，直流制动的实现主要依赖于三个核心参数的设定，即直流制动起始频率 f_{DB}、直流制动时间 t_{DB} 和直流制动电压 U_{DB}，这三者被统称为直流制动三要素，其特性曲线如图 2–3–3 所示。三菱 FR–E840 型变频器直流制动的参数设置见表 2–3–1。

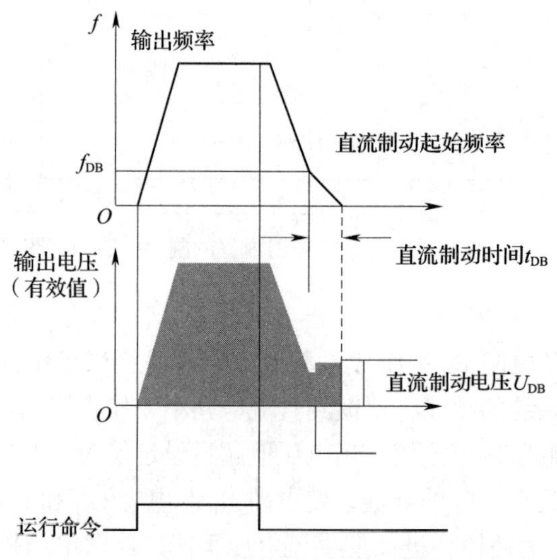

图 2–3–3　直流制动三要素的特性曲线

表 2–3–1　　三菱 FR–E840 型变频器直流制动的参数设置

参数	参数名称	初始值	设定范围	内容
Pr.10	直流制动起始频率 f_{DB}	3 Hz	0 ~ 120 Hz	设定直流制动（零速控制、伺服锁定）的动作频率
Pr.11	直流制动时间 t_{DB}	0.5 s	0	无直流制动（零速控制、伺服锁定）
			0.1 ~ 10 s	设定直流制动（零速控制、伺服锁定）的动作时间
			8 888	X13 信号置为 ON，产生直流制动动作

续表

参数	参数名称	初始值		设定范围	内容
Pr.12	直流制动电压 U_{DB}	FR-E820-0015（0.2 kW）以下 FR-E820S-0015（0.2 kW）以下	6%	0～30%	设定直流制动的电压（转矩）。若设定为“0”，则无直流制动（零速控制、伺服锁定）
		FR-E820-0030（0.4 kW）～FR-E820-0330（7.5 kW） FR-E840-0016（0.4 kW）～FR-E840-0170（7.5 kW） FR-E820S-0030（0.4 kW）以上	4%		
		FR-E820-0470（11 kW）以上 FR-E840-0230（11 kW）以上	2%		
		FR-E860-0017（0.75 kW）以上	1%		

①直流制动起始频率 f_{DB} 的设定。变频器接到停机指令后，按照设定时间减速降低输出频率，当到达停机制动的起始频率 f_{DB} 时，开始由能耗制动转为直流制动。直流制动起始频率 f_{DB} 的设定主要基于负载对制动时间的要求进行确定。要求时间短，则 f_{DB} 应增大，但 f_{DB} 增大，制动转矩也增大，这可能导致系统承受较大的剪切力负荷，造成设备损坏。通常情况下直流制动起始频率应尽可能设定得小一些，一般设定范围为 0～15 Hz。

三菱 FR-E840 型变频器的直流制动起始频率 f_{DB} 是通过参数 Pr.10 进行设定的。当设定完参数 Pr.10 后，变频器减速到 Pr.10 的设定值便开始进入直流制动状态，其参数功能如图 2-3-4 所示。当设定 Pr.10=9 999 时，变频器减速至 Pr.13（启动频率）的设定值时，便开始产生直流制动动作。

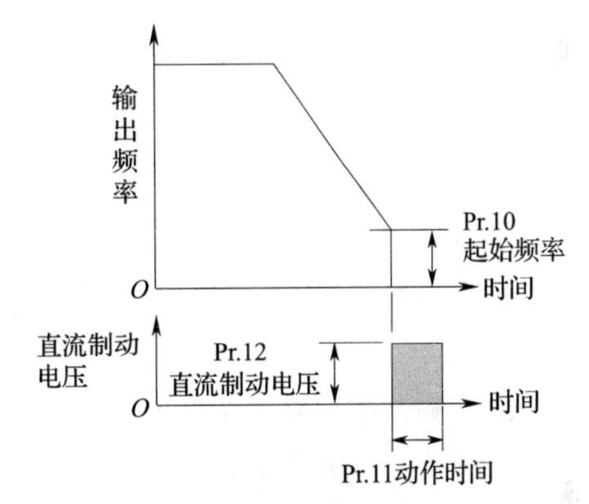

图 2-3-4　直流制动起始频率 f_{DB} 的参数功能

实时无传感器矢量控制方式下，实施预备励磁（零速控制）后，减速停止时可能会引起电动机振动，因此需将 Pr.10 设定在 0.5 Hz 以下。另外，矢量控制时，Pr.10 的初始值将自动切换为 0.5 Hz。

②直流制动时间 t_{DB} 的设定。直流制动时间 t_{DB} 是向定子绕组通入直流电的时间，它应比实际需要的停机时间略长，其设定主要依据对设备“爬行”性能的具体要求，要求越高，则 t_{DB} 应适当延长，但 t_{DB} 过长容易引起电动机过热，缩短电动机的使用寿命。

三菱 FR-E840 型变频器直流制动时间 t_{DB} 的设定依赖于 X13 信号以及参数 Pr.11 的配置，这两项参数共同决定了变频器在直流制动模式下的制动时长。当 Pr.11=0 时，无直流制动动作（停止时电动机将自动运行）；当 Pr.11=8 888 时，在 X13 信号置为 ON 期间，变频器产生直流制动动作；在变频器运行过程中，使 X13 信号置为 ON，则变频器变为直流制动。值得一提的是，X13 信号输入使用的端子应通过将参数 Pr.178 ~ Pr.189 的值设为 13 来进行端子功能的分配。图 2–3–5 所示是 Pr.11=8 888 时直流制动的时序图。

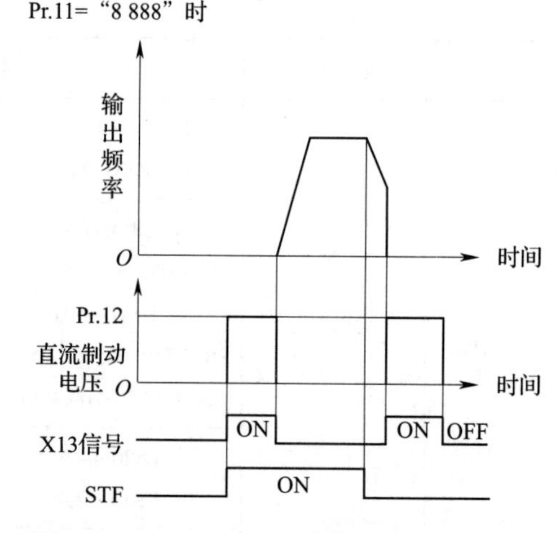

图 2–3–5 Pr.11=8 888 时直流制动的时序图

③直流制动电压 U_{DB} 的设定。直流制动电压 U_{DB} 的设定主要是依据负载的惯性来合理设置，负载惯性越大，则 U_{DB} 越大，其实质是设定制动转矩的大小，显然拖动系统惯性越大，直流制动电压也越大，一般直流制动电压的设定范围为变频器额定输出电压的 0 ~ 15%。

三菱 FR–E840 型变频器的直流制动电压（转矩）设置是通过参数 Pr.12 实现的，该参数主要是对电源电压的百分比进行调整（零速控制时不使用），如果 Pr.12=0，则无直流制动（停止时，电动机将自由停转）。

直流制动电压值 U_{DB} 的设定应由小到大逐步确定。

二、变频器的保护功能

变频器具备多种保护功能，这些功能主要涵盖变频器的自身保护以及电动机的过载保护。此外，变频器还设有报警机制，通过呈现明确的故障代码，能够准确识别变频器故障的具体类型。

1. 变频器的自身保护功能

变频器在工作过程中广泛采用了各类半导体元件，为确保其长期稳定的运行，需要保障其各组件均处于规定工作条件之内。一旦发现有任何部件超出其允许的工作范围，应及时停止变频器运行，并触发相应报警信号。只有在异常状况得到妥善解决，确保所有条件恢复正常后，方可重新启动变频器工作。变频器常见的自身保护功能见表 2–3–2。

表 2–3–2 变频器常见的自身保护功能

保护类型		原因
缺相	输入缺相	输入电压值相差超过允许值
	输出缺相	输出电流三相不平衡
过流	加速 / 减速 / 恒速	超过变频器允许的最大电流（2 倍额定值）
过压	加速 / 减速 / 恒速	直流母线电压超过允许值
过热	整流模块 / 逆变模块	散热器温度超过允许值
欠压	主电路直流电压	电网电压过低或输入三相电源缺相

2. 电动机的过载保护功能

电动机的过载保护主要指电动机电子过流保护，当电动机的负载过重，使电动机运行电流超过额定值，并导致温升也超过额定值时，变频器将迅速并准确地检测出当前电流值。通过精确计算和分析，变频器将触发反时限保护功能，以确保电动机免受损伤。这一功能极大提升了电动机保护的可靠性和准确性。鉴于其具备与热继电器相似的保护效能，因此也被称为电子热保护器功能。

三菱 FR–E840 型变频器的电动机电子过流保护功能主要是通过参数 Pr.9 来实现的，其具体内容在本章第一节中已做介绍，在此不再赘述。

三、变频器的显示功能

变频器具有强大的显示功能，虽然不同的变频器显示功能各不相同，但归纳起来不外乎三类：一是通过发光二极管显示；二是通过显示屏显示；三是通过外接指示灯和仪表显示。

1. 发光二极管显示

变频器配置的发光二极管主要是用于显示状态和单位。

（1）状态显示

状态显示主要是显示变频器当前的工作状态，如 RUN（运行）、ALM（报警）、MON（监视模式）等。

（2）单位显示

单位显示主要是显示变频器当前显示参数所对应的单位，如 Hz、A、V 等。

2. 显示屏显示

每个变频器的操作面板上都带有 LED 或 LCD 显示屏。显示屏有单行和多行之分，显示内容也随变频器的状态不同而不同。一般分为运行数据显示、功能代码显示和故障代码显示等。

（1）运行数据显示

运行数据显示是指当变频器处于运行状态时，显示变频器的各种运行数据。如频率、电流、电压、转速等，这些数据的显示可以通过参数设定和切换来实现不同的显示要求。

三菱 FR–E840 型变频器是通过设定监视显示参数来实现不同显示要求的，其设定内容见表 2–3–3。

表 2–3–3　　三菱 FR–E840 型变频器监视器显示参数设定内容

监视种类	单位	Pr.54（FM） Pr.158（AM） 设定值	端子 FM、AM 满刻度值
输出频率	0.01 Hz	1	将 Pr.55 或 Pr.55 通过 Pr.37、Pr.81（Pr.454）进行了转换的值
输出电流	0.01 A	2	Pr.56
输出电压	0.1 V	3	200 V 等级：400 V 400 V 等级：800 V 575 V 等级：1 000 V

续表

监视种类	单位	Pr.54（FM） Pr.158（AM） 设定值	端子 FM、AM 满刻度值
频率设定值	0.01 Hz	5	将 Pr.55 或 Pr.55 通过 Pr.37、Pr.81（Pr.454）进行了转换的值
运行速度	1 r/min	6	将 Pr.55 或 Pr.55 通过 Pr.37、Pr.81（Pr.454）进行了转换的值
电动机转矩	0.1%	7	Pr.866
整流器输出电压	0.1 V	8	200 V 等级：400 V 400 V 等级：800 V 575 V 等级：1 000 V
再生制动器使用率	0.1%	9	由 Pr.30、Pr.70 决定的制动器使用率
电子过热保护负载率	0.1%	10	电子过热保护动作等级（100%）
输出电流峰值	0.01 A	11	Pr.56
整流器输出电压峰值	0.1 V	12	200 V 等级：400 V 400 V 等级：800 V 575 V 等级：1 000 V
输入功率	0.01 kW	13	变频器额定功率 ×2
输出功率	0.01 kW	14	变频器额定功率 ×2
负载表	0.1%	17	Pr.866
电动机励磁电流	0.01 A	18	Pr.56
标准电压输出	—	21	—
电动机负载率	0.1%	24	200%
转矩指令	0.1%	32	Pr.866
转矩电流指令	0.1%	33	Pr.866
省电效果	可根据参数变更	50	变频器容量
PID 目标值	0.1%	52	100%
PID 测量值	0.1%	53	100%
PID 偏差	0.1%	54	100%
电动机过热保护负载率	0.1%	61	电动机过热保护动作等级（100%）
理想速度指令	0.01 Hz	65	将 Pr.55 或 Pr.55 通过 Pr.37、Pr.81（Pr.454）进行了转换的值

续表

监视种类	单位	Pr.54（FM） Pr.158（AM） 设定值	端子 FM、AM 满刻度值
变频器过热保护负载率	0.1%	62	变频器过热保护动作等级（100%）
PID 测量值 2	0.1%	67	100%
顺控功能模拟输出	0.1%	70	100%
BACnet 端子 FM 输出等级	0.1%	85	100%
BACnet 端子 AM 输出等级	0.1%	86	100%
PID 执行量	0.1%	91	100%
浮辊主速设定值	0.01 Hz	97	将 Pr.55 或 Pr.55 通过 Pr.37、Pr.81(Pr.454）进行了转换的值

三菱 FR-E840 型变频器接通电源时显示屏显示的画面为第一监视器画面（默认是输出频率监视），若要更改第一监视器画面，则只需在待更改的监视器画面显示时，持续按住 SET 键 1 s 即可。监视器画面之间可按需要进行切换，其切换方法如图 2-3-6 所示。

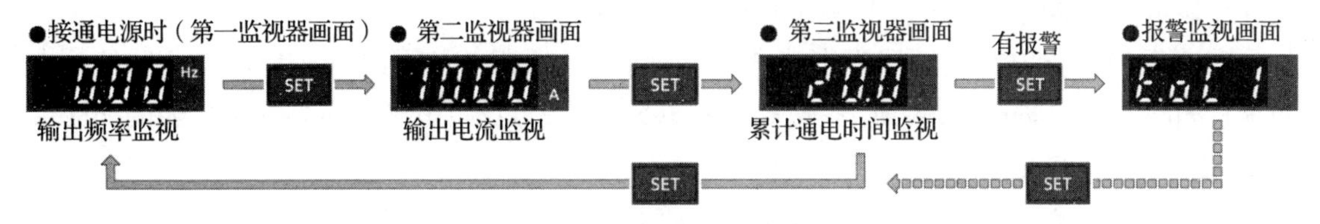

图 2-3-6　监视器画面的切换方法

（2）功能代码显示

功能代码显示是指当变频器处于编辑状态时，显示屏主要显示变频器各个功能参数代码及设定值，此时可以根据需要对参数进行修改。

（3）故障代码显示

故障代码显示是指变频器发生故障跳闸后，显示屏会显示相应的故障代码。故障代码通常有两种表示法：一种是英文字母缩写表示法；另一种是代码表示法，见表 2-3-4。

表 2-3-4　　变频器的故障代码表示法

变频器品牌	故障代码	故障名称	代码表示法	备注
三菱变频器	E.OC1	加速过电流跳闸	英文字母缩写表示法	变频器出现故障显示后，必须查看变频器相关资料，以便了解出现故障的原因
	E.OV1	加速时再生过电压跳闸		
	E.THM	变频器过载跳闸 （电子过热保护）		

续表

变频器品牌	故障代码	故障名称	代码表示法	备注
西门子变频器	F001	过电流	代码表示法	
	F002	过电压		
	F003	欠电压		
	F004	变频器过热		

3. 外接指示灯和仪表显示

变频器外接指示灯和仪表显示，都是通过输出端子的控制来实现的。外接输出端子的电路结构有两种：一种是内部继电器的触点，如报警输出端子 A、B、C 等；另一种是晶体管的集电极开路触点，如 RUN、FU 端子等。

（1）外接指示灯显示

变频器的多功能开关输出端子数量并不多，但是其代表功能却很多。应用时应根据变频器使用手册来设定需要的输出功能。多功能开关输出端子的主要功能是用于变频器的报警、预警和各种运行状态显示。如果在多功能开关输出端子外接指示灯，可通过端子的功能参数预置来显示变频器的运行状态或故障状态。

在三菱 FR-E840 型变频器输出端子中有一个继电器输出端子和三个集电极开路的输出端子，如图 2-3-7 所示，其对应参数见表 2-3-5（表中“设定范围”所列数字代表的功能可参考变频器说明书）。

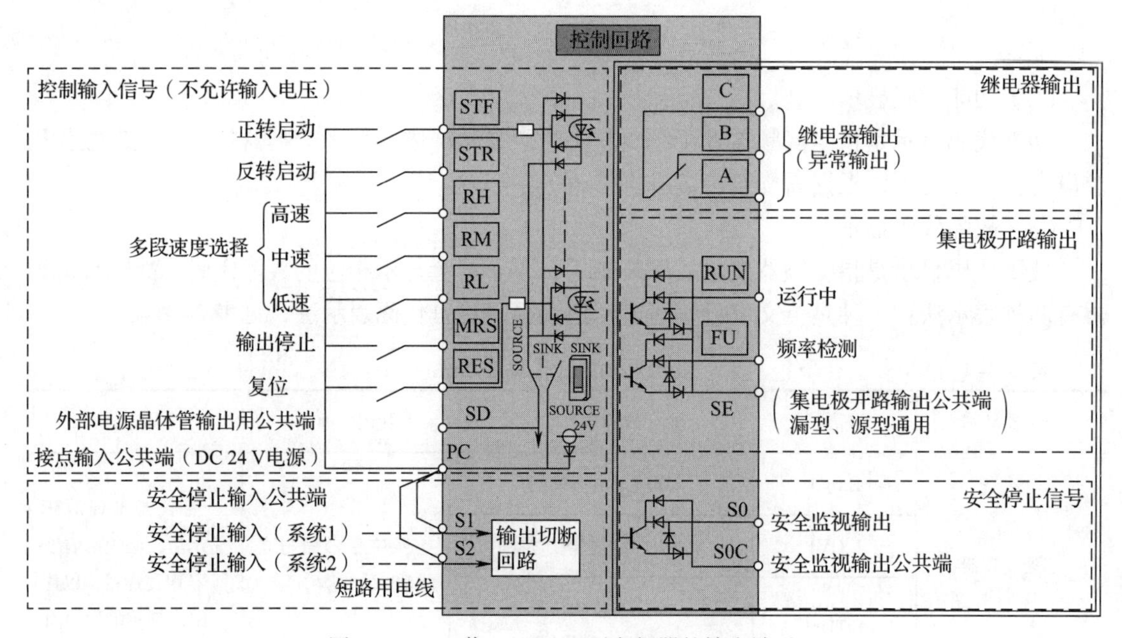

图 2-3-7　三菱 FR-E840 型变频器的输出端子

表 2-3-5　　三菱 FR-E840 型变频器输出端子的对应参数

<table>
<tr><th>参数</th><th colspan="2">参数名称</th><th>初始值</th><th>初始信号</th><th>设定范围</th></tr>
<tr><td>Pr.190</td><td>RUN 端子功能选择</td><td rowspan="2">集电极开路输出端子</td><td>0</td><td>RUN（变频器运行中）</td><td rowspan="2">0、1、3、4、7、8、11～16、18～20、24～28、30～36、38～41、44～48、56、57、60～66、68、70、80～82、84、90～93、95、96、98～101、103、104、107、108、111～116、120、124～128、130～136、138～141、144～148、156、157、160～166、168、170、180～182、184、190～193、195、196、198、199、206、211～213、242、306、311～313、342、9 999</td></tr>
<tr><td>Pr.191</td><td>FU 端子功能选择</td><td>4</td><td>FU（输出频率检测）</td></tr>
<tr><td>Pr.192</td><td>A、B、C 端子功能选择</td><td>继电器输出端子</td><td>99</td><td>ALM（异常）</td><td>0、1、3、4、7、8、11～16、18～20、24～28、30～36、38～41、44～48、56、57、60～66、68、70、80～82、84、90、91、95、96、98～101、103、104、107、108、111～116、120、124～128、130～136、138～141、144～148、156、157、160～166、168、170、180～182、184、190、191、195、196、198、199、206、211～213、242、306、311～313、342、9 999</td></tr>
</table>

（2）外接仪表显示

大部分变频器的输出端子都有模拟量输出端子和脉冲输出端子，其输出端子的电压、电流和脉冲信号都与变频器的输出频率成比例。模拟量输出端子主要是外接测量仪表，可以测量并显示变频器的运行数据（如输出电流、输出电压和电动机转速）；脉冲输出端子主要是外接频率计，用来显示运行频率等。

三菱 FR-E840 型变频器有一路模拟量输出和一路脉冲信号输出。对于模拟量和脉冲信号输出的测量内容，可根据用户需要选定，如电压、转矩、负载率等，出厂时 AM 端子的功能为模拟电压测量信号，FM 端子为脉冲信号，主要用作指示仪表显示，其对应参数见表 2-3-3。

技能训练 10　变频器的制动、保护与显示控制电路安装与调试

训练目标

1. 能按控制要求正确设计变频器的制动、保护与显示控制电路。
2. 能正确选择元器件并检查其质量好坏。
3. 能独立完成变频器制动、保护与显示控制的电路安装及运行调试。

训练准备

实训所需设备及工具材料见表 2–3–6。

表 2–3–6　　　　**实训所需设备及工具材料**

序号	名称	型号规格	数量	备注
1	电工常用工具		1 套	
2	万用表	MF47 型	1 块	
3	电压表	85C1 型电压表 10 V	1 块	
4	变频器	FR–E840–0026–4–60（0.75 kW）	1 台	
5	配电盘	500 mm × 600 mm	1 块	
6	导轨	C45	0.3 m	
7	低压断路器	DZ47–63/3P D20	1 只	
8	交流接触器	CJX2–1210 线圈电压 220 V	1 只	
9	开关（SA1、SA2）		2 只	
10	按钮	LA18	2 只	
11	电阻	160 Ω，200 W	1 只	
12	三相交流异步电动机	型号自定	1 台	
13	端子排	D–10	1 条	
14	铜塑线	BVR 2.5 mm^2	10 m	主电路
15	紧固件	螺钉（型号自定）	若干	
16	线槽	25 mm × 35 mm	若干	
17	号码管		若干	

训练内容

一、控制要求

简单设计一个变频器的制动、保护与显示控制电路，要求外接制动电阻，多功能开关输出端子外接控制电路，能够实现变频器的故障电源控制和外接指示灯显示功能。模拟量输出端子 AM 和端子 5 外接电压表，监视变频器运行时模拟量输出端子的输出电压值。

二、电路设计

根据控制要求，设计变频器的制动、保护与显示控制电路，如图 2–3–8 所示。

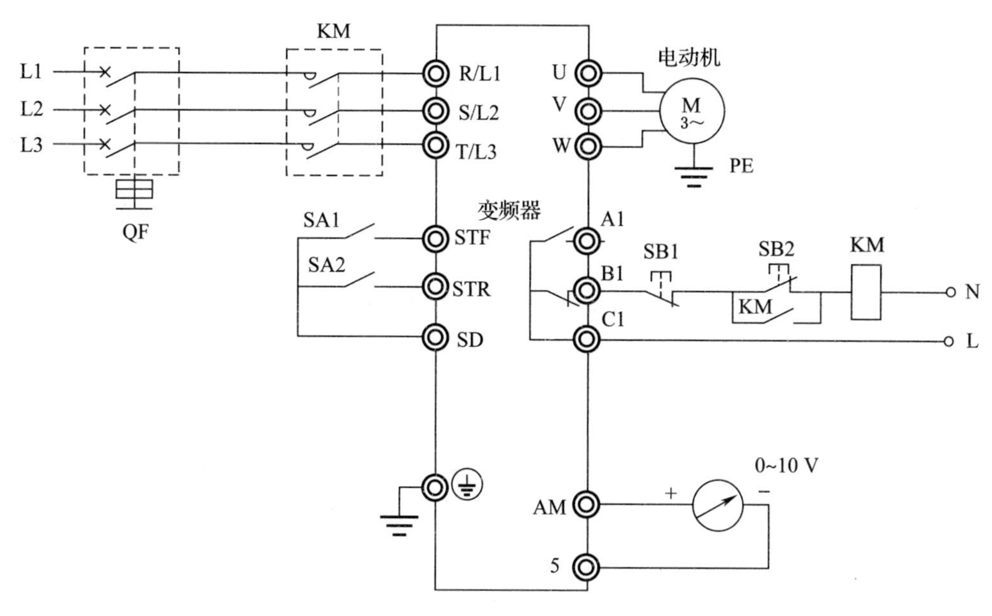

图 2–3–8　变频器的制动、保护与显示控制电路

三、安装接线

根据图 2–3–8 所示的控制电路，按以下安装要求，在模拟实物控制配线板上进行元器件及线路的安装。

1. 检查元器件

检查元器件的规格是否符合实训要求，用万用表检测元器件的好坏。

2. 固定元器件

将元器件在模拟实物控制配线板上固定好，注意合理布局。

3. 配线安装

根据图 2–3–8 所示的控制电路，按照配线原则和工艺要求，进行配线安装。

操作要领：将变频器与电源和电动机进行正确接线，380 V 三相交流电源接至变频器的输入端“R/L1、S/L2、T/L3”，三相交流异步电动机接至变频器的输出端“U、V、W”，接线时要注意接地保护。电压表接到变频器的 AM 和 5 端子上。

4. 自检

接线完毕后，应对照原理电路再次检查配线是否正确，有无漏接现象，端子和导线间是否短路或接地，并用万用表检测电路的阻值是否与设计相符。

四、参数设置及运行调试

1. 合上电源开关 QF，按下启动按钮 SB2，接触器 KM 动作，接通变频器电源。
2. 恢复出厂设置。
3. 设置运行、停车制动参数，具体见表 2–3–7。

表 2–3–7　　运行、停车制动参数

参数	出厂值	设定值	说明
Pr.79	0	3	运行模式选择
Pr.7	5 s	2 s	加速时间设定（可根据实际负载要求设定）
Pr.8	5 s	2 s	减速时间设定（可根据实际负载要求设定）
Pr.9	额定输出电流	额定输出电流	根据电动机的额定电流设定
Pr.20	50 Hz	50 Hz	加减速时间的基准频率
Pr.178	60	60	ON 接通正转，OFF 停止
Pr.179	61	61	ON 接通反转，OFF 停止

4. 设置模拟量输出端子与多功能开关输出端子的参数，具体见表 2–3–8。

表 2–3–8　　模拟量输出端子与多功能开关输出端子的参数

参数	出厂值	设定值	说明
Pr.195	99	99	继电器输出端子设定为异常输出

5. 运行调试

（1）电动机正向运行与停止

合上开关 SA1，变频器数字输入端子 STF 置为 ON，电动机正向启动，2 s 后稳定运行到 50 Hz。此时电压表显示电压值为 10 V。断开开关 SA1，电动机按照设定的 2 s 减速时间快速停车。

（2）电动机反向运行与停止

合上开关 SA2，变频器数字输入端子 STR 置为 ON，电动机反向启动，2 s 后稳定运行到 50 Hz。此时电压表显示电压值为 10 V。断开开关 SA2，电动机按照设定的 2 s 减速时间快速停车。

（3）停车

断开开关 SA1（或 SA2）待电动机完全停止后，按下停止按钮 SB1，待接触器 KM 断电后，切断变频器电源。

操作提示

由于电路采用了接触器 KM 作为变频器的电源控制开关，需要停止时，首先切断 SA1（或 SA2）待电动机完全停止后，方可按下停止按钮 SB1。这是因为变频器的逆变电路工作在开关状态，每个 IGBT 大功率开关管都是工作在饱和或截止状态。尽管饱和时通过每只管子的电流很大，但因为饱和压降很低，相当于开关闭合，所以管子的功耗不大。如果电路突然断电，变频器立即停止输出，运行中的电动机失去降速时间，处于自动停止状态，运行中的变频器突然断电，电路中所有的电压都同时下降，当管子导通所需要的驱动电压下降到使管子不能处于饱和状态时，就进入了放大状态。由于放大状态的管压降大大增加，管子的耗散功率也成倍增加，可在瞬间将开关管烧坏。虽然变频器在设计时考虑到了这种情况，并采取了保护措施，但在使用中还应避免突然断电。

检查测评

对实训内容的完成情况进行检查，并将检查结果填入表 2–3–9 中。

表 2–3–9　　实训测评表

项目内容	考核要点	评分标准		配分	得分
电路设计	正确设计变频器的控制原理电路	1. 功能设计不全，每缺一项功能扣 5 分 2. 原理电路错误或画法不规范每处扣 2 分		10	
安装接线	按原理电路在模拟实物控制配线板上正确安装元器件及配线，要求布局合理，安装准确、紧固，导线进走线槽并有端子标号	1. 损坏元件扣 5 分 2. 布线不进走线槽，不美观，主电路、控制电路每根扣 1 分 3. 接点松动、露铜过长、反圈、压绝缘层，标记线号不清楚、遗漏或误标，引出端无别径压端子，每处扣 1 分 4. 损伤导线绝缘或线芯，每根扣 1 分 5. 不按变频器控制接线图接线，每处扣 5 分		20	
参数设置及运行调试	按被控设备的动作要求，正确进行变频器的参数设置和运行调试，达到控制要求	1. 参数设置不全，每处扣 5 分；参数设置错误每处扣 10 分，不会设置参数扣 30 分 2. 变频器操作错误，每处扣 5 分 3. 通电试车不成功扣 20 分 4. 通电试车每错 1 处扣 10 分		60	
安全文明生产	劳动保护用品穿戴整齐；电工工具佩带齐全；遵守操作规程；尊重考评员，讲文明礼貌；考试结束要清理现场	1. 违反安全文明生产考核要求每项扣 2 分，扣完为止 2. 存在重大事故隐患，应立即制止，停止操作，并扣 5 分		10	
工时定额 90 min	每超过 5 min 扣 5 分	开始时间		—	
		结束时间			
教师评价			成绩	100	

§2-4 变频器的 PID 控制

学习目标

1. 了解变频器的 PID 控制原理。
2. 掌握变频器 PID 运行参数和定义端子功能参数的设定。
3. 掌握变频器 PID 控制的接线与调试方法。

一、PID 控制的基本概念

变频器的 PID 控制是变频器与传感器等元件构成的一个闭环控制系统，其作用是实现对被控量的自动调节，大部分变频器都具有 PID 控制功能，其结构简单、稳定性好、工作可靠、调整方便，在温度、压力、流量和液位等参数要求恒定的场合应用广泛，也是变频器在节能控制应用中的常用控制方法。

1. PID 控制原理

PID 控制实为一种经典的自动控制算法，它结合了比例（P）、积分（I）、微分（D）三种控制环节，简称 PID。其控制原理是用传感器检测被控量的实际值并反馈给变频器与被控量的目标信号进行比较，如果实际值与目标值比较有偏差，则通过 PID 控制作用，使偏差减小到零，达到预定的控制目标，其原理框图如图 2-4-1 所示。

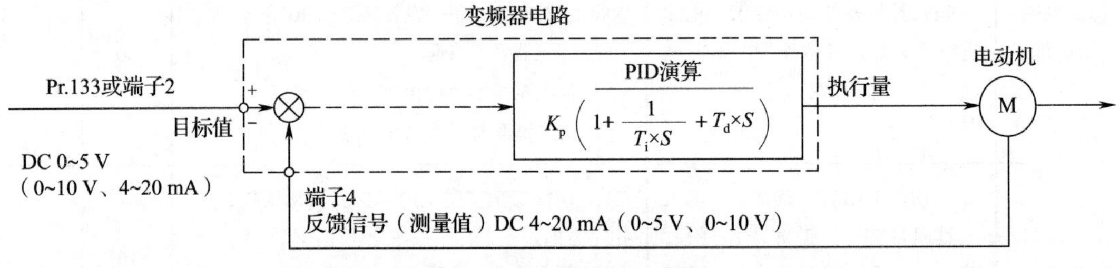

图 2-4-1 PID 控制原理框图

K_p—比例常数 T_i—积分时间 T_d—微分时间 S—演算子

2. PID 控制方式

在工艺生产和机械设备的自动控制中，P、I、D 一般不会单独使用，而是会根据不同的生产需要，组合成多种控制方式，如 PI（比例积分控制）、PD（比例微分控制）、PID（比例积分微分控制）等。

（1）PI 控制

PI 控制即比例控制（P）和积分控制（I）的组合。它是根据偏差及时间变化，产生一个控制量。只要偏差存在，积分控制（I）将发挥作用，输出的控制量使偏差越来越小，直到偏差消除，系统达到稳定运行。在控制过程中，I的时间常数越大控制作用越弱，系统达到稳定运行的时间越长；I的时间常数越小控制作用越强，系统达到稳定运行的时间越短。

（2）PD控制

PD控制即比例控制（P）和微分控制（D）的组合。它是根据改变动态特性的偏差速率，产生一个控制量。加入微分控制（D）可以抑制偏差的变化速度，在控制开始时，可抑制超调幅度，对于有大惯性或滞后的被控物理量，加入微分控制能改善系统在调节过程中的动态特性。

（3）PID控制

PID控制集合了PI控制和PD控制的优点，可获得无偏差、高精度和系统稳定的控制过程。

比例控制（P）是控制参数的核心，其作为一种基础控制主要是反映控制作用的强弱，P越大则控制作用越强、响应速度越快，但系统稳定性差；P越小则控制作用越弱、响应速度越慢，但系统稳定性好。仅用比例控制（P）不能完全消除偏差，除非负载系统自带积分元件。

3. PID控制特点

（1）适用性好。PID控制具有出色的可靠性和稳定性，在各种工业生产过程中，都能发挥显著的控制效果，即使是在环境变化、负载扰动等不确定因素的影响下，PID控制仍能保持系统的稳定性和准确性。

（2）参数较易整定。PID的控制参数（K_p、T_i、T_d）具有相对独立性，其参数选择过程相对简化，已形成了一套完整的设计和调整方法体系，极易被工程技术人员所理解和掌握。

（3）前景广阔。PID控制针对实际应用中的多样化需求，针对自身缺陷进行了不少改进，形成了一系列改进的PID控制体系。例如，滤波PID控制有效克服了微分高频干扰的问题，PID积分分离控制显著减少了由大偏差导致的饱和超调现象，可变增益PID控制则针对控制对象存在的非线性因素提供了有效的补偿机制。此外，随着智能控制理论的逐步成熟，智能化的PID控制策略也逐步得到了研究和应用。

二、变频器的内置PID功能

变频器实现PID控制的方法有两种：一种是通过变频器的内置PID控制功能来实现，即给定信号通过变频器的操作面板或专用端子进行输入，反馈信号则直接传递至变频器的控制端，变频器通过内部PID控制功能动态调整输出频率；另一种则是利用外部PID调节器来实现，即给定量与反馈量首先通过外部PID调节器进行比较，随后外部PID调节器将调节后的控制信号传输至变频器，作为变频器的控制信号，以实现输出频率的动态调整。本节主要介绍变频器的内置PID功能。

三菱FR-E840型变频器设置有专门的PID参数群，其选择包括以下几个方面。

1. PID功能信号选择

要实现PID闭环运行，首先必须选择PID功能有效。三菱FR-E840型变频器一般通过参数 Pr.178 ~ Pr.184 设定某一端子输入 X14 信号，当 X14 信号接通时，PID 功能才有效（未分配 X14 信号时，仅需设定 Pr.128 ≠ “0”即可使 PID 控制有效）。

2. PID 动作选择 Pr.128

参数 Pr.128 主要用于设定 PID 的动作选择，其设定内容见表 2–4–1。

表 2–4–1　　**参数 Pr.128 的设定内容**

Pr.128 设定值	Pr.609 Pr.610	PID 动作	目标值输入	测量值输入	偏差输入
0	无效	PID 无效	—	—	—
20		负作用	端子 2 或 Pr.133	端子 4	—
21		正作用			
40 ~ 43	有效	浮辊控制			
50	无效	负作用	—	—	通讯
51		正作用			
60		负作用	通讯	通讯	—
61		正作用			
1 000	有效	负作用	根据 Pr.609	根据 Pr.610	—
1 001		正作用			
1 010		负作用	—	—	根据 Pr.609
1 011		正作用			
2 000		负作用（无频率反映）	根据 Pr.609	根据 Pr.610	—
2 001		正作用（无频率反映）			
2 010		负作用（无频率反映）	—	—	根据 Pr.609
2 011		正作用（无频率反映）			

（1）负作用。当偏差 X（目标值 - 测定值）为正时，增加执行量（输出频率）；当偏差 X 为负时，则减小执行量。PID 负作用示意图如图 2–4–2 所示。

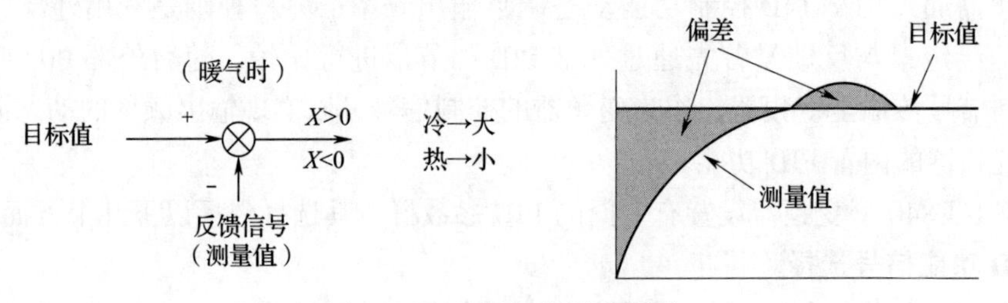

图 2–4–2　PID 负作用示意图

（2）正作用：当偏差 X（目标值 – 测定值）为负时，增加执行量（输出频率）；当偏差 X 为正时，则减小执行量。PID 正作用示意图如图 2–4–3 所示。

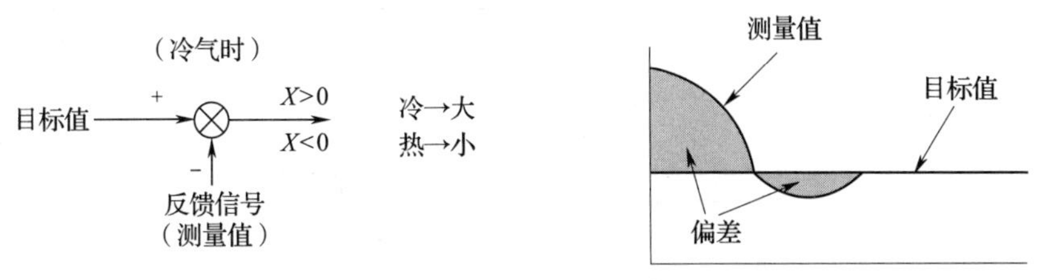

图 2–4–3　PID 正作用示意图

提示

一般在供水、流量和加温控制时采用负作用，在排水、降温控制时采用正作用。

3. 给定信号与反馈信号输入方式选择

（1）给定信号（又称设定信号）

给定信号是与被控物理量的控制目标相对应的信号。即在测量值范围内确定一个符合现场控制要求的数值，并以该数值为目标值，使系统最终稳定在此数值的水平范围内，并且越接近越好。

三菱 FR–E840 型变频器 PID 给定信号的控制参数为 Pr.133，设定值为百分数；其输入端子可选端子 2，端子 2 的输入选择可通过参数 Pr.609 进行设置。

提示

给定信号参数的设定值代表的是传感器量程的百分比。例如，压力传感器的量程是 0～1.0 MPa，当目标压力为 0.7 MPa 时，给定信号参数的值应设为 70%。

（2）反馈信号

反馈信号是通过现场传感器测量的与被控物理量的实际值对应的信号。通过 PID 的调节功能将给定值与反馈值进行比较，对得到的差值进行微调，以判断是否到达预定的控制目标。

三菱 FR–E840 型变频器 PID 反馈信号的输入端子可选端子 4，端子 4 的输入选择可通过参数 Pr.267 进行设定。

提示

给定信号的输入方式，可以通过参数设定为面板输入或外接端子输入（电压信号或电流信号）；反馈信号则必须是外接端子输入，可以通过参数设定为电压输入或电流输入。

4. P、I、D 控制参数选择

在使用变频器内置 PID 控制功能时，除了以上参数，还要设定 P、I、D 控制参数，具体见表 2–4–2。

表 2-4-2　　　　**P、I、D 控制参数**

功能	相关参数	参数名称	初始值	设定范围	内容
PID 控制	Pr.129	PID 比例范围	100%	0.1% ~ 1 000%	如果比例带狭窄（参数设定值较小），则测量值的微小变化可以得到大的输出变化，因此，随着比例带变窄，响应（增益）会变得更好，但可能会降低稳定性，引起超调等。增益 K_p=1/ 比例常数
				9 999	无比例控制
	Pr.130	PID 积分 时间	1 s	0.1 ~ 3 600 s	仅用积分（I）动作完成比例（P）动作相同操作量所需的时间。随着积分时间变短，完成速度变快，但是容易发生超调危险
				9 999	无积分控制
	Pr.131	PID 上限	9 999	0 ~ 100%	设定上限值，测量值超过反馈量设定值的情况下输出 FUP 信号，测量值（端子 4）的最大输入（20 mA/5 V/10 V）相当于 100%
				9 999	功能无效
	Pr.132	PID 下限	9 999	0 ~ 100%	设定下限值，测量值降到反馈量设定值的情况下输出 FON 信号，测量值（端子 4）的最大输入（20 mA/5 V/10 V）相当于 100%
				9 999	功能无效
	Pr.133	PID 动作 目标值	9 999	0 ~ 100%	设定 PID 控制时的目标值
				9 999	使端子 2 的输入电压成为目标值
	Pr.134	PID 微分 时间	9 999	0.01 ~ 10 s	仅用微分（D）动作完成比例（P）动作相同操作量所需的时间。随着微分时间的增大，对偏差的变化响应也越快
				9 999	无微分控制
	Pr.575	输出中断检测 时间	1 s	0 ~ 3 600 s	PID 运算后的输出频率低于 Pr.576 设定值的状态所持续的时间为 Pr.575 设定时间以上时，停止变频器运行
				9 999	无输出中断功能
	Pr.576	输出中断检测 水平	0 Hz	0 ~ 590 Hz	设定进行输出中断处理的频率
	Pr.577	输出中断解除 水平	1 000%	900% ~ 1 100%	设定解除 PID 输出中断功能的等级（Pr.577–1 000%）

（1）PID 控制有效

将 X14 信号分配给输入端子后，信号置为 ON 时，可以进行 PID 控制。

（2）FUP 信号

当测量值超过 Pr.131（PID 上限）设定值时，输出该信号。

（3）FDN 信号

当测量值低于 Pr.132（PID 下限）设定值时，输出该信号。

技能训练 11　变频器 PID 控制单泵恒压供水系统

训练目标

1. 能按控制要求正确设计变频器 PID 控制单泵恒压供水系统的原理电路。
2. 能正确选择元器件并检查其质量好坏。
3. 能独立完成变频器 PID 控制单泵恒压供水系统的安装接线及运行调试。

训练准备

实训所需设备及工具材料见表 2-4-3。

表 2-4-3　实训所需设备及工具材料

序号	名称	型号规格	数量	备注
1	电工常用工具		1 套	
2	万用表	MF47 型	1 块	
3	变频器	FR-E840-0026-4-60（0.75 kW）	1 台	
4	配电盘	500 mm × 600 mm	1 块	
5	导轨	C45	0.3 m	
6	低压断路器	DZ47-63/3P D20	1 只	
7	旋钮开关	LAY16	3 只	
8	电位器	2 kΩ	1 只	
9	压力传感器	型号自定（YTT-150 型差动远传压力表）	1 只	
10	三相交流异步电动机	型号自定	1 台	
11	端子排	D-10		

续表

序号	名称	型号规格	数量	备注
12	铜塑线	BVR 2.5 mm^2	10 m	主电路
13	紧固件	螺钉（型号自定）	若干	
14	线槽	25 mm × 35 mm	若干	
15	号码管		若干	

训练内容

一、控制要求

某变频器 PID 控制的单泵供水系统，使用一个 4 mA 对应 0 MPa、20 mA 对应 0.5 MPa 的压力传感器调节水泵供水压力，给定信号通过变频器的 2 和 5 端子（0 ~ 5 V）输入，反馈信号通过变频器的 4 和 5 端子输入，系统要求管网运行时压力保持为 0.1 MPa，给定信号通过变频器 2 和 5 端子连接的主速指令电位器进行设定。

二、电路设计

根据控制要求，设计变频器 PID 控制单泵恒压供水系统的原理电路，如图 2-4-4 所示。

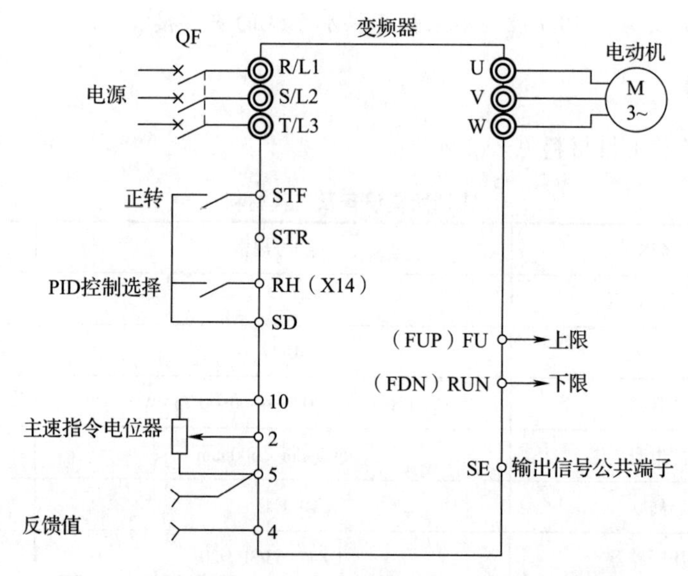

图 2-4-4　变频器 PID 控制单泵恒压供水系统的原理电路

三、安装接线

根据图 2-4-4 所示的原理电路，按以下安装要求，在模拟实物控制配线板上进行元器件及线路的安装。

1. 检查元器件

检查元器件的规格是否符合实训要求，用万用表检测元器件的好坏。

2. 固定元器件

将元器件在模拟实物控制配线板上固定好，注意合理布局。

3. 配线安装

根据图 2–4–4 所示的原理电路，按照配线原则和工艺要求，进行配线安装。

操作要领：将变频器与电源和电动机进行正确接线，380 V 三相交流电源接至变频器的输入端“R/L1、S/L2、T/L3”，三相交流异步电动机接至变频器的输出端“U、V、W”，接线时要注意接地保护。

4. 自检

接线完毕后，应对照原理电路再次检查配线是否正确，有无漏接现象，端子和导线间是否短路或接地，并用万用表检测电路的阻值是否与设计相符。

四、参数设置及运行调试

1. 合上电源开关 QF，接通变频器电源。
2. 变频器恢复出厂设置。
3. 输入 / 输出信号分析

1）输入 / 输出端子信号功能，见表 2–4–4。

表 2–4–4　　输入 / 输出端子信号功能

信号		使用端子	功能	说明
输入	X14	由 Pr.178 ~ Pr.189 设定	PID 控制有效	X14 置为 ON 时，选择 PID 控制
	2	2	目标值输入	输入 PID 的给定量
	4	4	测量值输入	压力传感器传来的反馈量
输出	FUP	由 Pr.190 ~ Pr.196 设定	上限输出	在测量值信号超过 Pr.131（PID 上限）设定值时输出
	FDN		下限输出	在测量值信号低于 Pr.132（PID 下限）设定值时输出
	SE	SE	输出公共端子	FUP、FDN 和 RL 的公共端子

X14 信号接通，变频器开始 PID 控制；X14 信号关断，变频器运行但不含 PID 控制。给定值通过变频器端子 2 和 5 或参数 Pr.133 设定，反馈值信号通过变频器端子 4 和 5 输入。

2）输入端子设定说明，见表 2–4–5。

表 2–4–5　　输入端子设定说明

项目	输入	说明	
给定值	通过端子 2 和 5	设定 0 V 为 0%，5 V 为 100%	当 Pr.73 设定为“1 或 11”时（端子 2 选择 5 V）
		设定 0 V 为 0%，10 V 为 100%	当 Pr.73 设定为“0 或 10”时（端子 2 选择 10 V）

续表

项目	输入	说明
给定值	Pr.133	在 Pr.133 中设定给定值（%）
反馈值	通过端子 4 和 5	4 mA 相当于 0%，20 mA 相当于 100%

4. P、I、D 控制参数设定，见表 2-4-6。

表 2-4-6　　P、I、D 控制参数

参数	参数名称	设定值	说明		
Pr.128	PID 动作选择	10	对于加热、压力等控制	偏差量信号输入（端子 1）	PID 负作用
		11	对于冷却等		PID 正作用
		20	对于加热，压力等控制	检测值信号输入（端子 4）	PID 负作用
		21	对于冷却等		PID 正作用
Pr.129	PID 比例范围	0.1 ~ 1 000%	如果比例带较窄（参数设定值较小），则反馈量的微小变化会引起执行量的很大改变。因此，虽然比例带较窄，响应的灵敏性（增益）得到改善，但稳定性变差，例如发生振荡。增益 K_p=1/ 比例常数		
		9 999	无比例控制		
Pr.130	PID 积分时间	0.1 ~ 3 600 s	仅通过积分（I）动作时得到与比例（P）动作相同的执行量所需要的时间，随着积分时间的减少，到达设定值将变快，但也容易发生振荡		
		9 999	无积分控制		
Pr.131	PID 上限	0 ~ 100%	设定上限值，如果检测值超过此设定，则输出 FUP 信号 检测值（端子 4）的最大输入（20 mA/5 V/10 V）相当于 100%		
		9 999	功能无效		
Pr.132	PID 下限	0 ~ 100%	设定下限值，如果检测值低于设定范围，将输出 FDN 信号 同样，检测值的最大输入（20 mA/5 V/10 V）相当于 100%		
		9 999	功能无效		
Pr.133	用 PU 设定的 PID 动作目标值	0 ~ 100%	仅在 PU 运行模式或 PU/ 外部组合模式下对于 PU 指令有效；对于外部操作，设定值由端子 2 和 5 间的电压决定（Pr.902 值等于 0%，Pr.902 值等于 100%）		
Pr.134	PID 微分时间	0.01 ~ 10.00 s	时间值仅要求向微分作用提供一个与比例作用相同的检测值。随着时间的增加，偏差改变会有较大的响应		
		9 999	无微分控制		

5. 给定值输入校正

1）在端子 2 和 5 间输入电压，将给定值设为 0%。

2）用参数 Pr.902 进行校正，此时，输入的频率将作为偏差值 =0%（例如 10 Hz）时变频器的输出频率（即 Pr.902=0）。

3）在端子 2 和 5 间输入电压，将给定值设为 100%。

4）用参数 Pr.903 进行校正，此时，输入的频率将作为偏差值 =100%（例如 50 Hz）时变频器的输出频率（即 Pr.903=100）。

6. 压力传感器输出校正

1）在端子 4 和 5 间输入电流（例如 4 mA），相当于传感器输出值为 0%。

2）用参数 Pr.904 进行校正（即设定 Pr.904=0）。

3）在端子 4 和 5 间输入电流（例如 20 mA），相当于传感器输出值为 100%。

4）用参数 Pr.905 进行校正（即设定 Pr.905=100）。

参数 Pr.904 和 Pr.905 的设定值必须与 Pr.902 和 Pr.903 的设定值一致。

7. 设定参数

根据以上分析，可确定变频器 PID 控制单泵恒压供水控制应设置的相关参数，具体见表 2–4–7。

表 2–4–7　　相关参数设定

参数	设定值	说明
Pr.128	20	PID 控制为检测端子 4 的输入，PID 负作用
Pr.129	30	PID 比例常数，也可根据系统调节情况进行修改
Pr.130	10	PID 积分时间常数，（出厂设定值为 1 s）可根据系统调节情况进行修改
Pr.131	100	上限值
Pr.132	0	下限值
Pr.133	—	用 PU 设定的 PID 控制设定值，本方案中采用外部控制，所以不设参数
Pr.134	3	PID 微分时间常数，也可根据系统调节情况进行修改
Pr.183	14	MRS 端子功能设为“PID 控制有效端”（将 RT 端子设定为 X14 的功能）
Pr.191	47	设定 PID 控制中
Pr.192	16	从 A、B、C 端子输出正 / 反转信号
Pr.193	14	PID 上限输出，FUP 信号，指示反馈量信号已超过上限值
Pr.194	15	PID 下限输出，FDN 信号，指示反馈量信号已超过下限值
Pr.902	0	输入校正，下限
Pr.903	100	输入校正，上限
Pr.904	0	输入校正，下限
Pr.905	100	输入校正，上限

8. 运行调试

（1）调试原则。初次调试时，P 可按中间值稍大预置或暂时默认为出厂值，待设备运转时再按实际情况细调。

（2）细调原则。当被控物理量在目标值附近振荡时，首先加大积分时间 I，如仍有振荡，可适当减小比例增益 P；若被控物理量在发生变化后难以恢复，应首先加大比例增益 P，如果恢复仍较缓慢，可适当减小积分时间 I，还可加大微分时间 D，直到基本不振荡为止。

（3）按照图 2-4-5 所示的变频器 PID 设置流程图进行操作，并调整参数 Pr.129、Pr.130、Pr.134 到合适的设定值，使管网运行时压力保持为 0.1 MPa。

操作要领：

1）调节电位器，使端子 2 和 5 间电压为 2.5 V。

2）同时接通 SD 与 MRS（X14）、SD 与 STF 后，电动机启动正转运行，并根据端子 2 和 5 间的电压，即给定值与反馈值之差（偏差大小）进行 PID 自动调整控制，直到稳定在给定值。

3）调节电位器，改变端子 2 和 5 间的电压值，电动机转速也随之变化，经变频器 PID 调节，最后稳定在给定值上。

4）压力传感器反馈给变频器与之相对变化的信号（4～20 mA）或人为改变给定信号值时，电动机转速也随着变化，经变频器 PID 调节，最后稳定运行在给定值上。

调试过程中，要注意观察变频器显示屏的显示内容，可根据需要按 SET 键监视输出频率、输出电流和输出电压。

操作提示

①在实际应用中，一般需要现场设定 P 和 I 的参数，D 一般不设定；变频器的输入频率只根据实际数值与目标值的比较结果进行调整，与被控量之间无对应关系；变频器的输出频率始终处于调整状态，其数值不稳定。

②如果多段速（RH，RM，RL）信号和点动（JOG）信号在 X14 信号接通的情况下输入，变频器将停止 PID 控制并开始执行多段速或点动运行。

③当 Pr.128 设定为“20”或“21”时，变频器端子 1～5 之间的输入信号将叠加到设定值 1 与 5 之间。

④当 Pr.79 设定为“5”（程序运行模式）时，PID 控制不能执行。

⑤当 Pr.79 设定为“6”（切换模式）时，PID 无效。

⑥当 Pr.22 设定为“9 999”时，端子 1 的输入值将作为失速防止动作水平，当要用端子 1 的输入作为 PID 控制的修订时，将 Pr.22 设定为“9 999”以外的值。

⑦当 Pr.95 设定为“1”（在线自动调整）时，PID 无效。

⑧当用 Pr.180～Pr.186 和 Pr.190～Pr.195 改变端子的功能时，其他功能可能会受到影响，在改变设定前需确认相应端子的功能。

⑨选择PID控制时，下限频率为Pr.902的设定频率，上限频率为Pr.903的设定频率（Pr.1“上限频率”，Pr.2“下限频率”的设定也有效）。

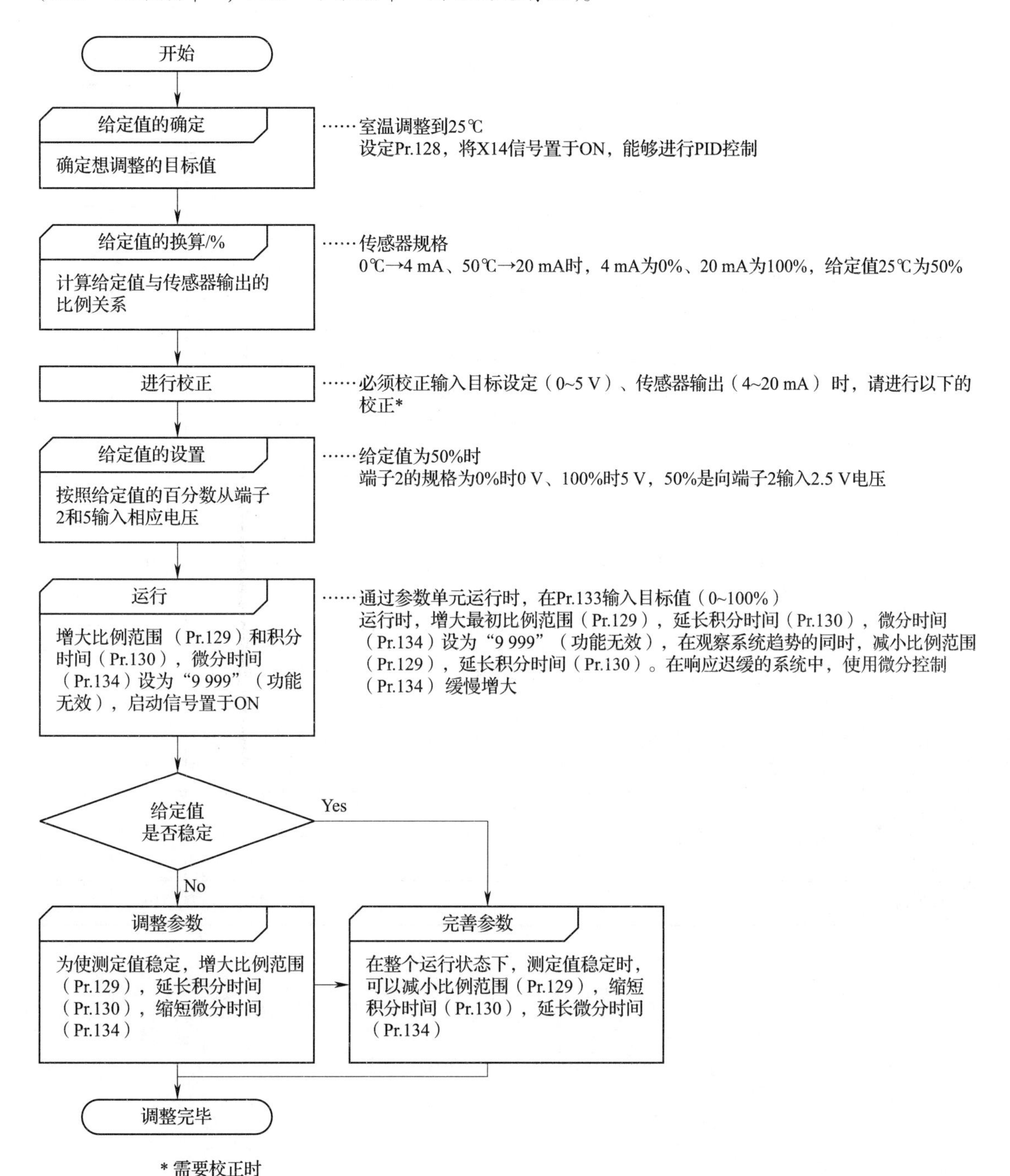

图 2-4-5　变频器 PID 设置流程图

检查测评

对实训内容的完成情况进行检查，并将检查结果填入表 2-4-8 中。

表 2-4-8　　实训测评表

项目内容	考核要点	评分标准	配分	得分
电路设计	正确设计变频器的控制原理电路	1. 功能设计不全，每缺一项功能扣 5 分 2. 原理电路错误或画法不规范每处扣 2 分	10	
安装接线	按原理电路在模拟实物控制配线板上正确安装元器件及配线，要求布局合理，安装准确、紧固，导线进走线槽并有端子标号	1. 损坏元件扣 5 分 2. 布线不进走线槽，不美观，主电路、控制电路每根扣 1 分 3. 接点松动、露铜过长、反圈、压绝缘层，标记线号不清楚、遗漏或误标，引出端无别径压端子，每处扣 1 分 4. 损伤导线绝缘或线芯，每根扣 1 分 5. 不按变频器控制接线图接线，每处扣 5 分	20	
参数设置及运行调试	按被控设备的动作要求，正确进行变频器的参数设置和运行调试，达到控制要求	1. 参数设置不全，每处扣 5 分；参数设置错误每处扣 10 分，不会设置参数扣 30 分 2. 变频器操作错误，每处扣 5 分 3. 通电试车不成功扣 20 分 4. 通电试车每错 1 处扣 10 分	60	
安全文明生产	劳动保护用品穿戴整齐；电工工具佩带齐全；遵守操作规程；尊重考评员，讲文明礼貌；考试结束要清理现场	1. 违反安全文明生产考核要求每项扣 2 分，扣完为止 2. 存在重大事故隐患，应立即制止，停止操作，并扣 5 分	10	
工时定额 90 min	每超过 5 min 扣 5 分	开始时间： 结束时间：	—	
教师评价		成绩	100	

第三章 PLC 与变频器的联机控制

§3-1 PLC 与变频器的连接

学习目标

1. 掌握 PLC 与变频器的连接及控制方式。
2. 了解 PLC 与变频器的连接注意事项。

一、PLC 与变频器的连接方式

PLC 与变频器有三种连接方式：一是利用 PLC 的开关量输入 / 输出模块控制变频器；二是利用 PLC 模拟量输出模块控制变频器；三是利用 PLC 通信端子控制变频器。

1. 利用 PLC 的开关量输入 / 输出模块控制变频器

变频器的输入信号中包括对运行 / 停止、正转 / 反转、微动等运行状态进行操作的开关型指令信号。变频器通常利用与继电器触点或具有继电器触点开关特性的元器件（如晶体管、PLC）相连，得到运行状态指令，如图 3-1-1 所示。

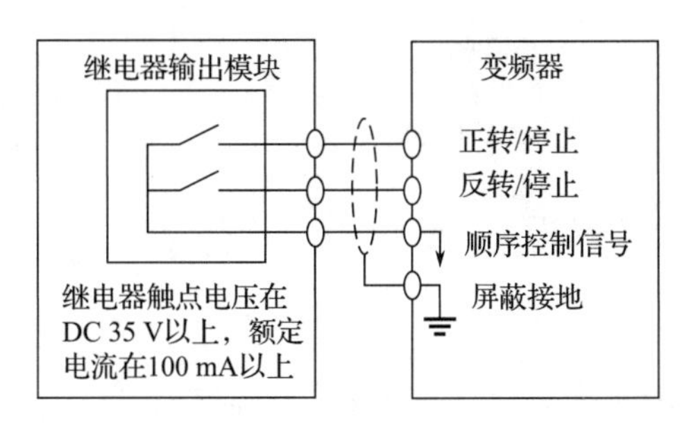

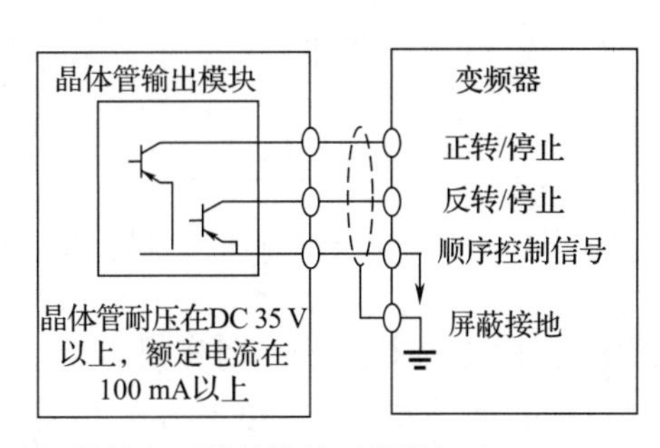

图 3-1-1　变频器与继电器触点或具有继电器触点开关特性的元器件相连

PLC 的开关量输入 / 输出端一般可以与变频器的开关量输入 / 输出端直接连接。这种控制方式的接线很简单，抗干扰能力强，用 PLC 的开关量输出模块可以控制变频器的正 / 反转、转速和加减速时间，能实现较复杂的控制要求。

变频器在与继电器触点进行连接时，常常会因接触不良而导致误动作；与晶体管进行连接时，则需要考虑晶体管本身的电压、电流容量等因素，保证系统的可靠性。当输入开关信号进入变频器时，有时会发生外部电源和变频器控制电源（DC 24 V）之间的串扰，正确的接法是通过 PLC 电源将外部晶体管的集电极经二极管连接到 PLC 上，如图 3–1–2 所示。

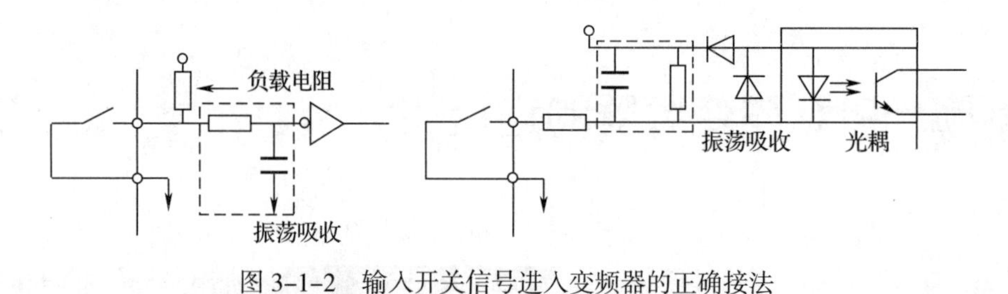

图 3–1–2　输入开关信号进入变频器的正确接法

2. 利用 PLC 模拟量输出模块控制变频器

变频器中也存在一些数值型（如频率、电压等）指令信号的输入，可分为数字输入和模拟输入两种。数字输入多采用变频器操作面板上的键盘和串行接口来给定；模拟输入则通过接线端子由外部给定，通常通过 0 ~ 10 V（5 V）的电压信号或 4 ~ 20 mA 的电流信号输入。由于接口电路因输入信号而异，因此必须根据变频器的输入阻抗选择 PLC 的模拟量输出模块，如图 3–1–3 所示。

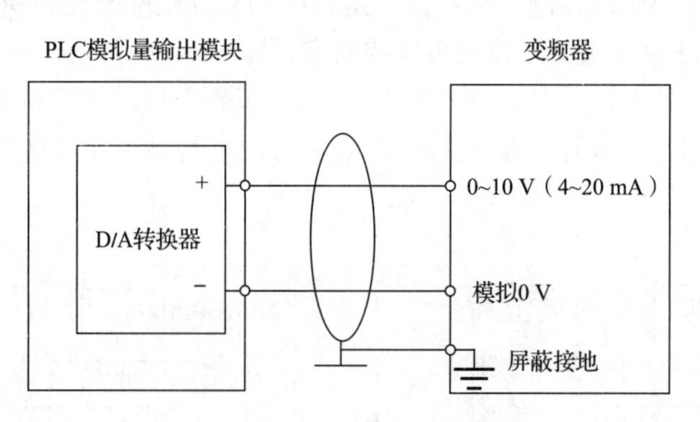

图 3–1–3　PLC 与变频器模拟量信号之间的连接

3. 利用 PLC 通信端子控制变频器

利用 PLC 通信端子控制变频器，其实就是 PLC 通过 485 通信接口控制变频器，这种控制方式的硬件接线简单，但需要增加通信用的接口模块，使用前必须熟悉通信模块的使用方法和设计通信程序。

二、PLC 与变频器连接的注意事项

PLC 与变频器连接应用时，由于二者涉及用弱电控制强电，因此连接时应注意以下几点：

（1）PLC 应按规定的接线标准和接地条件进行接地，且注意避免和变频器使用相同的接地线，接地时二者要尽可能分开。

（2）当电源条件不好时，应在 PLC 的电源模块及输入 / 输出模块的电源线上接入噪声滤波器和降低噪声用的变压器等，另外，若有必要，在变频器一侧也应采取相应措施。

（3）当变频器和 PLC 安装于同一操作柜时，应尽可能使变频器和 PLC 的有关配线分开。

（4）尽量采用屏蔽线或双绞线进行连接，以提高抗噪声和抗干扰水平。

§3-2　PLC 与变频器联机控制的设计思路

学习目标

1. 掌握用 PLC 控制变频器运行的程序设计思路和方法。
2. 掌握用 PLC 控制变频器实现电动机正 / 反转的方法。

通过采用 PLC 与变频器的联机控制来替代传统的继电器与变频器控制方案，系统控制的便捷性和运行可靠性将得到显著提升。下面，通过一个具体实例，来详细阐述 PLC 与变频器联机控制系统的设计过程。

设计举例：用 FX3U 系列 PLC 控制三菱 FR-E840 型变频器实现电动机的正 / 反转。

控制要求：①按下正转启动按钮 SB2，变频器控制电动机正向运转，正向启动时间为 3 s，变频器的输出频率为 35 Hz；②按下反转按钮 SB3，变频器控制电动机反向运转，反向启动时间为 3 s，变频器输出频率为 35 Hz；③按下停止按钮 SB1，变频器控制电动机在 3 s 内停止运转。

设计原则、方法及步骤：

一、分配 PLC 输入 / 输出点（I/O）并写出 I/O 接口地址分配表

根据控制要求，可确定 PLC 需要 3 个输入点，2 个输出点，其 I/O 接口地址分配表见表 3-2-1。

二、设计电路

根据控制要求，设计 PLC 控制变频器的原理电路，如图 3-2-1 所示。

表 3-2-1　　I/O 通道地址分配表

输入			输出		
元件代号	作用	输入地址	元件代号	作用	输出地址
SB1	停止按钮	X0	STF	正转运行 / 停止	Y0
SB2	正转按钮	X1	STL	反转运行 / 停止	Y1
SB3	反转按钮	X2			

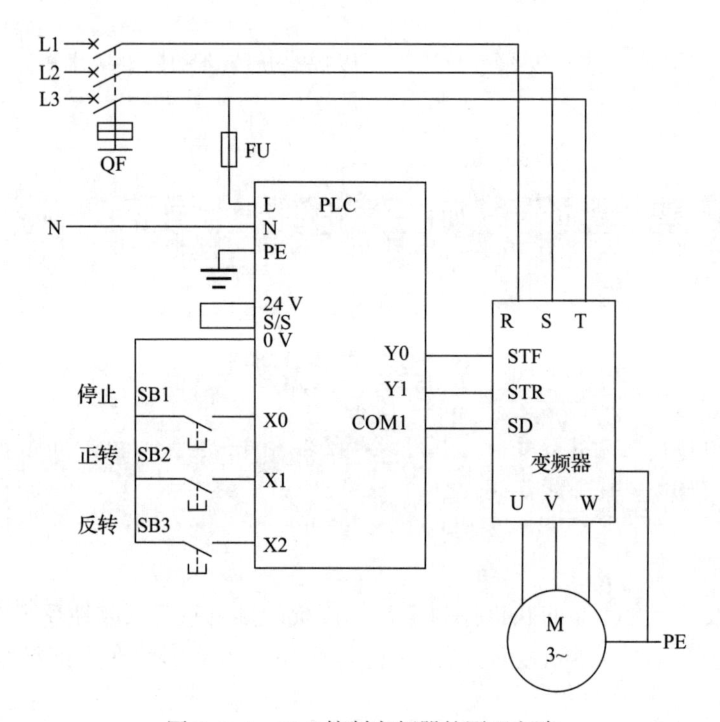

图 3-2-1　PLC 控制变频器的原理电路

在设计原理电路时，应确保具备完善可靠的保护功能。PLC 的输出端子可直接与变频器的控制端子连接，以实现直接控制；同时，也可外接驱动继电器，通过继电器的触点来间接控制变频器的控制端子。变频器的电源输入端采用了无熔丝的低压断路器，这一设计能有效避免熔断器的损坏和更换问题。此外，电动机侧也无须额外安装接触器和热继电器，进一步简化了电路设计。

三、PLC 程序设计

根据控制要求，设计 PLC 的程序梯形图，如图 3-2-2 所示。

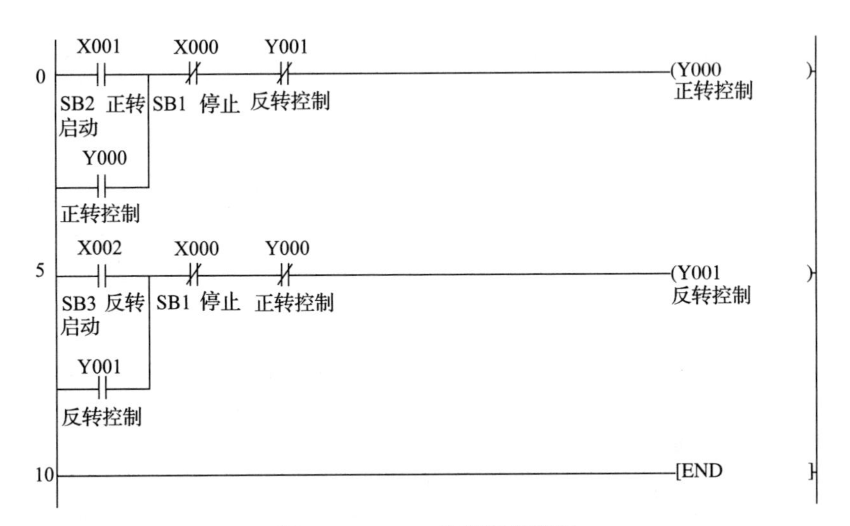

图 3–2–2　PLC 的程序梯形图

四、编制变频器的参数设置表

根据控制要求，编制变频器的参数设置表，具体见表 3–2–2。

表 3–2–2　　**变频器的参数设置表**

参数	参数名称	参数值
Pr.7	上升时间	3 s
Pr.8	下降时间	3 s
Pr.20	加减速基准频率	50 Hz
Pr.3	基准频率	50 Hz
Pr.1	上限频率	50 Hz
Pr.2	下限频率	0 Hz
Pr.79	运行模式	3

五、安装接线及运行调试

按照工艺要求，首先完成配电盘的接线并将图 3–2–2 所示的 PLC 程序梯形图输入 PLC，然后按表 3–2–2 设置变频器参数，最后按表 3–2–3 进行调试、修改，确保达到设计要求。

表 3–2–3　　**程序调试步骤及运行情况记录表**

步骤	方法	观察内容	观察结果	思考内容
1	将程序下载到 PLC 后，合上断路器 QF	“POWER”灯		PLC 和变频器的工作过程
		PLC 输入指示灯		

续表

步骤	方法	观察内容	观察结果	思考内容
2	将 PLC 的 RUN/STOP 开关拨至“RUN”位置	“RUN”灯		PLC 和变频器的工作过程
3	按下 SB2	电动机运行和变频器显示情况		
4	按下 SB1			
5	按下 SB3			
6	按下 SB1			
7	再次按下 SB2			
8	再次按下 SB3			
9	将 PLC 的 RUN/STOP 开关拨至“STOP”位置			

技能训练 12　PLC 和变频器联机实现电动机的多段速运行

训练目标

1. 掌握 PLC 和变频器联机实现电动机多段速运行的方法。
2. 能进行 PLC 与变频器的连接并编制控制程序。
3. 能根据控制要求设置变频器的相关参数。
4. 能独立完成 PLC 和变频器联机实现电动机多段速运行的安装接线及运行调试。

训练准备

实训所需设备及工具材料见表 3-2-4。

表 3-2-4　实训所需设备及工具材料

序号	名称	型号规格	数量	备注
1	电工常用工具		1 套	
2	万用表	MF47 型	1 块	
3	编程计算机	自定	1 台	
4	通信电缆	SC-09	1 条	

续表

序号	名称	型号规格	数量	备注
5	可编程序控制器	FX3U-48MR	1 台	
6	变频器	FR-E840-0026-4-60（0.75 kW）	1 台	
7	安装配电盘	600 mm × 900 mm	1 块	
8	导轨	C45	0.3 m	
9	空气断路器	DZ47-63 D10	1 只	
10	熔断器	RT18-32	1 只	
11	按钮	LA4	3 只	
12	指示灯	DC 24V	9 只	
13	接线端子	D-20	20 只	
14	三相交流异步电动机	型号自定	1 台	
15	铜塑线	BV 1 m^2	10 m	主电路
16	软线	BVR7 0.75 mm^2	10 m	
17	紧固件	M4 × 20 螺杆	若干	
18		M4 × 12 螺杆	若干	
19		ϕ4 平垫圈	若干	
20		ϕ4 弹簧垫圈及 M4 螺母	若干	
21	号码管		若干	
22	记号笔		1 支	

训练内容

一、控制要求

一台电动机要求能实现 7 挡速度运行，对应频率分别为 15 Hz、20 Hz、25 Hz、30 Hz、35 Hz、40 Hz、45 Hz，其控制要求是：

1. 电动机由 5 个按钮进行操控。其中，SB1 为停止按钮，SB2 为正转按钮，SB3 为反转按钮，SB4 为升速按钮，SB5 为降速按钮。运行状态由指示灯 HL1 ~ HL9 进行提示，其中 HL1 ~ HL7 为速度提示指示灯，分别对应变频器的 7 个频率，即变频器运行在 15 Hz 时指示灯 HL1 亮，运行在 20 Hz 时指示灯 HL2 亮，以此类推。HL8 为电动机正转指示灯，HL9 为电动机反转指示灯。

2. 正转多段速运行控制。按下 SB2，指示灯 HL8 以 1 Hz 频率闪烁，表示变频器正转启动，但变频器无输出。此时，按下升速按钮 SB4，变频器输出频率变为 15 Hz，指示灯 HL8 变为常亮，指示灯 HL1 进行速度提示，之后每按 1 次 SB4，变频器输出频率按 15 Hz →

20 Hz → 25 Hz → 30 Hz → 35 Hz → 40 Hz → 45 Hz 顺序依次切换，指示灯 HL1 ~ HL7 进行相应速度提示，当频率到达 45 Hz 时，升速按钮 SB4 失效。此时，按降速按钮 SB5 进行减速，每按 1 次 SB5，变频器输出频率按 45 Hz → 40 Hz → 35 Hz → 30 Hz → 25 Hz → 20 Hz → 15 Hz 的顺序依次切换，指示灯 HL1 ~ HL7 进行相应速度提示，当频率为 0 时，降速按钮 SB5 失效。

3. 反转多段速运行控制。反转多段速运行控制与正转多段速运行控制的要求一样，即按 SB3，指示灯 HL9 以 1 Hz 频率闪烁，表示变频器反转启动，但变频器无输出。此时，按升速按钮 SB4，变频器按 7 挡速度，依次由 15 Hz → 45 Hz 进行切换，其间指示灯 HL9 变为常亮，指示灯 HL1 ~ HL7 进行相应速度提示，直至 SB4 失效；按降速按钮 SB5，变频器输出频率按 7 挡速度，由 45 Hz → 15 Hz 依次进行切换，其间指示灯 HL1 ~ HL7 进行相应速度提示，直至 SB5 失效。

4. 停止控制。按下 SB1，变频器停止运行，指示灯 HL1 ~ HL9 全部熄灭。

二、分配 PLC 输入 / 输出点（I/O）并写出 I/O 接口地址分配表

根据系统控制要求，可确定 PLC 需要 5 个输入点，14 个输出点，其 I/O 接口地址分配表见表 3–2–5。

表 3–2–5　　I/O 接口地址分配表

输入			输出		
元件代号	作用	输入地址	元件代号	作用	输出地址
SB1	停止按钮	X0	STF	变频器正转	Y0
SB2	正转按钮	X1	STR	变频器反转	Y1
SB3	反转按钮	X2	RH	变频器（高速）	Y2
SB4	升速按钮	X3	RM	变频器（中速）	Y3
SB5	降速按钮	X4	RL	变频器（低速）	Y4
			HL1	1 挡速度指示灯	Y10
			HL2	2 挡速度指示灯	Y11
			HL3	3 挡速度指示灯	Y12
			HL4	4 挡速度指示灯	Y13
			HL5	5 挡速度指示灯	Y14
			HL6	6 挡速度指示灯	Y15
			HL7	7 挡速度指示灯	Y16
			HL8	正转指示灯	Y17
			HL9	反转指示灯	Y20

三、设计电路

根据控制要求，设计 PLC 与变频器联机实现电动机七段速运行的原理电路，如图 3–2–3 所示。

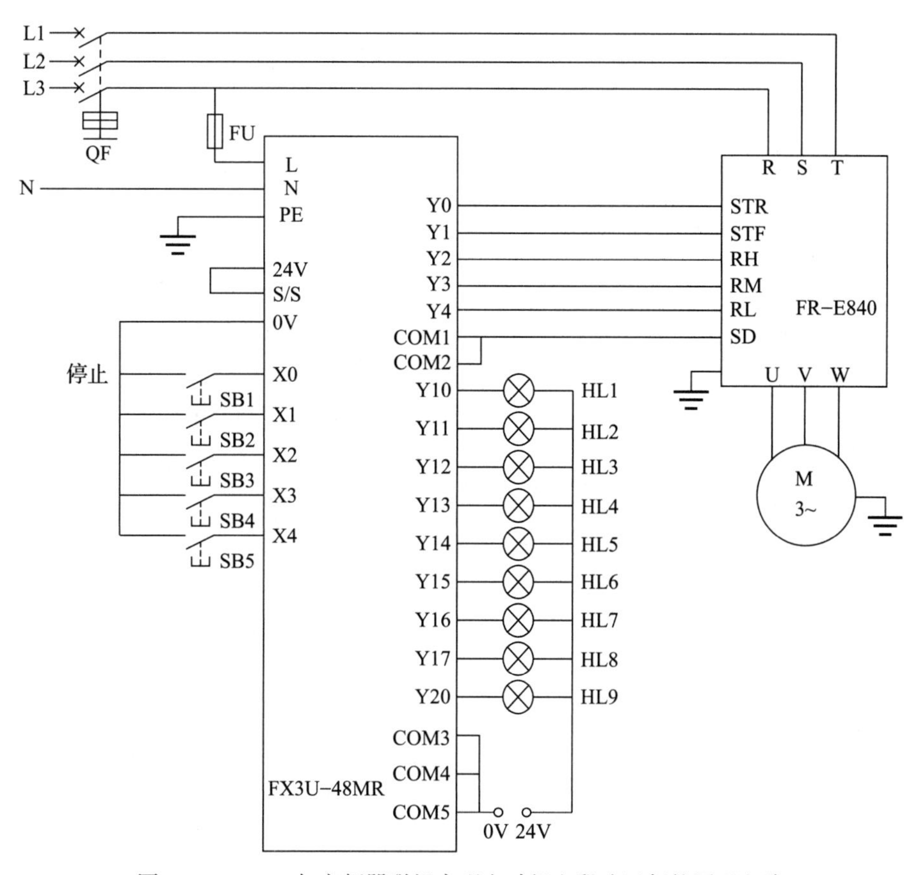

图 3-2-3 PLC 与变频器联机实现电动机七段速运行的原理电路

四、PLC 程序设计

首先列出七段速运转速度段对应触点的关系表，具体见表 3-2-6；然后根据控制要求设计七段速正 / 反转控制的 PLC 程序梯形图，如图 3-2-4 所示。

表 3-2-6　七段速运转速度段对应触点的关系表

速度段	变频器输入端子（ON）	PLC 输出地址 Y（ON）	频率 /Hz	参数号
速度 1	RH	Y2	15	Pr.4
速度 2	RM	Y3	20	Pr.5
速度 3	RL	Y4	25	Pr.6
速度 4	RM、RL	Y3、Y4	30	Pr.24
速度 5	RH、RL	Y2、Y4	35	Pr.25
速度 6	RH、RM	Y2、Y3	40	Pr.26
速度 7	RH、RM、RL	Y2、Y3、Y4	45	Pr.27

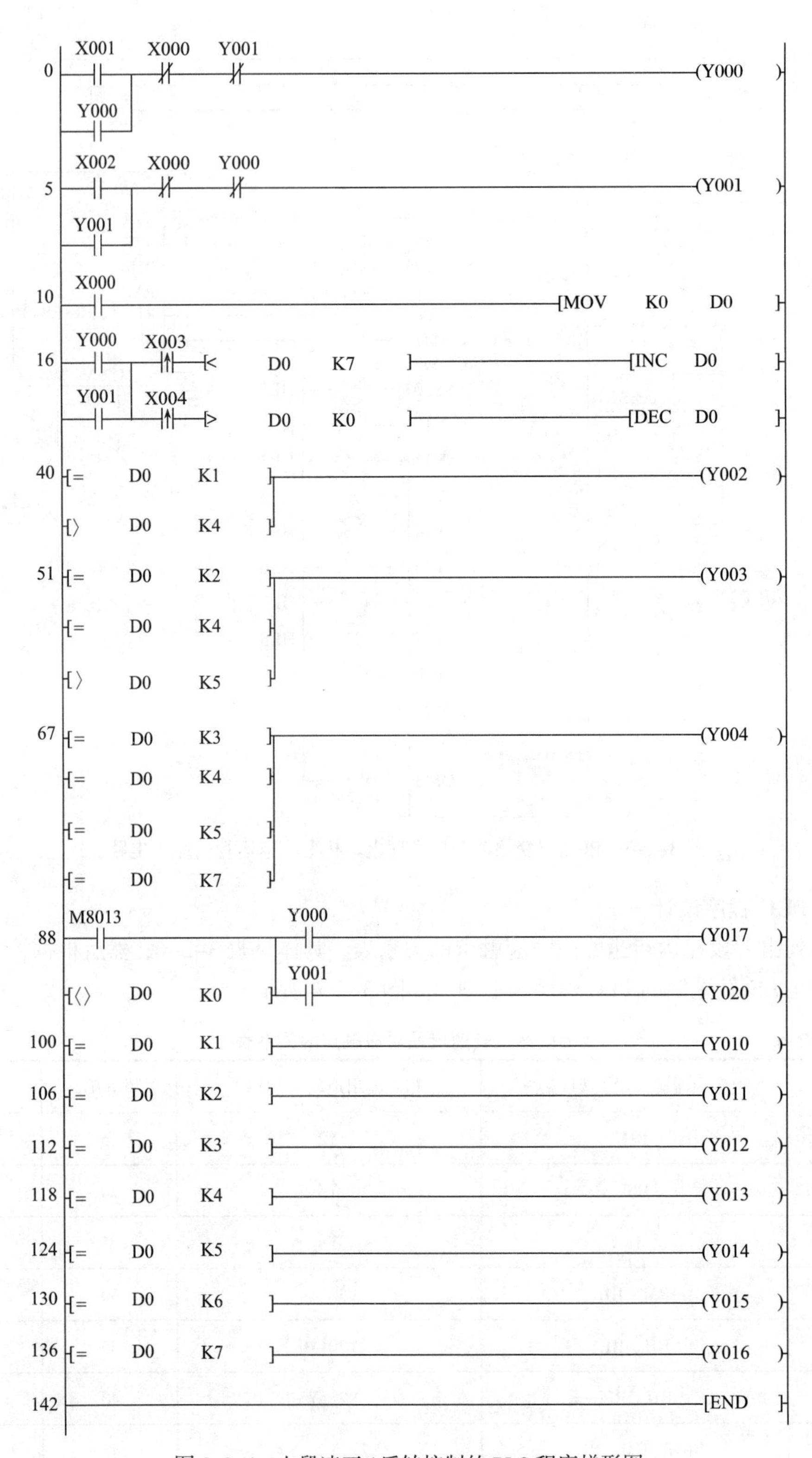

图 3-2-4　七段速正 / 反转控制的 PLC 程序梯形图

五、编制变频器的参数设置表

根据控制要求，编制变频器的参数设置表，具体见表 3–2–7。

表 3–2–7　　变频器的参数设置表

参数	参数名称	参数值
Pr.4	多段速设定（高速）	15
Pr.5	多段速设定（中速）	20
Pr.6	多段速设定（低速）	25
Pr.24	多段速设定（4 速）	30
Pr.25	多段速设定（5 速）	35
Pr.26	多段速设定（6 速）	40
Pr.27	多段速设定（7 速）	45
Pr.79	运行模式选择	2

六、安装接线

根据图 3–2–3 所示的原理电路，按以下安装要求，在模拟实物控制配线板上进行元器件及线路的安装。

1. 检查元器件

检查元器件的规格是否符合实训要求，用万用表检测元器件的好坏。

2. 固定元器件

将元器件在模拟实物控制配线板上固定好，注意合理布局。

3. 配线安装

根据图 3–2–3 所示的原理电路，按照配线原则和工艺要求，进行配线安装。

操作要领：将变频器与电源和电动机进行正确接线，380 V 三相交流电源接至变频器的输入端“R/L1、S/L2、T/L3”，三相交流异步电动机接至变频器的输出端“U、V、W”，接线时要注意接地保护。

4. 自检

接线完毕后，应对照原理电路再次检查配线是否正确，有无漏接现象，端子和导线间是否短路或接地，并用万用表检测电路的阻值是否与设计相符。

七、变频器的参数设置

合上电源开关 QF，根据表 3–2–7 进行变频器的参数设置。

八、程序下载及运行调试

（1）将编制好的 PLC 程序下载到 PLC 中。先对 PLC 程序进行仿真调试，功能满足要求后与变频器联机调试。

（2）按照表 3–2–8 进行操作调试，观察系统运行情况并做好记录。如出现故障，应立即切断电源，分析原因、检查电路或 PLC 程序，排除故障后，方可进行重新调试，直到系统功能调试成功为止。

表 3–2–8　　程序调试步骤及运行情况记录表

步骤	方法	观察内容	观察结果	思考内容
1	按下 SB2	电动机运行、变频器显示、指示灯 HL1 ~ HL9 的情况		PLC 的工作过程
2	按下 SB4			
3	第 2 次按下 SB4			
4	第 3 次按下 SB4			
5	第 4 次按下 SB4			
6	第 5 次按下 SB4			
7	第 6 次按下 SB4			
8	第 7 次按下 SB4			
9	第 8 次按下 SB4			
10	按下 SB5			
11	第 2 次按下 SB5			
12	第 3 次按下 SB5			
13	第 4 次按下 SB5			
14	第 5 次按下 SB5			
15	第 6 次按下 SB5			
16	第 7 次按下 SB5			
17	第 8 次按下 SB5			
18	按下 SB1			
19	按下 SB3，然后由第 2 步开始操作			

检查测评

对实训内容的完成情况进行检查，并将检查结果填入表 3–2–9 中。

表 3–2–9　　实训测评表

项目内容	考核要点	评分标准	配分	得分
电路设计	根据控制要求，列出 PLC 输入 / 输出（I/O）接口地址分配表，设计 PLC/ 变频器控制电路，设计 PLC 程序梯形图	1. 原理电路功能不全，每缺一项功能扣 5 分 2. 原理电路设计错误，扣 20 分 3. PLC 输入输出地址遗漏或搞错，每处扣 5 分 4. PLC 程序梯形图表达不正确或画法不规范每处扣 1 分	30	

续表

<table>
<tr><th>项目内容</th><th>考核要点</th><th colspan="2">评分标准</th><th>配分</th><th>得分</th></tr>
<tr><td>安装接线</td><td>按原理电路在模拟实物控制配线板上正确安装元器件及配线，要求布局合理，安装准确、紧固，导线进走线槽并有端子标号</td><td colspan="2">1. 试机运行不正常扣 20 分
2. 损坏元件扣 5 分
3. 试机运行正常，但不按原理电路接线，扣 5 分
4. 布线不进走线槽，不美观，主电路、控制电路每根扣 1 分
5. 接点松动、露铜过长、反圈、压绝缘层，标记线号不清楚、遗漏或误标，引出端无别径压端子，每处扣 1 分
6. 损伤导线绝缘或线芯，每根扣 1 分</td><td>20</td><td></td></tr>
<tr><td>程序输入、参数设置及运行调试</td><td>熟练正确地将 PLC 控制程序输入 PLC；按照被控设备的动作要求，进行变频器的参数设置，并运行调试，以达到设计要求</td><td colspan="2">1. 不能熟练操作键盘进行指令输入，扣 2 分
2. 不会用删除、插入、修改、存盘等命令、每项扣 2 分
3. 参数设置错误，每处扣 10 分；不会设置参数扣 30 分
4. 通电试车不成功扣 40 分
5. 通电试车每错 1 处扣 10 分</td><td>40</td><td></td></tr>
<tr><td>安全文明生产</td><td>劳动保护用品穿戴整齐；电工工具佩带齐全；遵守操作规程；尊重考评员，讲文明礼貌；考试结束清理现场</td><td colspan="2">1. 违反安全文明生产考核要求每项扣 2 分，扣完为止
2. 存在重大事故隐患，应立即制止，停止操作，并扣 5 分</td><td>10</td><td></td></tr>
<tr><td rowspan="2">工时定额
120 min</td><td rowspan="2">每超过 5 min 扣 5 分</td><td>开始时间</td><td></td><td rowspan="2">—</td><td rowspan="2"></td></tr>
<tr><td>结束时间</td><td></td></tr>
<tr><td>教师评价</td><td colspan="2"></td><td>成绩</td><td>100</td><td></td></tr>
</table>

第四章 变频器在典型控制系统中的应用

§4-1 变频器在恒压供水系统中的应用

学习目标

1. 能正确选择变频器的类型及容量。
2. 能正确设计变频器在恒压供水系统中的控制原理电路。
3. 掌握变频器的安装与配线要求。
4. 掌握变频器的工频—变频运行控制原理和相关参数设置方法。
5. 掌握变频器维护与检查的内容和基本方法。
6. 掌握变频器常见故障的分析与处理。

在日常生活和工业生产中，自来水供水压力不足，会对人们的生活质量造成不利影响，严重时甚至威胁人们的生命安全，例如火灾情况下。因此，在用水区域采用恒压供水系统，不仅能为社会带来显著的经济效益，同时也具有重要的社会效益。

一、恒压供水系统的基本模型与主要参数

恒压供水是指在供水管网中，无论用水量如何变化，出水口的出水压力始终保持不变的供水方式。

1. 基本模型

图 4–1–1 所示是一生活小区恒压供水系统的基本模型，水泵将水由水池抽出并上扬至所需高度，以便向生活小区供水。

2. 主要参数

（1）流量

流量是指泵在单位时间内抽送流体的数量，一般指体积流量，用 Q 表示，单位为 m^3/s。

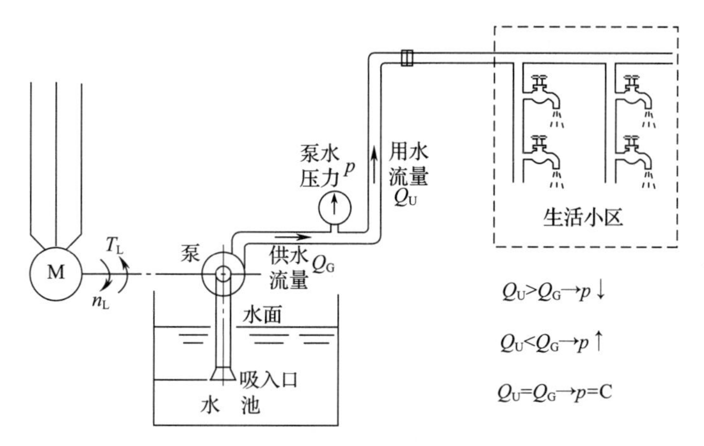

图 4-1-1　恒压供水系统的基本模型

（2）管阻

管阻是指管道系统（包括水管、阀门等）对水流阻力的物理量，符号为 P，其大小在静态时取决于管路的结构和所处位置，动态情况下，还与供水流量和用水流量的平衡情况有关。

（3）扬程

扬程又称压头，是指单位质量流体通过泵所获得的能量净增加值。在恒压供水系统中，扬程主要体现三方面内容：

1）提高水位所需的能量。

2）克服水在管路中流动时的阻力所需的能量。

3）使水流具有一定流速所需的能量。习惯上常用水从一个位置上扬到另一个位置时的水位变化量（即对应的水位差）来代表扬程。因此，常用抽送水的水柱高度 H 表示，单位是 m。

（4）全扬程

全扬程也叫总扬程，是表征水泵泵水能力的物理量，包括把水从水池上扬到最高水位所需的能量，克服管阻所需的能量和保持水流流速所需的能量，用 H_T 表示。在数值上等于在没有管阻、也不计流速的情况下，水泵能够上扬水的最大高度，如图 4-1-2 所示。

（5）实际扬程

实际扬程是指水泵实际提高水位所需的能量，用 H_A 表示。在不计损失和流速的情况下，其主体部分正比于实际的最高水位与水池水面之间的水位差。

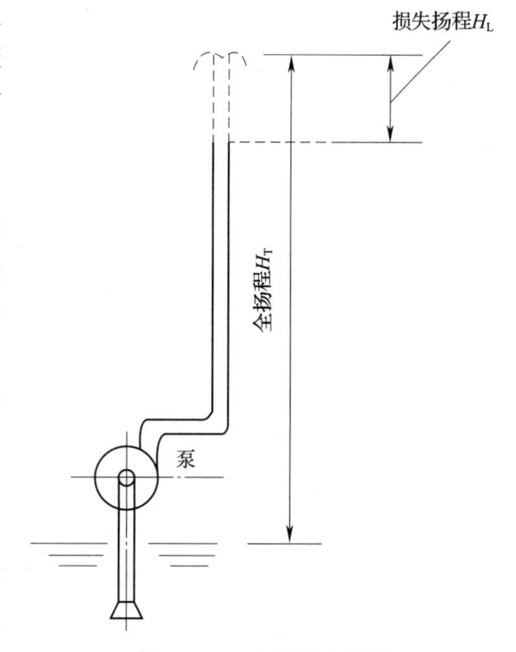

图 4-1-2　全扬程示意图

（6）损失扬程

全扬程与实际扬程之差即损失扬程，用 H_L 表示。H_T、H_A、H_L 三者之间的关系是：

$$H_T=H_A+H_L$$

二、恒压供水系统的特性与工作点

1. 供水系统的特性

（1）扬程特性

扬程特性即水泵特性。在管路阀门全打开的情况下，全扬程 H_T 随流量 Q_H 变化的曲线 $H_T=f(Q_H)$ 称为扬程特性，如图 4–1–3 所示。从图中可以看出 A_1 点是流量较小（等于 Q_1）时的情形，这时全扬程较大为 H_{T1}，A_2 点是流量较大（等于 Q_2）时的情形，这时全扬程较小为 H_{T2}。这表明用户用水量越多（流量越大），管道中的摩擦损失以及保持一定的流速所需的能量也越大，故供水系统的全扬程就越小，流量的大小取决于用户的用水情况。因此，扬程特性反映了用户的用水量需求对扬程的影响。

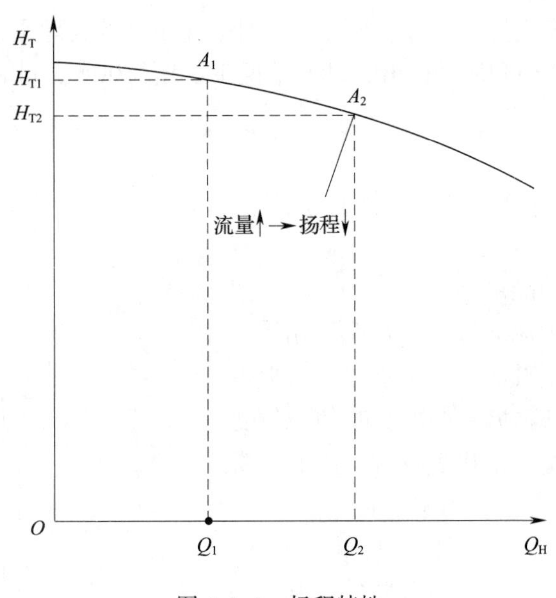

图 4–1–3　扬程特性

（2）管阻（管路）特性

管阻（管路）特性反映的是为了维持一定的流量而必须克服管阻所需的能量。它与阀门的开度有关，即当阀门开度一定时，为了提高一定流量的水所需的扬程。因此，这里的流量表示供水流量，用 Q_G 表示，所以管阻特性的函数关系是 $H_T=f(Q_H)$，如图 4–1–4 所示。显然，当全扬程小于实际扬程（$H_T<H_A$）时，是不可能供水（$Q_G=0$）的，因此，实际扬程也是能够供水的“基本扬程”。在实际的供水管路中流量具有连续性，并不存在供水流量的差别，这里的流量是为了便于说明供水能力和用水需求之间的关系而假设的量。

由图 4–1–4 可以看出，在供水流量较小（$Q_G=Q_1$）时，所需扬程也较小（$H_T=H_{T1}$），如 B_1 点；反之，在供水流量较大（$Q_G=Q_2$）时，所需扬程也较大（$H_T=H_{T2}$），如 B_2 点。

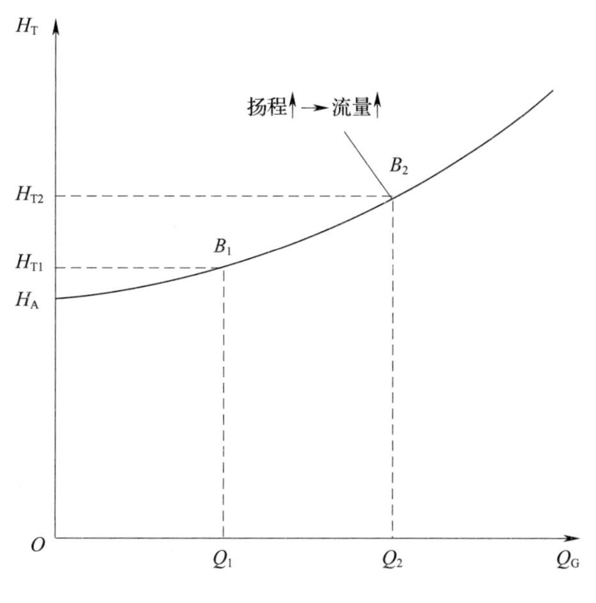

图 4-1-4　管阻（管路）特性

2. 供水系统的工作点

（1）工作点

扬程特性曲线和管阻特性曲线的交点，称为供水系统的工作点，即图 4-1-5 中的 A 点。在这一点，系统既满足扬程特性曲线①，又符合管阻特性曲线②，使供水系统处于平衡状态（稳定运行）。如果阀门开度为 100%，转速也为 100%，则系统处于额定状态，这时的工作点称为额定工作点或自然工作点。

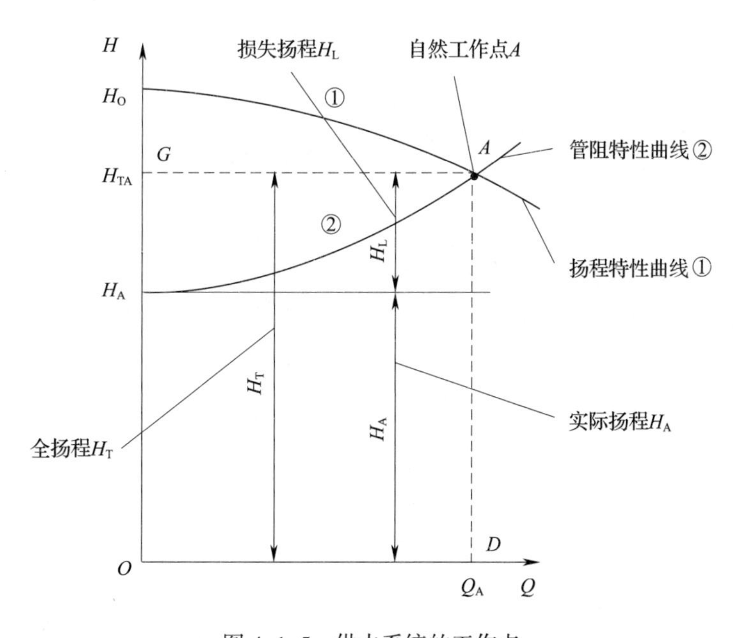

图 4-1-5　供水系统的工作点

（2）供水功率

供水系统运行时，电动机消耗的功率 P_G（kW）称为供水功率，供水功率与流量 Q 和扬程 H_T 的乘积成正比，即

$$P_G=G_PH_TQ$$

式中，G_P——比例常数。

三、节能原理分析

1. 调节流量的方法

在供水系统中，最根本的控制对象是流量。因此，要研究节能问题必须从调节流量入手，常见的方法有阀门控制法和转速控制法。

（1）阀门控制法

阀门控制法即通过开关阀门的大小来调节流量，转速保持不变，通常为额定转速。阀门控制法的实质是：水泵本身的供水能力不变，而是通过改变水路中的阻力大小改变供水能力，以适应用户对流量的需求。这时管阻特性将随阀门开度的大小改变而改变，但扬程特性不变。如图 4-1-6 所示，设用户所需流量从 Q_A 减小到 Q_B，若通过关小阀门来实现，则管阻特性曲线②变为曲线③，扬程特性仍为曲线①，故供水系统的工作点由 A 点移至 B 点，这时流量减小，但扬程却从 H_{TA} 增大到 H_{TB}，由公式 $P_G=G_PH_TQ$ 可知，供水功率 P_G 与面积 $OEBF$ 成正比。

（2）转速控制法

转速控制法就是通过改变水泵的转速来调节流量，而阀门开度保持不变（通常为最大开度）。转速控制法的实质是通过改变水泵的全扬程来适应用户对流量的要求。当水泵的转速改变时，扬程特性随之改变，而管阻特性不变。仍以用户所需流量 Q_A 减为 Q_B 为例，当转速下降时，扬程特性下降为曲线④，管阻特性仍为曲线②，故工作点移至 C 点，可见在流量减小为 Q_B 的同时，扬程减小为 H_{TC}，供水功率 P_G 与面积 $OECH$ 成正比。

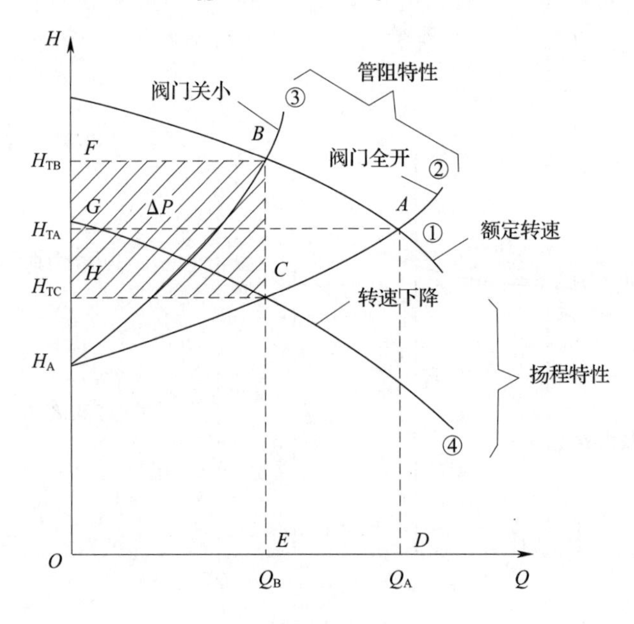

图 4-1-6　调节流量的方法与比较

2. 转速控制法的节能效果

（1）供水功率的比较

比较上述两种调节流量的方法，可以看出，在所需流量小于额定流量的情况下，转速控制时的扬程比阀门控制时小得多，所以转速控制方式所需的供水功率比阀门控制方式小得多，即图 4–1–6 所示的 *CBFH* 阴影部分。两者之差 ΔP，便是转速控制方式节约的供水功率，它与 *CBFH* 的面积成正比，这是采用调速供水系统具有节能效果的最基本体现。

（2）从水泵的工作效率看节能效果

1）工作效率的定义。水泵的供水功率 P_g 与轴功率 P_p 之比，为水泵的工作效率 η_p，即

$$\eta_p=P_g/P_p$$

式中，P_p——水泵的轴功率，是指水泵的输入功率（电动机的输出功率）或是水泵的取用功率；

P_g——水泵的供水功率，是根据实际供水扬程和流量算得的功率，是供水系统的输出功率。

因此，这里所说的水泵工作效率，实际上包含了水泵本身的效率和供水系统的效率。

2）水泵工作效率的近似计算公式。水泵工作效率相对值 η^* 的近似公式如下：

$$\eta_P^*=C_1（Q^*/n^*）-C_2（Q^*/n^*）^2$$

式中，η_P^*——效率；

Q^*——流量；

n^*——转速的相对值（即实际值与额定值之比的百分数）；

C_1、C_2——常数（由制造厂提供）。

C_1 与 C_2 之间遵守 $C_1-C_2=1$，这表明水泵的工作效率主要取决于流量与转速的比。

3）不同控制方式下的工作效率。由上式可知，当通过关小阀门来减小流量时，由于转速不变，$n^*=1.0$，比值 $Q^*/n^*=Q^*$，其效率曲线为图 4–1–7 中的曲线①。当流量为 $60\%Q^*$ 时，其效率降至 *B* 点。可见，随着流量的减少，水泵工作效率的降低十分明显。而在转速控制方式下，阀门开度不变时，流量 Q^* 与转速 n^* 成正比，比值 Q^*/n^* 不变，其效率曲线为图 4–1–7 中的曲线②。当流量为 $60\%Q^*$ 时，效率由 *C* 点决定，它和流量为 $100\%Q^*$ 时的效率（*A* 点）是相等的。也就是说，采用转速控制方式时，水泵的工作效率总是处于最佳状态。所以，转速控制方式与阀门控制方式相比，水泵的工作效率要大得多，这是采用变频调速供水系统具有节能效果的进一步体现。

（3）从电动机的效率看节能效果

在水泵制造过程中，由于无法预测用户的管路状况和管阻特性，为满足广大用户的不同需求，水泵厂在设定水泵额定扬程和额定流量时，通常会预留较大裕量。这样一来，在实际运行中，即便是用水高峰时段，电动机的运行状态也不会达到满载，这就导致其功率因数和效率均呈现较低水平。

采用了转速控制方式以后，可将排水阀完全打开适当降低转速，由于电动机在低频运行时，变频器的输出电压也将降低，从而提高电动机的工作效率，这是采用变频调速供水系统具有节能效果的又一体现。

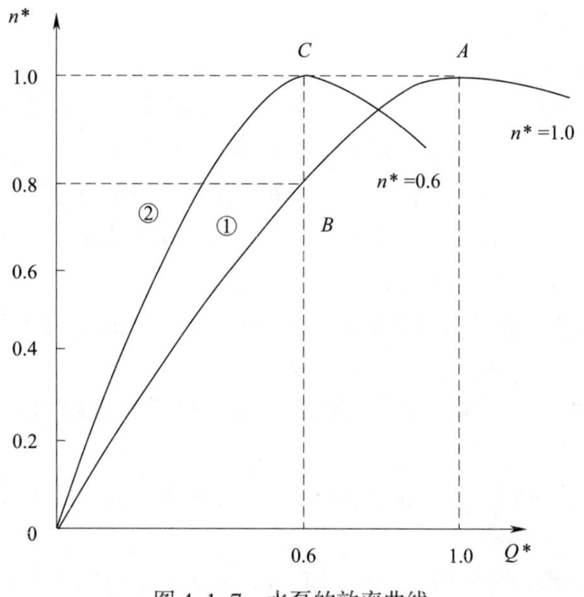

图 4–1–7　水泵的效率曲线

综上所述，水泵的轴功率与流量的关系如图 4–1–8 所示。图中，曲线①是调节阀门开度时的功率曲线，当流量 Q^* 为 $60\%Q^*$ 时，所消耗的功率由 C 点决定。由图可知，与调节阀门开度相比，调节转速时节约的 ΔP^* 是相当可观的。

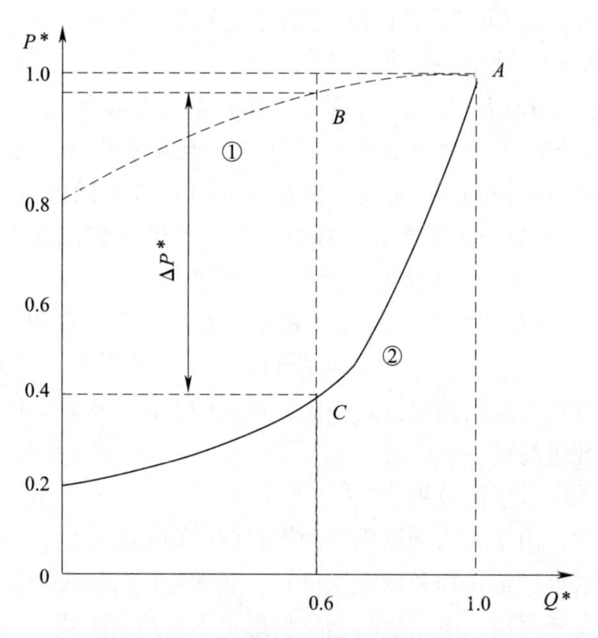

图 4–1–8　水泵的轴功率与流量的关系

四、二次方根负载实现调速后如何获得最佳节能效果

如图 4–1–9a 所示，曲线 Q 是二次方根负载的机械特性。曲线 1 是电动机在 U/f 控制方式下转矩补偿为 0（电压调节比 K_U= 评率调节比 K_f）时的有效转矩曲线，与图 4–1–9b 中的

曲线 1 对应。当转速为 n_X 时，由曲线 Q 可知，负载转矩为 T_{LX}；由曲线 1 可知，电动机的有效转矩为 T_{MX}。很明显，即使转矩补偿为 0，在低频运行时，电动机的转矩与负载转矩相比，仍有较大的裕量，这说明该拖动系统还有相当大的节能裕量。因此，可以通过以下方案获得最佳节能效果：

（1）U/f 曲线选用曲线 01。

（2）适当加大启动频率，以避免死点区域。

需要注意的是，几乎所有变频器在出厂时都将 U/f 曲线设定具有一定补偿量（$U/f>1$）。如果用户未经功能预置，直接接上水泵或风机运行，节能效果将不明显，甚至可能出现低频运行时励磁电流过大而跳闸的现象。

为此，变频器设置了若干低频 U/f（$k_U<k_f$）曲线，如图 4–1–9b 中的曲线 01 和曲线 02，与此对应的有效转矩曲线如图 4–1–9a 中的曲线 01 和曲线 02。但在选择低频 U/f（$k_U<k_f$）曲线时，有时也会遇到难以启动的问题，比如，图 4–1–9a 中，曲线 Q 和曲线 02 相交于点 S，显然在 S 点以下，拖动系统不能启动。

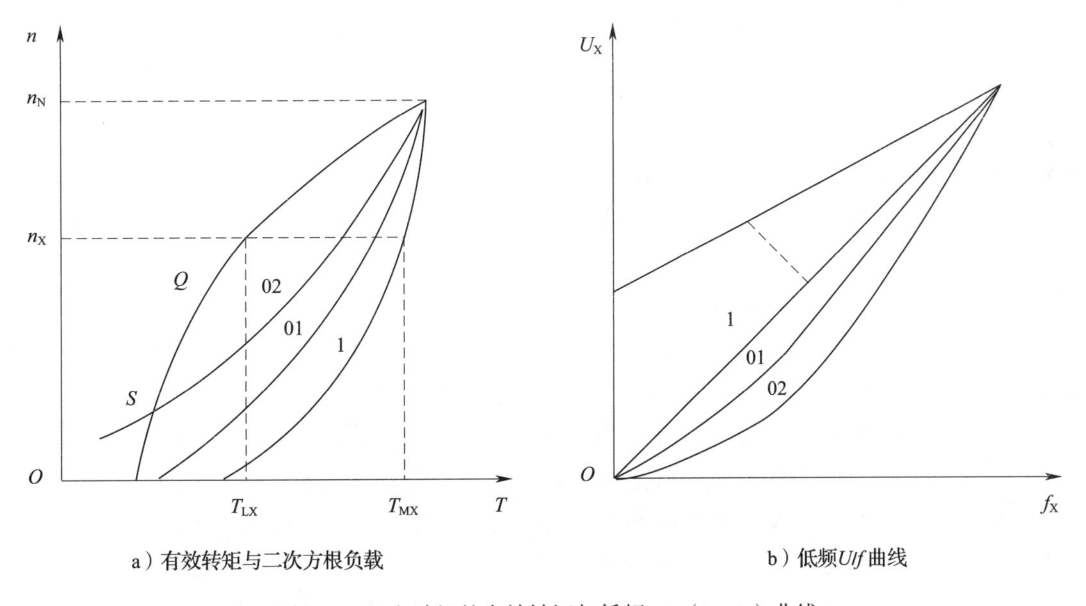

a）有效转矩与二次方根负载　　b）低频U/f曲线

图 4–1–9　电动机的有效转矩与低频 U/f（$k_U<k_f$）曲线

五、变频器恒压供水系统常用的几种方案

1. 一台变频器控制一台水泵的恒压供水系统

对于供水量较小的供水系统，一台水泵就能满足其供水量要求，可以由一台变频器来控制水泵。这种恒压供水系统的控制原理简单实用，其系统组成包括输出环节、转速控制环节、压力检测环节等。输出环节由水泵电机执行；转速控制环节由变频器控制，实现变流量恒压控制；压力检测环节由压力传感器检测管网出水压力，把信号传递给变频器，通过变频器的 PID 调节功能来控制水泵的转速，实现一个闭环控制系统，如图 4–1–10 所示。

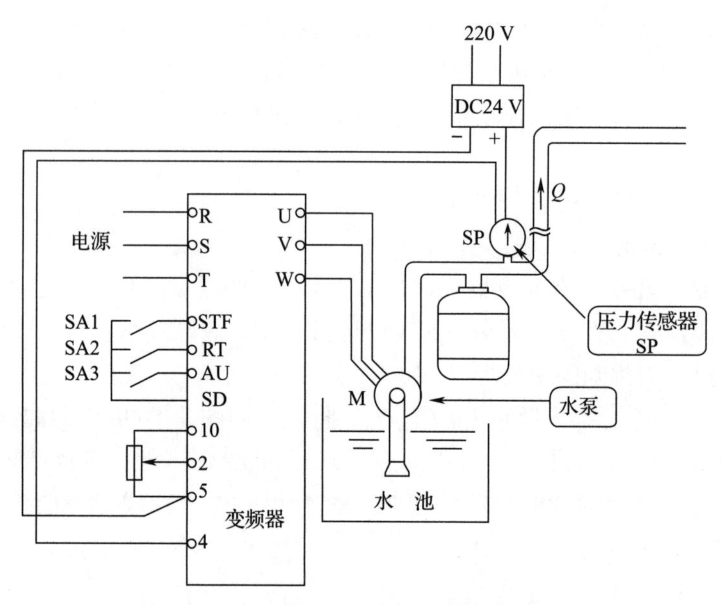

图 4–1–10　一台变频器控制一台水泵的恒压供水原理电路

当用水高峰时，用水量较大，水压下降，水压变送器信号小于设定信号，经变频器内部 PID 调节后，变频器输出频率上升，水泵加速运行，供水量增大，水压回升到设定值；当用水量较小时，水压上升，水压变送器信号大于设定信号，经变频器内部 PID 调节后，变频器输出频率下降，水泵减速运行，供水量减小，水压下降到设定值。这样就可使供水系统始终保持恒压供水。

2. 1 控 *X* 切换的恒压供水系统

此种供水系统由一台变频器控制多台水泵，即所谓的 1 控 *X* 方案。以 1 控 3 为例，如图 4–1–11 所示。设 3 台水泵分别为 1 号泵、2 号泵和 3 号泵，工作过程如下：

（1）先由变频器启动 1 号泵运行，当用水量增大，1 号泵工作频率已经达到 50 Hz，而压力仍不足时，将 1 号泵切换成工频运行，再由变频器启动 2 号泵，供水系统处于“1 工 1 变”的运行状态；当 2 号泵的工作频率又达到 50 Hz，而压力仍不足时，则将 2 号泵也切换成工频运行，再由变频器启动 3 号泵，供水系统处于“2 工 1 变”的运行状态。

（2）当用水量减少，变频器的工作频率已经降至下限频率，而压力仍偏高时，将 1 号泵停机，供水系统又处于“1 工 1 变”的运行状态；当变频器的工作频率又降至下限频率，而压力仍偏高时，将 2 号泵也停机，供水系统又回复到 1 台泵变频运行的状态。这种控制方式，具有使 3 台泵的工作时间比较均匀，设备费用较少的优点。

3. 1 控 1 切换的恒压供水系统

此种供水系统每台水泵都由一台变频器进行控制，这时必须指定一台泵为主泵。以三台泵为例，1 号泵为主泵，工作过程如下：

（1）启动 1 号主泵，进行变频控制。

（2）当 1 号泵变频器的输出频率已经上升到 50 Hz，而水压仍不足时，2 号泵启动并升速，1 号泵和 2 号泵同时进行变频控制。

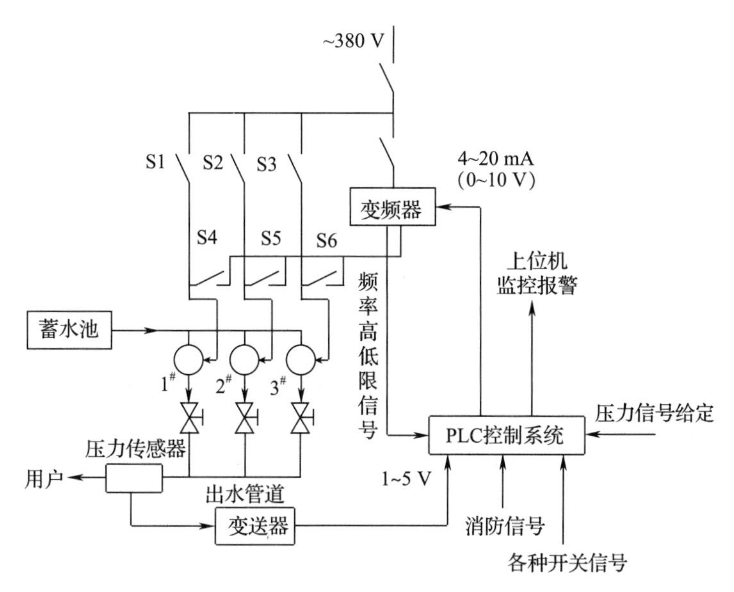

图 4–1–11　1 控 3 切换的恒压供水系统框图

（3）当 1 号泵和 2 号泵同时运行，但是 1 号泵变频器输出频率又上升到 50 Hz，水压还是不足时，3 号泵启动并升速，使 3 台泵同时进行变频控制。

（4）当 1 号泵的变频器输出频率下降到下限频率（假设下限频率 20 Hz），而水压仍偏高时，2 号泵减速并停止运行，进入 1 号泵和 3 号泵变频控制状态。

（5）当 1 号泵的变频器输出频率再次下降到下限频率，而水压仍偏高时，3 号泵减速并停止运行，进入 1 号泵独立工作状态。

这种方案的一次投资费用较高，但节能效果十分显著，可以很快收回成本。

六、变频—工频互切换的恒压供水系统

1. 变频—工频互切换的恒压供水系统组成

在恒压供水系统中，根据控制要求，常常需要选择工频运行或变频运行。当变频器出现故障时，自动切换到工频电源运行，或者将工频频率运行自动切换到变频运行状态，切换时电动机不停止运行，以确保供水正常。其线路控制要求如下：

（1）用户可根据工作需要选择工频运行或变频运行。

（2）在变频运行时，一旦变频器出现故障而跳闸，可自动切换为工频运行方式，同时发出声光报警。

（3）供水压力设置为 0.7 MPa。

2. 变频—工频互切换的恒压供水系统工作原理

变频与工频的切换有手动和自动两种方式，大多数通用变频器内置了复杂的顺序控制功能，因此，只需进行相关参数设置，输入自动切换选择、启动和停止等信号，就能很容易地实现切换功能。图 4–1–12 所示是变频—工频互切换的恒压供水系统原理电路。

（1）在图 4–1–12 中，变频器有两个主要控制信号，即目标信号 XT 和反馈信号 XF。

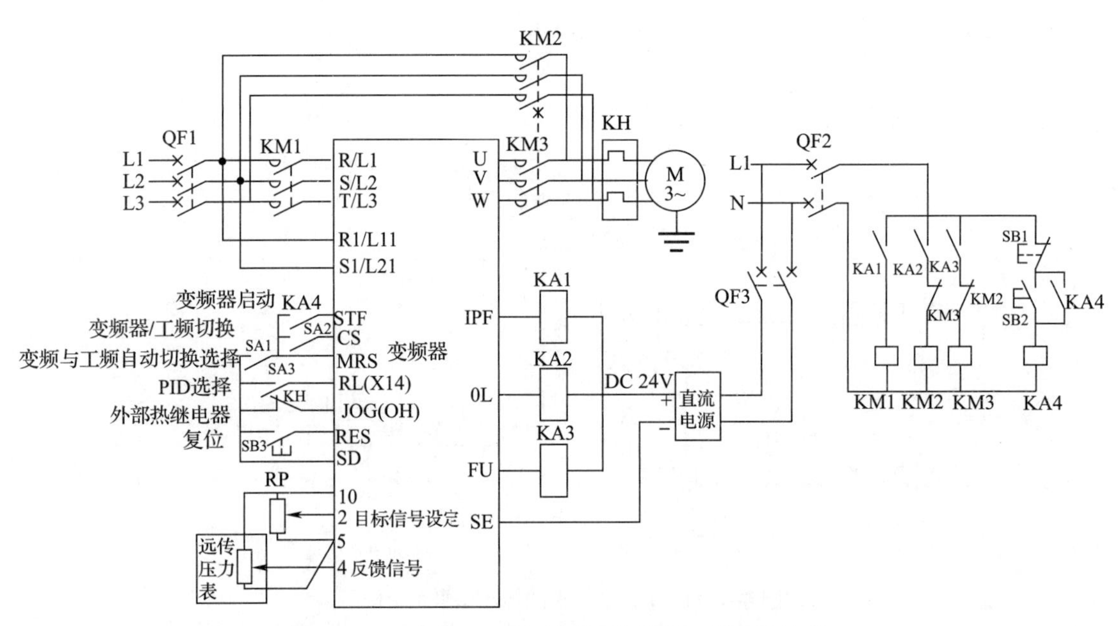

图 4-1-12　变频—工频互切换恒压供水系统原理电路

1）目标信号 XT 是变频器模拟给定端子 2 得到的信号，该信号是一个与压力控制目标相对应的值，通常用百分数表示。目标信号也可以由变频器键盘给定，而不必通过外部电位器给定。

2）反馈信号 XF 是由压力传感器 SP 反馈到变频器模拟端子 4 的信号，该信号反映了实际压力值的大小。

变频器的输出频率（f_X）是由实际压力（XF）与目标压力（XT）在变频器内部进行相减（XT−XF），其合成信号（XT−XF）经过变频器内部的 PID 调节处理后得到频率给定信号，它决定了变频器的输出频率 f_X。

当用水量减少时，供水流量 Q_G> 用水流量 Q_U，则压力 P 上升，反馈信号 XF 上升，其合成信号下降，变频器输出频率 f_X 下降，电动机转速下降，随后供水流量 Q_G 下降，直到压力大小恢复到目标值，供水流量 Q_G 与用水流量 Q_U 重新平衡时为止；反之，当供水流量 Q_G< 用水流量 Q_U，则压力 P 下降，反馈信号 XF 下降，其合成信号上升，变频器输出频率 f_X 上升，电动机转速升高，随后供水流量 Q_G 升高，直到供水流量 Q_G 与用水流量 Q_U 又重新达到平衡状态。

（2）相关端子功能及参数

1）相关端子功能。当选择了变频与工频电源切换时（Pr.135=1），各输入点的信号功能关系见表 4-1-1。

表 4-1-1　　输入点的信号功能关系

信号	使用的端子	功能	开—关状态	KM1	KM2	KM3
MRS	MRS	操作是否有效	工频电源切换可以 ON 工频电源切换不可以 OFF	O O	— ×	— 不变
CS	CS	变频—工频切换	变频运行 ON 工频运行 OFF	O O	× O	O ×
STF （STR）	STF （STR）	变频器运行指令 （工频无效）	正（反）转 ON 停止 OFF	O O	× ×	O O
OH	JOG 设置而成 Pr.185=7	外部热继电器	电动机正常 -ON 电动机故障 -OFF	O ×	— ×	— ×
RES	RES	运行状态 初始化	初始化 -ON 初始化 -OFF	不变 O	× —	不变 —

①表中接触器 KM："O" 表示 ON；"×" 表示 OFF；"—" 表示变频运行时 KM1 置 ON、KM2 置 OFF、KM3 置 ON，工频运行时 KM1 置 ON、KM2 置 ON、KM3 置 OFF；"不变" 表示保持信号 ON、OFF 变更前的状态。

②当 MRS 信号接通时，CS 信号才动作。当 MRS 和 CS 同时接通时，STF（STR）才能动作。如果 MRS 信号没有接通，既不能进行工频运行也不能进行变频运行。

2）相关参数。变频器相关参数见表 4-1-2。

表 4-1-2　　变频器相关参数

参数	参数名称	设定值	说明
Pr.135	工频—变频切换顺序输出端子	0 1	当用 Pr.190 ~ 195（输出端子功能选择）安排各端子控制 KM1 ~ KM3 时，由集电极开路端子输出。当各端子已有其他功能时，可由 FR-A5AR 提供继电器输出
Pr.136	KM 切换互锁时间	0 ~ 100	设定 KM2 和 KM3 动作的互锁时间
Pr.137	启动等待时间	0 ~ 100	设定值应比信号输入到变频器 KM3 实际接通的时间间隔稍微长一点（为 0.3 ~ 0.5 s）
Pr.138	报警时的工频—变频切换	0	变频器异常时，停止变频器输出，电动机自由运转（KM2 和 KM3 断开）
		1	变频器异常时，自动切换变频器到工频电源运行（外部热继电器动作或出现 CPU 错误时不能切换）

续表

参数	参数名称	设定值	说明
Pr.139	自动变频—工频切换频率设定	0 ~ 60	设置变频器运行到切换到工频运转的频率
		9 999	不进行自动切换
Pr.185	JOG 端子设定	7	定义为 OH 信号，即外部热继电器动作时系统停止运行
Pr.186	CS 端子功能选择	6	闭合时变频运行，断开时工频运行
Pr.192	IPF 端子功能选择	17	定义为变频与工频切换控制时的输出信号（KM1）
Pr.193	OL 端子功能选择	18	定义为变频与工频切换控制时的输出信号（KM2）
Pr.194	FU 端子功能选择	19	定义为变频与工频切换控制时的输出信号（KM3）
Pr.180	PID 动作选择	X14	X14 闭合时选择 PID 控制
Pr.79	运行模式选择	2	外部运行模式
Pr.128	检测值从端子 4 输入	20	选择 PID 对压力信号的控制
Pr.858	端子 4 功能分配	0	设置端子 4 PID 控制有效
Pr.129	PID 的比例调节范围	30	设定 PID 的比例范围常数
Pr.130	PID 的积分时间	10	设定 PID 的积分时间常数
Pr.131	上限值设定参数	100	设定上限调节值
Pr.132	下限值设定参数	0	设定下限调节值
Pr.133	PU 操作模式下控制给定值的确定	50	外部操作时给定值由端子 2 和 5 间的电压确定；在 PU 或组合操作模式时控制给定值大小的设定
Pr.134	PID 的微分时间	3	设定 PID 的微分时间常数
Pr.267	端子 4 的输入选择	1	电压 / 电流切换开关为 OFF 时，端子 4 选择为 0 ~ 5 V
Pr.73	模拟量输入选择	1	电压 / 电流切换开关为 OFF 时，端子 2 选择为 0 ~ 5 V

（3）系统主电路

根据图 4–1–12 所示的原理电路，主电路电动机具有工频与变频两路切换，接触器 KM1 用于将电源接至变频器的输入端；接触器 KM3 用于将变频器的输出端接至电动机；接触器 KM2 用于将工频电源通过热继电器 KH 接至电动机，热继电器 KH 用于电动机工频运行时的过载保护。

（4）系统控制电路

根据图 4–1–12 所示的原理电路，当合上电源开关（QF1）系统上电后（STF、CS、MRS 信号断开），将 KM1 和 KM3 闭合。

1）变频运行控制过程。其过程如下：

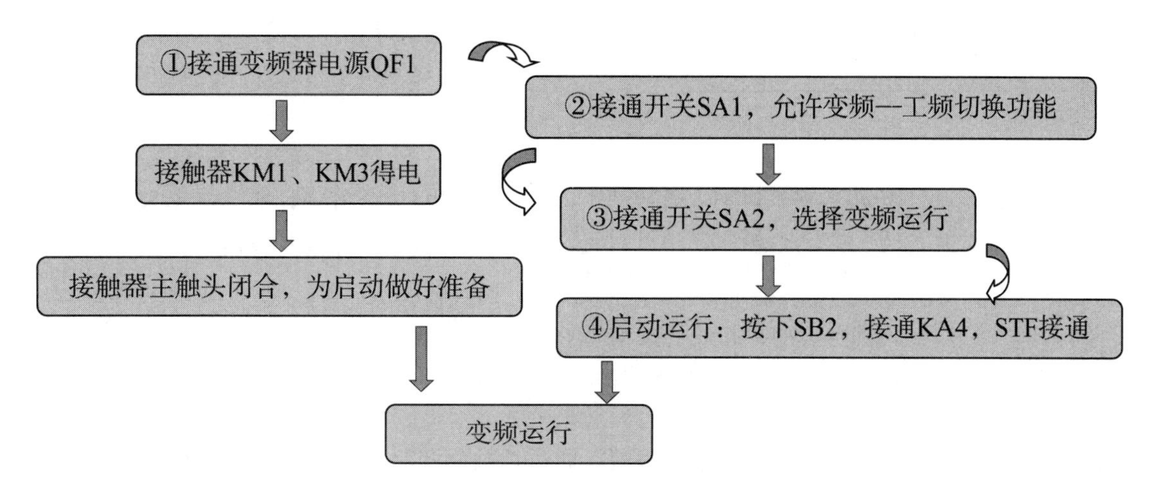

2）变频—工频切换控制过程。当变频器运行频率已经达 50 Hz 后，手动进行变频切换至工频电源运行，其过程如下：

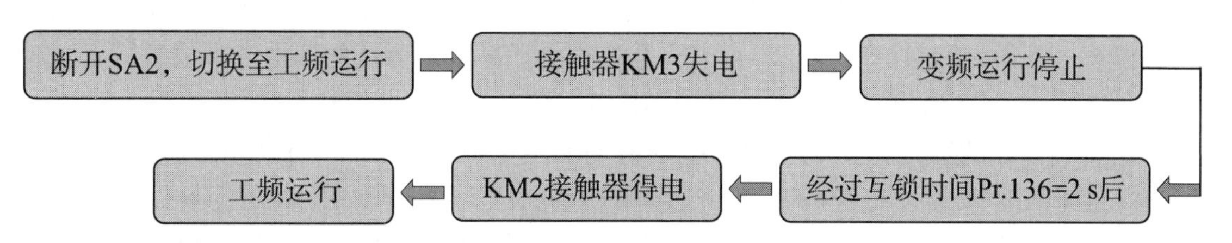

3）变频器报警时的变频—工频自动切换。其过程如下：

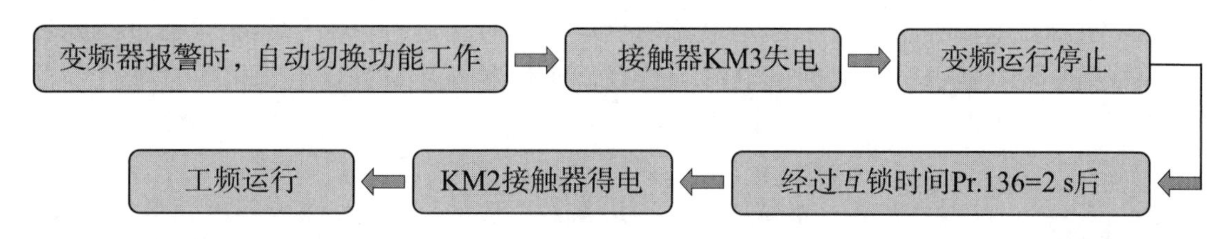

3. 系统的硬件配置

（1）变频器的选择

采用变频器构成变频调速传动系统的主要目的，一是为了提高劳动生产率、改善产品质量、提高设备自动化程度、提高生活质量及改善生活环境；二是为了节约能源、降低生产成本。因此，变频器的正确选择对于控制系统的正常运行是非常关键的，在实际应用时要注意合理选择变频器的类型和容量。

1）变频器类型的选择。应根据实际工艺要求、运用场合和所驱动负载的类型，选择变频器。常用生产机械有恒转矩负载、恒功率负载和变转矩负载（风机、水泵类）等三种类型。

①恒转矩负载。指负载转矩 T_L 与转速 n 无关，任何转速下 T_L 保持恒定或基本恒定。例如传送带、搅拌机、挤压机等摩擦类负载以及吊车、提升机等位能负载都属于恒转矩负载。变频器拖动恒转矩负载时，低速下的转矩要足够大，并且有足够的过载能力。因

此，对于恒转矩负载，在选择变频器时有两种情况：一是选择通用型变频器，采用这种变频器进行恒转矩调试时，应加大变频器的容量；二是选择具有转矩提升功能的高性能变频器。

如果需要长时间在低速下稳速运行，应该考虑普通三相异步电动机的散热能力，避免电动机的温升过高，或考虑采用变频专用电动机。

②恒功率负载。机床主轴和轧机、造纸机、塑料薄膜生产线中的卷取机、开卷机等要求的转矩大体与转速成反比，这就是所谓的恒功率负载。对于这一类负载，一般精度要求高、响应速度快，因此变频器应选择高性能的矢量型变频器。

③变转矩负载。主要是风机、泵类负载，此类负载随叶轮的转动，空气或液体在一定速度范围内产生的阻力大致与转速 n 的平方成正比，即随着转速的减小，转矩按转速的平方减小。因此，这种负载可选择通用型变频器或风机、水泵型专用变频器。

2）变频器容量的选择。变频器容量的选择是一个重要且复杂的问题，关键是要考虑变频器容量与电动机容量的匹配。容量偏小会影响电动机有效力矩的输出，影响系统正常运行；容量偏大则电流谐波分量增大，易损坏设备，同时也增加设备成本。

通用变频器的容量选择主要根据电动机的额定电流、负载性质和加减速时间等进行确定。如果对加减速没有特殊要求，通常驱动普通的 4 极电动机，根据变频器使用说明书选用适配电动机功率相对应的变频器容量即可；如果驱动多台电动机，则一定要选择额定输出电流大于所有电动机额定电流总和的变频器；如果驱动 6 极以上的电动机，则选择额定输出电流大于电动机额定电流的变频器。对于运行可能引起变频器过载的场合，以及过渡过程中有较大冲击电流的负载，变频器容量最好比电动机容量加大一挡为宜。

对于风机、水泵类负载，变频器可选择风机、水泵专用变频器。本实例设电动机功率 7.5 kW，变频器选型为三菱 FR-E840 系列，功率 7.5 kW。本实例在练习时，不同学校可根据自己实际情况来选定变频器的型号和功率。

（2）压力传感器的选择

压力传感器主要用来检测供水总管路的出水压力，为系统提供反馈信号。常用的压力传感器有压力变送器 SP 和远传压力表 P 两种。

1）压力变送器是一种能够将压力信号转换成电压信号或电流信号的装置。所以输出信号是随压力变化的电压或电流信号。当传输距离较远时，应选用电流信号（通常为 4～20 mA），以消除因线路压降引起的误差。压力变送器一般选取离水泵出口较远的地方安装，否则容易引起系统振荡。

2）远传压力表的基本结构是在压力表的指针轴上附加一个能够带动电位器滑动触点的

装置。从电路器件的角度看，实际上是一个电阻值随压力变化而变化的电位器，图 4–1–13 所示是 YTZ–150 电阻式远传压力表，压力测量范围为 0 ~ 1 MPa。

图 4–1–13　YTZ–150 电阻式远传压力表

4. 恒压供水系统的安装接线与调试

恒压供水系统电气配电盘的安装与配线工艺要求，这里不再介绍。下面重点介绍变频器的安装与配线技术要求。

（1）变频器的安装与配线

变频器运行时，其内部电力电子元器件会不断产生热量，因此安装时要充分考虑变频器的安装方向、空间以及环境等因素，具体见表 4–1–3。

表 4–1–3　　变频器的安装要求

安装环境	温度、湿度	安装在通风良好的室内场所，环境温度要求在 –10 ℃ ~ 40 ℃内，如温度超过 40 ℃，需外部强制散热或者降额使用；湿度要求低于 95%RH，无水珠凝结
	周围环境	应安装在平面固定振动小于 5.9 m/s²（0.6g）的场所；避免安装在阳光直射、多尘埃、有飘浮性纤维及金属粉末的场所；严禁安装在有腐蚀性、爆炸性气体的场所；尽量远离电磁干扰源和对电磁干扰敏感的其他电子仪器设备
	海拔高度	应安装在海拔高度 1 000 m 以下，在海拔高度大于 1 000 m 的场合，应降额使用
安装方向与空间	墙壁安装	应立式安装，安装间隔最小距离要求如下图所示 墙 110 mm以上 50 mm 以上　变频器　50 mm 以上 110 mm以上

续表

安装方向与空间	柜式安装	在配电柜内安装变频器时，要注意排风位置。多台变频器要横向安装，若上下安装，中间应用导流隔板隔开，如下图所示 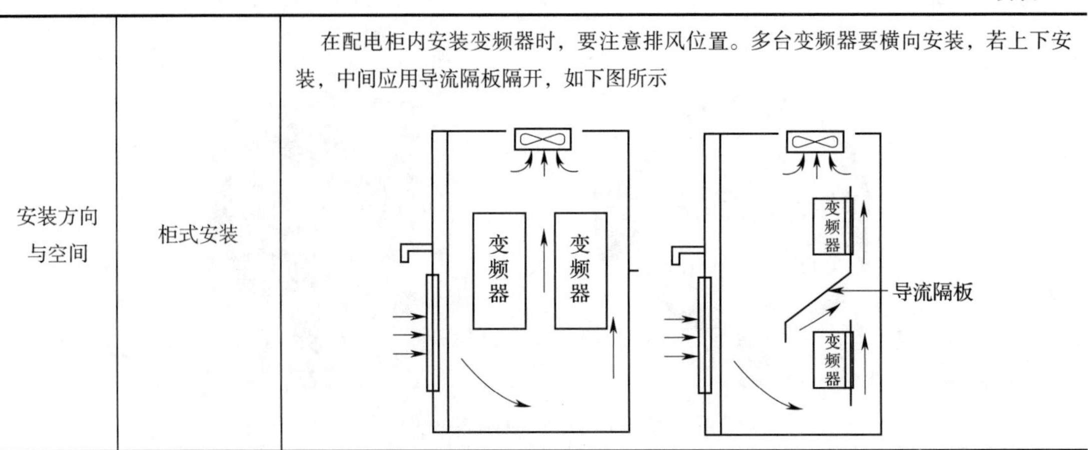

对于变频器的配线，在变频器说明书中都有严格要求，具体见表 4–1–4。

表 4–1–4　　变频器的配线要求

强电电路	主电路电源输入端配线	工频电源通过输入端子 R/L1、S/L2、T/L3 接入，电源开关和导线选择应按变频器容量来计算
	变频器输出端配线	变频器与电动机之间的连接导线长度 <20 m 时，其线径可按电动机容量来选择；当连接导线长度 >20 m 时，应根据线路压降不超过 $\Delta U \leqslant (2\sim3)\%U_X$ 来选择（U_X 为电动机最高工作电压），$\Delta U=\frac{\sqrt{3}I_N R_0 l}{1\,000}$（$I_N$ 为电动机额定电流、R_0 为单位导线长度的电阻值、l 为导线长度）；变频器与电动机之间不可加装吸收电容或其他阻容吸收装置
	变频器接地配线	为保证安全，变频器和电动机必须安全接地，接地线一般线径为 12 ~ 14 AWG 铜线，接地电阻小于 10 Ω；强电接地线必须与控制信号和传感器等弱电接地线分别独立接地；当多台变频器一起接地时，应分别独立与地线相接
控制电路	开关量输入端配线	开关量控制线一般不进行线径计算，允许不使用屏蔽线；但是同一信号的两根线必须互绞在一起
	模拟量信号输入端配线	模拟信号线必须使用屏蔽线，靠近变频器另一端应接控制电路的公共端，屏蔽层另一端悬空，接线长度小于 20 m；强电电缆（R/L1、S/L2、T/L3、U/T1、V/T2、W/T3）不得与控制信号线平行近距离布线，更不能捆扎在一起，须保持 20 ~ 60 cm（与强电电流大小有关）以上的距离。如果要相交，则应相互垂直穿越
	控制电路输出端子配线	晶体管输出端子配线时，应注意外接电源极性，外接继电器时，应反并联连接泄流二极管；继电器输出端子配线时，外接交流负载时，应并联阻容吸收元件

（2）变频器恒压供水参数设置，参见表 4–1–2。

接通变频器电源，先恢复变频器出厂默认值。

（3）调试运行

1）按要求设置变频器参数。

2）空载调试。当控制盘与变频器连接好后，不接电动机，即变频器处于空载状态。通过模拟各种信号来观察工频运行状态与变频器运行是否符合要求，否则检查接线、变频器参数等，直到变频器按要求运行。

3）现场调试。正确连接好全部设备，进行现场系统调试，现场调试主要对变频器进行调试。将选择开关置于变频自动方式下，按下启动按钮，系统开始自动运行。由于变频运行采用 PID 控制，整个调试过程比较复杂，需要现场认真仔细调试。调试原则参考第二章第四节变频器的 PID 控制相关内容。

七、变频恒压供水系统的运行效果分析

1. 节能原理

水泵为平方（即二次方根）转矩负载，即水泵的负载转矩与转速的平方成正比，而轴功率和负载转矩与转速的乘积成正比，因此，水泵的轴功率与电动机转速的立方成正比。当要求出水量减少时，可使电动机转速降低，而电动机转速微量减小，将使功率大幅下降，节能效果十分明显。

2. 投资回报及效益分析

（1）直接效益

水泵恒压供水避免了开关阀门造成的节流损失和关闭阀门运行时电动机所做的无用功，按每年运行 300 天，阀门平均开度 80% 计算，7.5 kW 电动机一年节电量可按如下计算：

$$W=7.5\ \text{kW}\times(1-0.8^3)\times 24\ \text{h}\times 300\approx 2.64\times 10^4\ \text{kW}\cdot\text{h}$$

电费单价按 0.60 元 /kW · h 计算，全年可节约电费：

$$M=2.64\times 0.6\approx 1.58\ \text{万元}$$

（2）间接效益

1）水泵进行变频调速改造以后，由于系统采用软启动连续变速运行，减少了对水泵的磨损，大大延长了设备使用寿命和维修周期，减少了维修费用和由此带来的直接经济损失。

2）系统采取过流、过压、瞬时断电、短路、欠压、缺相等多种保护，避免了因电动机烧损而影响生产所带来的直接和间接经济损失。

总之，与其他供水方式相比，变频调速恒压供水系统启动平稳、启动电流小，避免了电动机启动时对电网造成的冲击，延长了泵和阀门等的使用寿命，消除了启动和停机时的水锤效应，提高了供水质量，且节能效果显著，具有明显优势。

知识拓展

变频器的维护与故障诊断

1. 变频器的维护与检查

变频器具有较高的可靠性，但长时间使用受操作不当、器件老化以及环境等因素的影响，性能会有所衰退，如果不及时进行检查和维护，随时都有可能出现运行状况不佳，严重

时甚至还会造成故障损失。因此，为了延长变频器的使用寿命，确保变频器运行安全，对变频器采取必要的定期检查和日常维护十分重要。

（1）检查注意事项

检查者必须熟悉变频器的基本原理、功能特点、技术指标等，具有操作变频器运行的经验；维护前必须切断电源，待主电路电容彻底放电后方能进行作业；仪器、仪表应符合要求，使用方法要正确。

（2）日常检查项目

1）检查变频器在运行中是否有异常现象。

2）检查变频器安装地点的环境是否异常。

3）检查变频器的冷却系统是否正常。

4）检查变频器、电动机、变压器、电抗器是否过热、变色或有异味。

5）检查电动机是否有异常振动、异常声音。

6）检查变频器主电路电压和控制电路电压是否正常。

7）检查变频器滤波电容是否漏液或变形。

8）检查变频器各种显示是否正常。

（3）定期检查项目

一般的定期检查应每年进行一次，绝缘电阻的检查可三年进行一次。定期检查的重点是冷却系统，即冷却风扇和散热器，冷却风扇主要是检查轴承磨损情况，散热器要定期清洁。电解电容受周围环境及使用条件的影响，易发生老化或电容量变小，应注意检查和及时更换。此外，接触器触头有无磨损或接线松动，充电电阻是否过热，接线端子有无松动以及控制电源是否正常等也是定期检查的主要内容。

（4）零部件的更换

变频器由多种部件组成，某些部件经长期使用后性能下降、劣化，这是故障发生的主要原因。为了长期安全生产，某些部件必须及时更换。

1）冷却风扇。变频器主电路中的半导体器件靠冷却风扇强制散热，以保证其工作在允许的温度范围内。冷却风扇的寿命受限于轴承，一般为 10 000 ~ 35 000 h。当变频器连续工作时，需要 2 ~ 3 年更换一次风扇或轴承。

2）滤波电容。在直流回路中使用的是大容量的电解电容。由于脉动电流等因数的影响，其性能受周围环境及使用条件的影响很大。一般情况下，使用周期大约为 5 年。

3）继电器和接触器。继电器和接触器经过长时间使用会发生接触不良现象，需根据使用寿命定期进行更换。

4）熔断器。熔断器的额定电流大于负载电流，正常条件下，其使用寿命约 10 年，可按此期限更换。

2. 变频器的故障诊断

变频器自身具有比较完善的自诊断、保护和报警功能，当变频系统出现故障时，变频器大都能自动停车保护，并显示故障信息。检修时可根据这些信息查找变频器使用说明书和相关资料，找出故障点并进行维修。变频器的常见故障分析可见表 4–1–5。

表 4-1-5　　变频器的常见故障分析

<table>
<tr><th colspan="2">故障现象</th><th>故障原因</th></tr>
<tr><td rowspan="2">过电流跳闸</td><td>启动时过电流跳闸</td><td>（1）负载侧短路
（2）工作机械卡住
（3）逆变管损坏
（4）电动机的启动转矩过小，拖动系统转不起来</td></tr>
<tr><td>运行过程中过电流跳闸</td><td>（1）升速时间设定太短
（2）降速时间设定太短
（3）转矩补偿设定较大，引起低频时空载电流过大
（4）电子热继电器整定不当，动作电流太小，引起误动作</td></tr>
<tr><td colspan="2">过电压跳闸</td><td>（1）电源电压过高
（2）降速时间设定太短
（3）降速过程中，再生制动的放电单元工作不正常</td></tr>
<tr><td colspan="2">欠电压跳闸</td><td>（1）电源电压过低
（2）电源断相
（3）整流桥故障</td></tr>
<tr><td colspan="2">散热片过热</td><td>（1）冷却风扇故障
（2）周围环境温度过高
（3）过滤网堵塞</td></tr>
<tr><td colspan="2">制动电阻过热</td><td>（1）频繁启动、停止，造成制动时间太长
（2）制动电阻功率太小，没有使用附加制动电阻或制动单元</td></tr>
<tr><td colspan="2">电动机不运转</td><td>（1）功能预置不当
（2）使用外接给定方式时，无“启动”信号
（3）电动机的启动转矩不足
（4）变频器发生电路故障</td></tr>
</table>

技能训练 13　变频—工频互切换恒压供水系统的安装与调试

训练目标

1. 能按控制要求正确设计变频—工频互切换恒压供水系统的原理电路。
2. 能正确选择元器件并检查其质量好坏。
3. 能合作完成变频—工频互切换恒压供水系统的安装及调试。

训练准备

实训所需设备及工具材料见表 4–1–6。

表 4–1–6　　实训所需设备及工具材料

序号	名称	型号规格	数量	备注
1	电工工具		1 套	
2	万用表	MF47 型	1 块	
3	变频器	FR–E840–0026–4–60（0.75 kW）	1 台	
4	配电盘	500 mm × 600 mm	1 块	
5	导轨	C45	1 米	
6	低压断路器	DZ47–63/3P D40	1 只	
		DZ47–63/2P D10	2 只	
7	三相交流异步电动机	型号自定	1 台	
8	两位旋钮开关	LAY16	3 只	
9	远传压力表	YTZ–150	1 块	
10	交流接触器	CJX2–2510，线圈电压 380 V	3 只	
11	微型继电器	HH53P，额定电压 380 V	1 只	
12		HH53P，额定电压 24 V	3 只	
13	按钮	型号自定	3 只	
14	端子排	D–10　30 A/10 A	各 2 根（10 节）	
15	铜塑线	BVR1.5 2.5 mm^2	若干	
16	紧固件	螺钉（型号自定）	若干	
17	线槽	25 mm × 35 mm	若干	
18	号码管		若干	
19	电位器	2 kΩ，2 W	1 只	

训练内容

一、电路设计

根据控制要求，设计变频—工频互切换恒压供水系统的原理电路，如图 4–1–12 所示。

二、安装接线

根据图 4–1–12 所示的原理电路，按以下安装要求，在模拟实物控制配线板上进行元器件及线路的安装。

1. 检查元器件

检查元器件的规格是否符合实训要求，用万用表检测元器件的好坏。

2. 固定元器件

将元器件在模拟实物控制配线板上固定好，注意合理布局。

3. 配线安装

根据图 4–1–12 所示的原理电路，按照配线原则和工艺要求，进行配线安装。

操作要领：将变频器与电源和电动机进行正确接线，380 V 三相交流电源接至变频器的输入端“R/L1、S/L2、T/L3”，三相交流异步电动机接至变频器的输出端“U、V、W”，接线时要注意接地保护。

4. 自检

接线完毕后，应对照原理电路再次检查配线是否正确，有无漏接现象，端子和导线间是否短路或接地，并用万用表检测电路的阻值是否与设计相符。

三、参数设置及运行调试

1. 按控制要求进行变频器参数设置，具体见表 4–1–2。

2. 调试运行：包括空载调试和现场调试。

 **操作提示**

①线路必须检查无误后才能上电。

②要有准确的记录，包括变频器 PID 参数及其对应的系统峰值时间和稳定时间。

③对运行中出现的故障现象准确地描述分析。

④注意不能使变频器的输出电压和工频电压同时加于同一台电动机，否则会损坏变频器。

检查测评

对实训内容的完成情况进行检查，并将检查结果填入表 4–1–7 中。

表 4–1–7　　实训测评表

项目内容	考核要点	评分标准	配分	得分
电路设计	1. 规范设计原理电路 2. 正确绘图并保持图面清洁	电路设计不规范或存在错误，每处扣 1 分	10	
安装接线	1. 正确选择元器件 2. 检查元件的好坏 3. 正确使用工具和仪表 4. 按原理电路正确接线	1. 元器件选择不合理，每件扣 5 分 2. 未检查元件好坏，每件扣 5 分 3. 工具和仪表使用不规范，每处扣 2 分 4. 接线不规范，每处扣 5 分 5. 接线错误，扣 20 分	40	

续表

<table>
<tr><th>项目内容</th><th>考核要点</th><th colspan="2">评分标准</th><th>配分</th><th>得分</th></tr>
<tr><td>参数设置及运行调试</td><td>1. 能按控制要求正确设置变频器参数
2. 能正确进行变频器的调试操作</td><td colspan="2">1. 参数设置不全，每处扣5分
2. 参数设置错误，每处扣5分
3. 变频器操作错误，每处扣5分
4. 调试失败，扣20分</td><td>40</td><td></td></tr>
<tr><td>安全文明生产</td><td>劳动保护用品穿戴整齐；电工工具佩带齐全；遵守操作规程；尊重考评员，讲文明礼貌；考试结束要清理现场</td><td colspan="2">1. 违反安全文明生产考核要求每项扣2分，扣完为止
2. 存在重大事故隐患，应立即制止，停止操作，并扣5分</td><td>10</td><td></td></tr>
<tr><td rowspan="2">工时定额
120 min</td><td rowspan="2">每超过5 min扣5分</td><td>开始时间</td><td></td><td rowspan="2">—</td><td rowspan="2"></td></tr>
<tr><td>结束时间</td><td></td></tr>
<tr><td>教师评价</td><td colspan="2"></td><td>成绩</td><td>100</td><td></td></tr>
</table>

§4-2 变频器在升降机控制系统中的应用

学习目标

1. 了解升降机的基本结构及控制原理。
2. 掌握升降机控制系统的硬件配置。
3. 熟悉升降机变频调速系统的原理电路。
4. 能够正确设计升降机变频调速系统的PLC控制程序。
5. 能够正确设置升降机变频调速系统变频器的相关参数。

传统的升降机采用的是交流绕线式异步电动机转子串电阻调速方式，电阻的投切由继电器—接触器控制，这种控制方式存在明显缺陷，不但制动和调速换挡时机械冲击大、调速性能差、外接电阻能耗大，而且接线复杂、安全性差、经常出现故障。

为提升升降机的运行性能，采用PLC及变频器对其控制系统进行全面优化改造。改造中，选用结构简单、价格低廉的三相鼠笼式异步电动机。升降机在起动时能够实现平缓的升速过程，在制动时亦能确保平稳且安全的停车。此外，该控制系统还具备多挡速度程序控制功能，使得升降机在升降过程中能够灵活调整速度，实现货物的高效、平稳且安全的上下传输。

一、升降机的基本结构及控制要求

1. 升降机的基本结构

升降机的升降是利用电动机正 / 反转卷绕钢丝绳带动吊笼上下运动来实现的。升降机一般由电动机、滑轮、钢丝绳、吊笼以及各种主令电器等组成，其基本结构如图 4-2-1 所示。图中 SQ1 ~ SQ4 可以是行程开关，也可以是接近开关，主要用于位置检测，起限位作用。

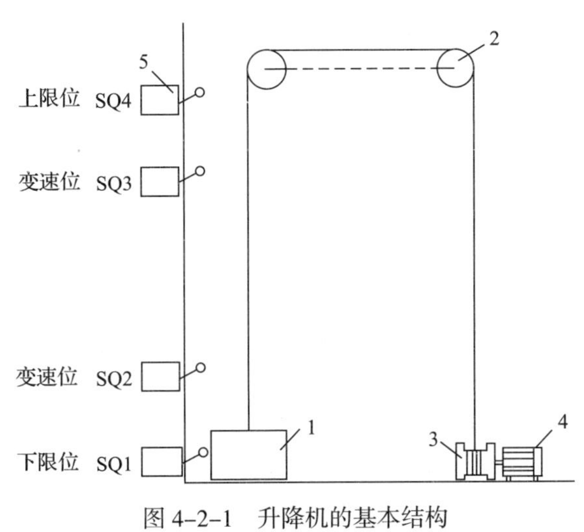

图 4-2-1 升降机的基本结构

1—吊笼 2—滑轮 3—卷筒 4—电动机 5—SQ1 ~ SQ4 限位开关

2. 升降机系统的控制要求

吊笼的升降过程是一个多段速控制过程，要求先由慢到快，再由快到慢，即起动时缓慢升速，达到一定速度后快速运行，当接近终点时，先减速再缓慢停车，为此将这一过程划分为三个行程区间，各区间段的升降速度如图 4-2-2 所示。

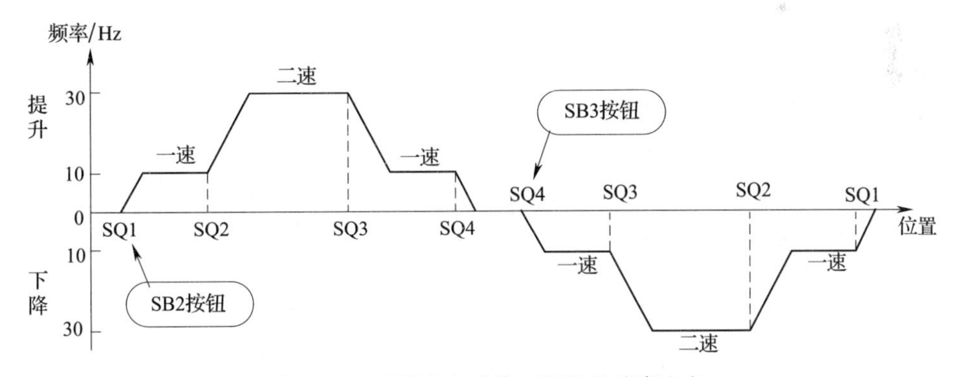

图 4-2-2 升降机各升降区间段的升降速度

（1）上升运行

在图 4-2-1 中，当升降机的吊笼位于下限位 SQ1 处时，按下提升起动按钮 SB2，吊笼以较低的第一速度（10 Hz）平稳起动，当运行到变速位 SQ2 处时，以第二速度（30 Hz）快速上升运行，待到达变速位 SQ3 处时，升降机开始降速，再次以第一速度（10 Hz）上升运行，直到到达上限位 SQ4 处实现平稳停车。

（2）下降运行

在图 4–2–1 中，当升降机的吊笼位于上限位 SQ4 处时，按下下降按钮 SB3，吊笼以较低的第一速度（10 Hz）平稳下降运行，当下降到变速位 SQ3 处时，以第二速度（30 Hz）快速下降运行，待到达变速位 SQ2 处时，升降机开始降速，再次以第一速度（10 Hz）平稳下降运行，直到到达下限位 SQ1 处实现平稳停车。

（3）急停状态

当升降机在运行过程中，发生紧急情况时，可按下急停按钮 SB1，升降机会停留在任意位置。

二、升降机变频调速系统

1. 系统组成与工作原理

升降机变频调速系统主要由三菱 FX3U–32MR 系列可编程控制器、三菱 FR–E840 型变频器和三相鼠笼异步电动机组成，其控制电路如图 4–2–3 所示。由于升降机在下降过程中会产生回馈制动，所以变频器需外接制动电阻。图中 QF1 为断路器，具有隔离、过电流、短路等保护作用。急停按钮 SB1、上升按钮 SB2、下降按钮 SB3 根据操作方便可安装在底部和顶部，或者两地都安装，操作时，只需按下 SB2 或 SB3，系统就可以自动实现程序控制。

对于系统所要求的提升和下降，以及由限位开关获取吊笼运行的位置信息，通过 PLC 内部程序处理后，在 Y0、Y1、Y2、Y3 端输出相应的“0”“1”信号来控制变频器输入端子

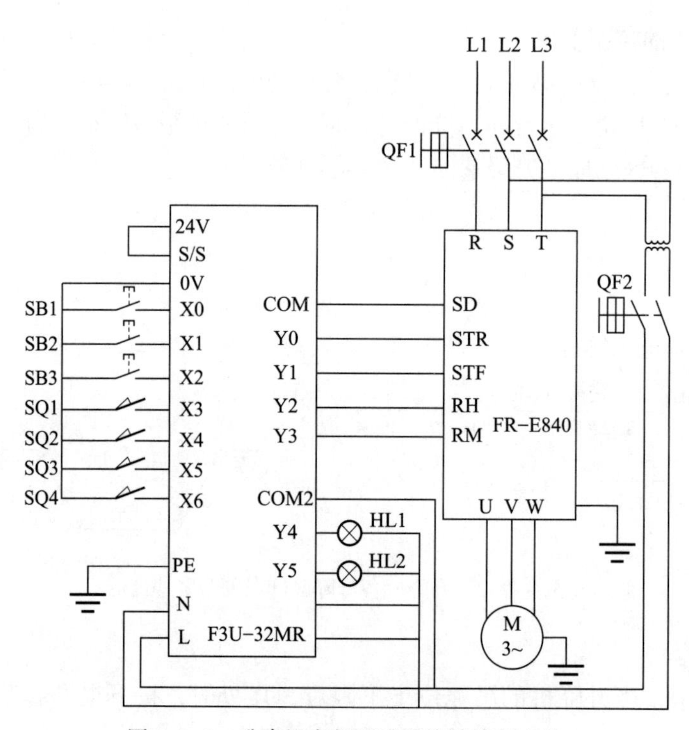

图 4–2–3　升降机变频调速系统的控制电路

的端子状态，使变频器及时按图 4-2-2 所示，输出相应的频率，从而控制升降机的运行特性。当 PLC 输出端 Y2、Y0 的状态分别为“1”和“1”时，变频器输出第一速度频率，升降机以 10 Hz 对应的转速上升。当 Y2、Y3 的状态分别为“0”和“1”时，继续保持 Y0 接通，变频器输出第二速度频率，升降机以 30 Hz 对应的转速上升；当 PLC 输出端 Y2、Y1 的状态分别为“1”和“1”时，变频器输出第一速度频率，升降机以 10 Hz 对应的转速下降。当 Y2、Y3 的状态分别为“1”和“0”时，继续保持 Y1 接通，变频器输出第二速度频率，升降机以 30 Hz 对应的转速下降。

2. 系统硬件配置

（1）变频器的选择

正确选择变频器对于传动控制系统的正常运行是非常关键的，首先要明确使用变频器的目的，按照生产机械的类型、调速范围、响应速度和控制精度、起动转矩等要求，充分了解变频器所驱动的负载特性，决定采用什么功能的变频器构成控制系统，然后决定选用哪种控制方式最为合适。所选用的变频器应既能满足生产工艺要求，又能在技术经济指标上合理。

本实例从使用稳定性和经济性等因素考虑，选用三菱 FR-E840（7.5 kW）型变频器，外加制动电阻。

（2）PLC 的选择

PLC 的选择主要依据系统所需的控制点数及 PLC 的指令功能是否能满足系统控制要求进行确定，同时考虑稳定性、经济性等因素。

本例可根据控制系统原理图中 PLC 的 I/O 点数及其他综合性能，选择三菱 FX3U-32MR 系列可编程控制器。

（3）制动电阻的选择

本实例属于位能负载，在负载下放时，异步电动机将在再生发电制动状态下实现快速停车或准确停车。在位能负载下放，电动机制动较快时，直流回路储能电容的电压会上升很高，过高的电压会使变频器中的“制动过电压保护”动作，甚至造成变频器损坏。因此，需要选择外接制动电阻来耗散电动机再生的这部分能量。

1）制动电阻阻值的确定。确定制动电阻阻值的方法有很多，从工程实践的角度出发，虽然精确计算法能够提供理论上的精确值，但在实际操作中，由于部分关键参数的不确定性，导致其计算难度较大，目前采用的主要是估算法。实践证明，当放电电流等于电动机额定电流的一半时，就可以得到与电动机的额定转矩相同的制动转矩了，因此制动电阻阻值的取值范围为：

$$\frac{U_D}{I_{MN}}<R\leqslant\frac{2U_D}{I_{MN}}$$

式中，U_D——制动电压；

I_{MN}——电动机额定电流。

2）制动电阻容量（功率）的确定。在实际拖动系统中进行制动的时间比较短，在短时间内，制动电阻的温升不足以达到稳定温升。因此，决定制动电阻容量的原则是，在制动电阻的温升不超过其允许值（即额定温升）的前提下，应尽量减小容量，其粗略算法如下：

$$P_B=\lambda PED\%=\lambda\frac{U_D^2}{R}ED\%$$

式中，$\lambda=1-\frac{|R-R_B|}{R_B}$——变频器降额使用系数；

$ED\%$——制动使用率；

R——实际选用的电阻阻值。

通常，在变频器的使用手册中，都会配备变频器的制动电阻选配表，可作为选用参考。表 4-2-1 所示为部分三菱 FR-E800 系列变频器制动电阻的选配表。

表 4-2-1　　部分三菱 **FR-E800** 系列变频器制动电阻的选配表

电压等级	变频器型号	制动电阻值 /Ω	消耗功率 /kW
200 V 等级	FR-E820-0030（0.4 kW）	100	1.5
	FR-E820-0050（0.75 kW）	80	1.9
	FR-E820-0080（1.5 kW）	60	2.5
	FR-E820-0110（2.2 kW）	60	2.5
	FR-E820-0175（3.7 kW）	40	3.8
	FR-E820-0240（5.5 kW）	25	6.1
	FR-E820-0330（7.5 kW）	20	7.6
	FR-E820-0470（11 kW）	13	11.7
	FR-E820-0600（15 kW）	9	16.9
	FR-E820-0760（18.5 kW）	6.5	23.4
	FR-E820-0900（22 kW）	6.5	23.4
	FR-E820S-0030（0.4 kW）	100	1.5
	FR-E820S-0050（0.75 kW）	80	1.9
	FR-E820S-0080（1.5 kW）	60	2.5
	FR-E820S-0110（2.2 kW）	60	2.5
400 V 等级	FR-E840-0016（0.4 kW）	371	1.6
	FR-E840-0026（0.75 kW）	236	2.4
	FR-E840-0040（1.5 kW）	205	2.8
	FR-E840-0060（2.2 kW）	180	3.2

续表

电压等级	变频器型号	制动电阻值 /Ω	消耗功率 /kW
400 V 等级	FR-E840-0095（3.7 kW）	130	4.4
	FR-E840-0120（5.5 kW）	94	6.1
	FR-E840-0170（7.5 kW）	67	8.6
	FR-E840-0230（11 kW）	49	11.8
	FR-E840-0300（15 kW）	36	16
	FR-E840-0380（18.5 kW）	26	22.2
	FR-E840-0440（22 kW）	26	22.2
575 V 等级	FR-E860-0017（0.75 kW）	350	2.4
	FR-E860-0027（1.5 kW）	300	2.8
	FR-E860-0040（2.2 kW）	260	3.3
	FR-E860-0061（3.7 kW）	190	4.5
	FR-E860-0090（5.5 kW）	140	6.1
	FR-E860-0120（7.5 kW）	100	8.5

本实例选用的制动电阻为波纹电阻，如图 4-2-4 所示。

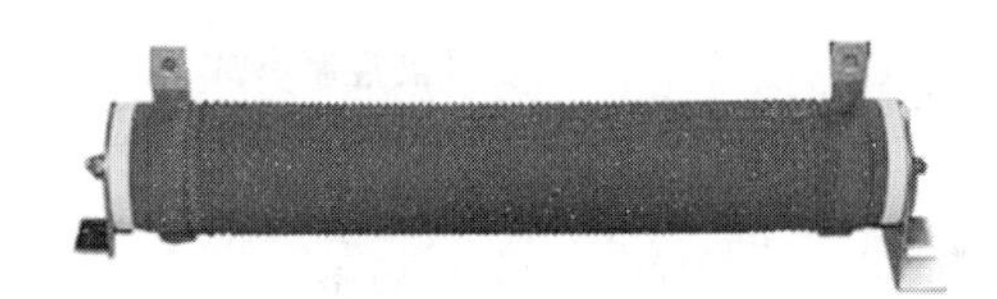

图 4-2-4　波纹电阻

3. 系统安装及运行调试

（1）变频器、PLC 的配线安装

根据原理电路和变频器、PLC 使用手册，按照工艺要求进行配线安装。

在实际运行中，变频器会产生较强的电磁干扰，为保证 PLC 不会受到影响，故在变频器与 PLC 进行连接时应注意以下三点：

1）对 PLC 本身应按规定的接线标准和接地条件进行接地，而且应注意避免和变频器使用共同的接地线，且在接地时使二者尽可能分开。

2）当电源条件不佳时，应在 PLC 的电源模块及输入 / 输出模块的电源线上接入滤波器、电抗器和能降低电磁干扰的器件，另外，若有必要，在变频器输入一侧也应采取相应的措施。

3）当把变频器和 PLC 安装于同一操作柜中时，应尽可能使与变频器有关的导线和与 PLC 有关的导线分开，并通过使用屏蔽线或双绞线降低电磁干扰。

（2）变频器参数设置

接通电源后，先对变频器进行出厂值恢复。

1）电动机相关参数的设置。为了使电动机与变频器相匹配，需在变频器进行电动机相关参数的设置，具体见表 4–2–2。

表 4–2–2　　电动机相关参数

参数	设定值	功能说明
Pr.80	7.5 kW	电动机容量
Pr.81	4 极	电动机磁极数
Pr.82	15.6 A	电动机励磁电流
Pr.83	380 V	电动机额定电压
Pr.84	50 Hz	电动机额定频率
Pr.9	15.6 A	电动机额定电流

2）变频器控制参数的设置，见表 4–2–3。

表 4–2–3　　变频器控制参数

参数	设置值	功能说明
Pr.1	50 Hz	上限频率
Pr.2	0 Hz	下限频率
Pr.3	50 Hz	基本频率
Pr.4	10	第一速度
Pr.5	30	第二速度
Pr.7	10 s	加速时间
Pr.8	10 s	减速时间
Pr.79	3	组合模式 1

（3）PLC 程序设计

1）根据控制要求，分配好 I/O 接口地址，具体见表 4–2–4。

表 4-2-4　　I/O 接口地址分配表

输入设备			输出设备	
代号	功能	输入地址	输出地址	功能
SB1	急停按钮	X0	Y0	接变频器端子 5、正转
SB2	上升按钮	X1	Y1	接变频器端子 6、反转
SB3	下降按钮	X2	Y2	接变频器端子 7、段速 1
SQ1	下限位	X3	Y3	接变频器端子 8、段速 2
SQ2	第一速度	X4	Y4	上升指示、HL1
SQ3	第二速度	X5	Y5	下降指示、HL2
SQ4	上限位	X6		

2）画出顺序功能图，如图 4-2-5 所示。

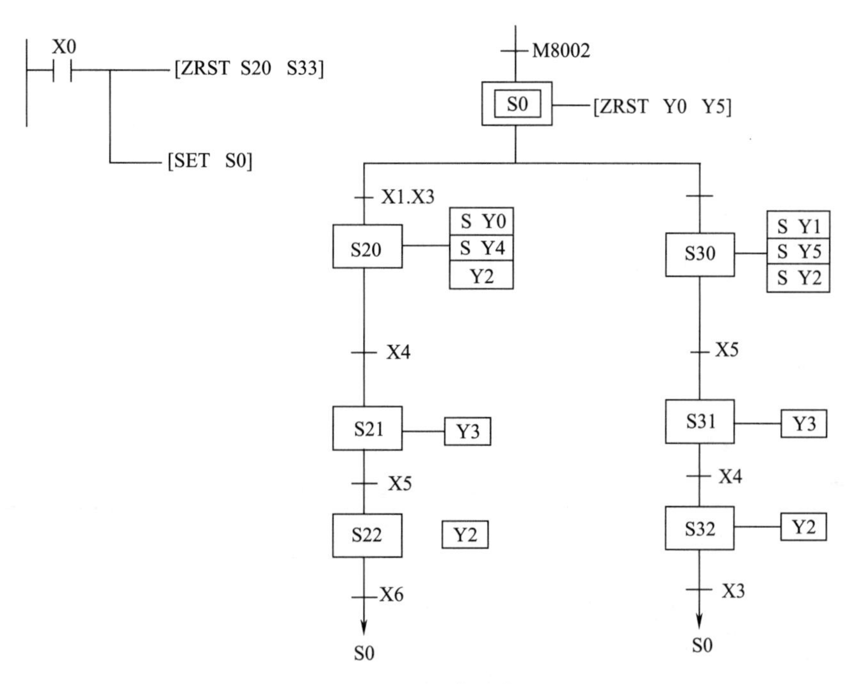

图 4-2-5　顺序功能图

（4）运行调试

1）按控制要求设置变频器参数，并正确输入 PLC 程序。

2）PLC 程序模拟调试。观察 PLC 的各种信号动作是否正确。否则修改程序，直到完全正确。

3）空载调试。当 PLC 与变频器连接好后，不接电动机，即变频器处于空载状态。通过模拟各种信号来观察变频器运行是否符合要求，否则，检查接线、变频器参数、PLC 程序等，直到变频器按要求运行。

4）现场调试。正确连接全部设备，进行现场系统调试。当吊笼在底部位置，且 SQ1 常开触点闭合时，按下 SB2，电动机以第一速度缓慢平稳上升，到达 SQ2、SQ3 位置时，依此以快速、慢速上升。下降时与此类似，当遇到紧急情况时，按下 SB1，升降机会停在任意位置。

三、升降机变频调速系统的运行效果分析

以 PLC 和变频器控制的调速方式取代原来的转子串电阻调速方式，其加、减速平稳，运行可靠，大大提高了系统的自动化程度。该系统可广泛应用于建筑施工、仓库、酒楼餐饮业等货物的上下传输系统中。

技能训练 14　升降机变频调速系统的安装与调试

训练目标

1. 能根据控制要求正确设计升降机变频调速系统的原理电路。
2. 能正确选择元器件并检查其质量好坏。
3. 能合作完成升降机变频调速系统的安装及调试。

训练准备

实训所需设备及工具材料见表 4-2-5。

表 4-2-5　　实训所需设备及工具材料

序号	名称	型号规格	数量	备注
1	电工工具		1 套	
2	万用表	MF47 型	1 块	
3	变频器	FR-E840-0026-4-60（0.75 kW）	1 台	
4	PLC	FX3U-32 MR	1 台	
5	配电盘	500 mm × 600 mm	1 块	
6	导轨	C45	1 米	
7	低压电路器	DZ47-63/3P D40 DZ47-63/2P D10	各 1 只	
8	三相鼠笼异步电动机	型号自定	1 台	

续表

序号	名称	型号规格	数量	备注
9	熔断器	RT18 10A	2 只	
10	制动电阻	75 Ω，780 W	1 只	
11	控制变压器	100 VA，380/220	1 只	
12	指示灯	型号自定	2 只	
13	按钮	型号自定	2 只	
14	急停按钮	型号自定	1 只	
15	限位开关	型号自定	4 只	
16	端子排	D-10 30A/10A	各 2 根（10 节）	
17	铜塑线	BVR1.5 2.5 mm^2	若干	
18	紧固件	螺钉（型号自定）	若干	
19	线槽	25 mm × 35 mm	若干	
20	号码管		若干	
21	计算机	自定	1 台	
22	编程软件	GX Works2	1 套	

训练内容

一、电路设计

根据控制要求，设计升降机变频调速系统的控制电路，如图 4-2-3 所示。

二、安装接线

根据图 4-2-3 所示的控制电路，按以下安装要求，在模拟实物控制配线板上进行元器件及线路的安装。

1. 检查元器件

检查元器件的规格是否符合实训要求，用万用表检测元器件的好坏。

2. 固定元器件

将元器件在模拟实物控制配线板上固定好，注意合理布局。

3. 配线安装

根据图 4-2-3 所示的控制电路，按照配线原则和工艺要求，进行配线安装。

操作要领：将变频器与电源和电动机进行正确接线，380 V 三相交流电源接至变频器的输入端“R/L1、S/L2、T/L3”，三相交流异步电动机接至变频器的输出端“U、V、W”，接线时要注意接地保护。

4. 自检

接线完毕后，应对照原理电路再次检查配线是否正确，有无漏接现象，端子和导线间是否短路或接地，并用万用表检测电路的阻值是否与设计相符。

三、参数设置及运行调试

1. 按控制要求进行变频器参数设置，具体见表 4–2–2 和表 4–2–3。
2. 调试运行：包括空载调试和现场调试。

检查测评

对实训内容的完成情况进行检查，并将检查结果填入表 4–2–6 中。

表 4–2–6　　实训测评表

<table>
<tr><th>项目内容</th><th>考核要点</th><th colspan="3">评分标准</th><th>配分</th><th>得分</th></tr>
<tr><td>电路设计</td><td>1. 规范设计原理电路
2. 正确绘图并保持图面清洁</td><td colspan="3">电路设计不规范或存在错误，每处扣 1 分</td><td>10</td><td></td></tr>
<tr><td>安装接线</td><td>1. 正确选择元器件
2. 检查元件的好坏
3. 正确使用工具和仪表
4. 按原理电路正确接线</td><td colspan="3">1. 元器件选择不合理，每件扣 5 分
2. 未检查元件好坏，每件扣 5 分
3. 工具和仪表使用不规范，每处扣 2 分
4. 接线不规范，每处扣 5 分
5. 接线错误，扣 15 分</td><td>35</td><td></td></tr>
<tr><td>参数设置</td><td>能根据控制要求正确设置变频器参数</td><td colspan="3">1. 参数设置不全，每处扣 5 分
2. 参数设置错误，每处扣 5 分</td><td>15</td><td></td></tr>
<tr><td>设计 PLC 程序</td><td>1. 能熟练使用编程软件
2. 能正确设计 PLC 程序及下载</td><td colspan="3">1. 编程软件使用不熟练，扣 5 分
2. 不能设计程序，扣 10 分
3. 部分功能不能实现，每处扣 5 分</td><td>15</td><td></td></tr>
<tr><td>运行调试</td><td>正确操作与调试</td><td colspan="3">1. 变频器操作错误，每处扣 5 分
2. 调试失败，扣 15 分</td><td>15</td><td></td></tr>
<tr><td>安全文明生产</td><td>劳动保护用品穿戴整齐；电工工具佩带齐全；遵守操作规程；尊重考评员，讲文明礼貌；考试结束要清理现场</td><td colspan="3">1. 违反安全文明生产考核要求每项扣 2 分，扣完为止
2. 存在重大事故隐患，应立即制止，停止操作，并扣 5 分</td><td>10</td><td></td></tr>
<tr><td rowspan="2">工时定额
120 min</td><td rowspan="2">每超过 5 min 扣 5 分</td><td>开始时间</td><td colspan="2"></td><td rowspan="2">—</td><td rowspan="2"></td></tr>
<tr><td>结束时间</td><td colspan="2"></td></tr>
<tr><td>教师评价</td><td colspan="3"></td><td>成绩</td><td>100</td><td></td></tr>
</table>

§4-3 变频器在龙门刨床拖动系统中的应用

学习目标

1. 了解龙门刨床的结构和运行过程。
2. 熟悉多段速控制在龙门刨床调速系统中的应用。
3. 掌握龙门刨床控制的变频器功能端子的功能、接线和参数设置。
4. 熟悉龙门刨床主电路和控制电路电气安装的注意事项。
5. 熟悉龙门刨床变频控制系统原理图。
6. 掌握龙门刨床变频调速控制系统的 PLC 程序设计。

一、龙门刨床概述

龙门刨床作为工业生产中不可或缺的重要机床设备，其电气控制涵盖了工作台主传动与进给机构的逻辑时序控制两大核心部分。然而，传统的工作台行程控制主要依赖于继电器与行程开关，这种控制方法存在明显的不足，如故障频发、接线烦琐、检修困难等。鉴于当前工业领域变频器和 PLC 技术飞速发展，这为龙门刨床的控制方式革新提供了切实可行的方案。以 B2012A 型龙门刨床为例，本节将详细阐述如何利用 PLC 与变频器，对龙门刨床的刀架进给、横梁自动升降以及工作台自动往返等控制系统进行升级改造，以实现更加高效、稳定、便捷的控制效果。

1. 龙门刨床的结构

龙门刨床是一款专为加工大中型零件而设计的机床设备，特别适用于加工各类零件的平面、垂直面、倾斜面、T 型槽面，以及包含这些平面的导轨面。此外，它还具备同时加工多个零件的能力，大幅提升了生产效率。龙门刨床主要由床身、工作台、侧刀架、横梁、垂直刀架、顶梁以及立柱等部件组成，因采用独特的门式结构设计，故被称为龙门刨床，如图 4-3-1 所示。

（1）床身（基座）

用于安装工作台，采用箱体结构设计，上有 V 形和 U 形导轨。

（2）工作台（刨台）

用于安放工件，下有传动机构，由拖动电机拖动沿导轨做往复运动，在工作台回程时刀架可机动抬刀，以防划伤工件表面。

（3）立柱

用于安装横梁及刀架。

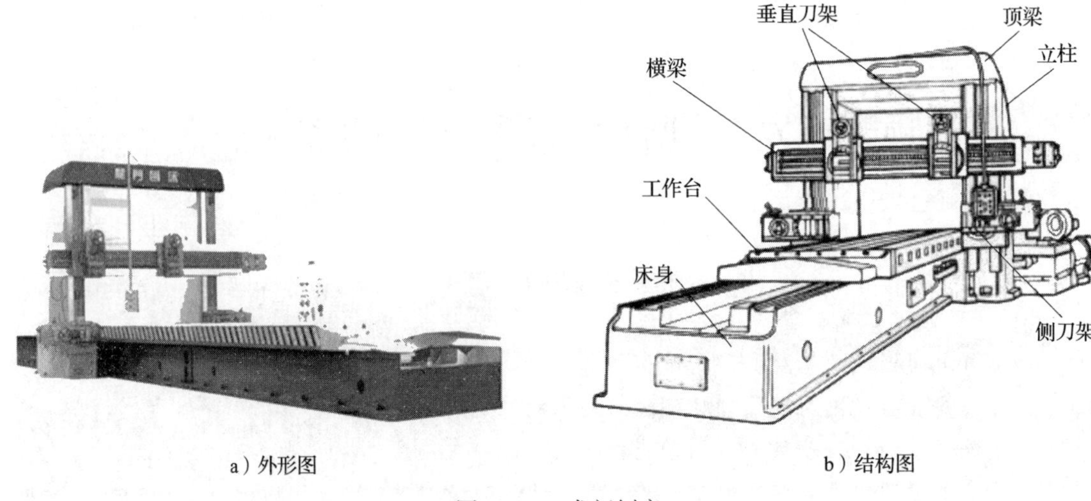

a）外形图　　b）结构图

图 4-3-1　龙门刨床

（4）横梁

用于安装垂直刀架，在切削过程中严禁动作，仅在更换工件时移动，用来调整刀架的高度。

（5）垂直刀架

横梁上装有两个刀架，可在横梁导轨上作横向进给运动，以刨削工件的水平面；横梁可沿立柱导轨上下升降，以调整刀具和工件的相对位置。

（6）左右侧刀架

在两个立柱上安装左右两个侧刀架，可沿立柱导轨作垂直进给运动，以刨削垂直面，刀架亦可偏转一定角度以刨削斜面。

2. 龙门刨床的运动

龙门刨床的运动包括主运动、进给运动和辅助运动。

（1）主运动

即工作台的往复运动。

（2）进给运动

即刨刀垂直于主运动的进给运动。

（3）辅助运动

包括横梁的夹紧、放松及升降。

二、龙门刨床的主拖动系统

传统的龙门刨床，其主拖动方式以直流发电机—电动机组及晶闸管—电动机系统为主，例如A系列龙门刨床，它采用电磁扩大机作为励磁调节器，与直流发电机—电动机系统相结合，通过调节直流电动机电压，实现对输出速度的精准控制，如图 4-3-2 所示。同时，该设备还采用了两级齿轮变速箱变速机电联合调节方法，确保速度的精准与稳定。其主运动形式为刨台频繁地往复运动，每一个往复周期内，对速度控制的要求都相当严格。

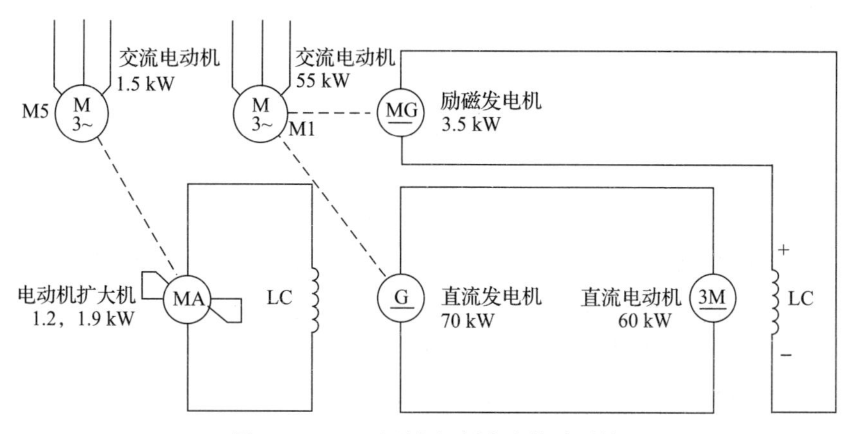

图 4-3-2　A 系列龙门刨床主拖动系统

1. 龙门刨床拖动系统的控制要求

（1）调速范围

龙门刨床通常采用直流电动机调压调速，并加一级机械变速，使工作台调速范围达到 1∶20，工作台低速挡的速度为 6 ~ 60 m/min，高速挡的速度为 9 ~ 90 m/min。

（2）静差度

所谓静差度就是要求负载变动时，工作台速度的变化在允许范围内。龙门刨床的静差度一般要求为 0.05 ~ 0.1，B2012A 型龙门刨床的静差度为 0.1。

（3）工作台往复运动中的速度能根据要求相应变化

一般分为刨刀慢速切入（工作台开始前进时速度要慢，避免刨刀切入工件时的冲击使刨刀崩裂）、刨削加工恒速（刨刀切入工件后，工作台速度增加到规定值，并保持恒定，使得工件表面均匀光滑）、刨刀慢速退出（行程末尾工作台减速，刨刀慢速离开工件，防止工件边缘剥落，减小工作台对机械的冲击）。除此以外，工作台往复运动中的速度还包括快速返回和缓冲过渡过程。

（4）调速方案能满足负载性质要求

n<25 r/min 时输出转矩恒定，n>25 r/min 时输出功率恒定，低速磨削时 n=1 r/min。另外，工作台正 / 反向过渡过程快，且有必要的联锁。

2. 刨床运动的机械特性

工作台运动特性分低速区和高速区两种情况。

（1）低速区

工作台运动速度较低时，刨刀允许的切削力由电动机最大转矩决定。电动机最大转矩确定后，即确定了低速加工时的最大切削力。因此，在低速加工区，电动机为恒转矩输出。

（2）高速区

工作台运动速度较高时，切削力受机械结构的强度限制，允许的最大切削力与速度成反比，因此，电动机为恒功率输出。

三、主拖动变频调速系统

1. 变频调速系统的组成及工作台控制

为满足龙门刨床的加工要求和简化控制电路，减少维护工作量，可采用变频器与 PLC 相结合的方式实现龙门刨床的自动化控制，图 4–3–3 所示是 B2012A 型龙门刨床的变频器与 PLC 控制系统原理电路。

（1）调速系统主电路

由图 4–3–3a 可知，B2012A 型龙门刨床调速系统主电路是由工作台拖动电动机 M1、润滑油泵电动机 M2、垂直刀架电动机 M3、右侧刀架电动机 M4、左侧刀架电动机 M5、横梁升降电动机 M6 和横梁夹紧电动机 M7 等七台电动机组成。各台电动机的控制功能如下：

1）工作台拖动电动机 M1。拖动工作台往复运动，由变频器拖动并实现正 / 反转和过载保护，由 QF2 作为短路保护。

2）润滑油泵电动机 M2。提供工作台运动的润滑，由交流接触器 KM1 控制其运行，热继电器 KH1 作为过载保护。

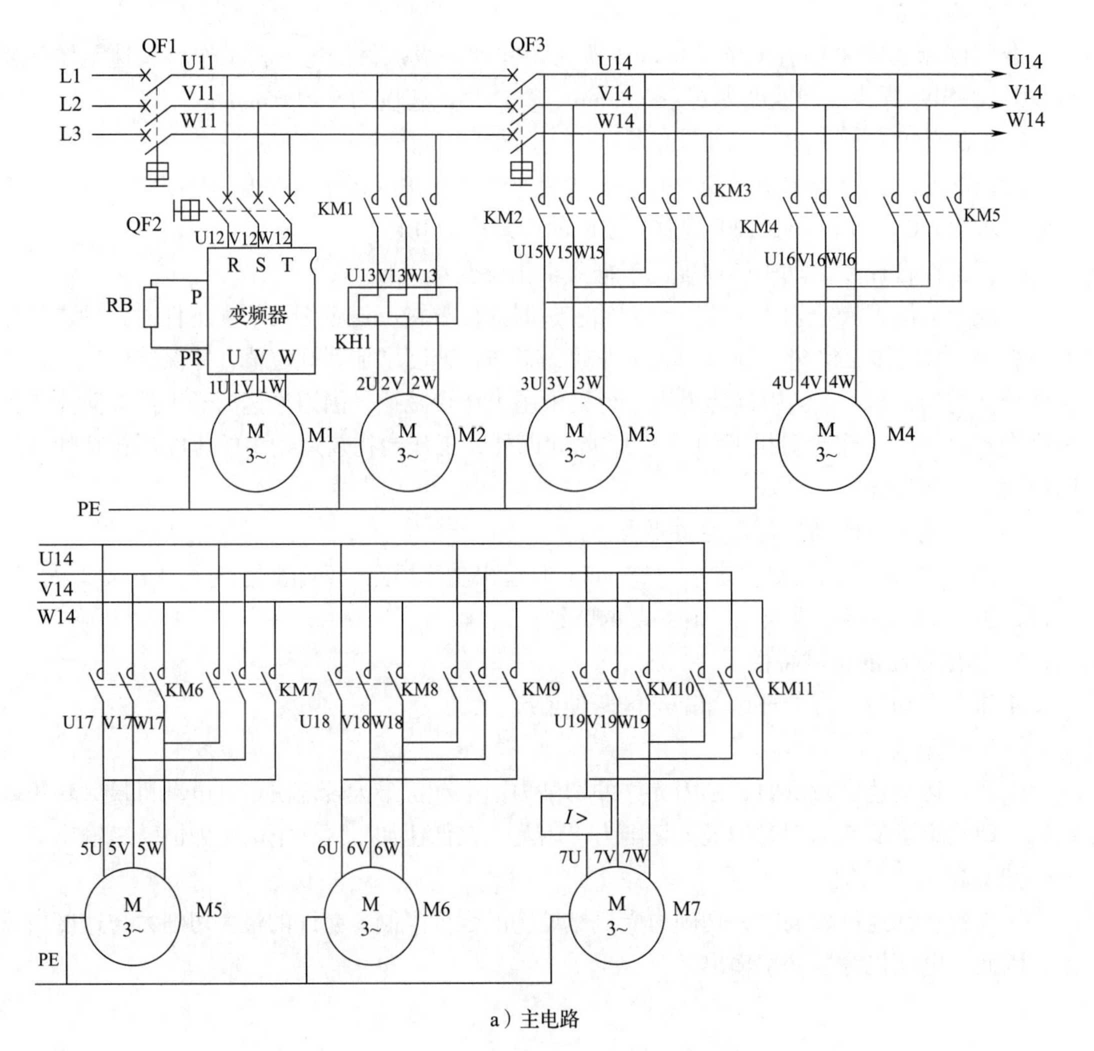

a）主电路

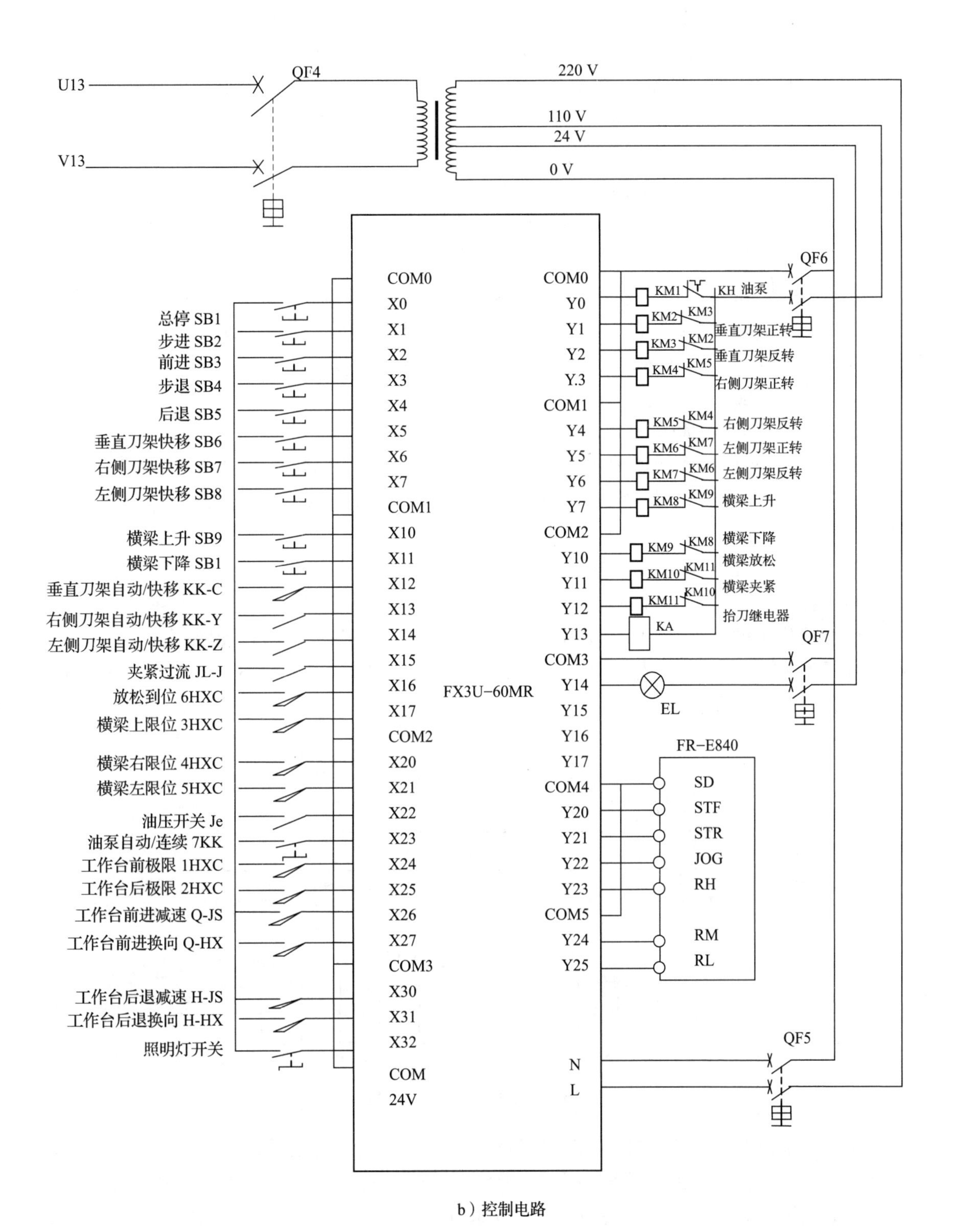

b）控制电路

图 4-3-3　B2012A 型龙门刨床的变频器与 PLC 控制系统原理电路

3）垂直刀架电动机 M3。控制垂直刀架，实现其进刀和退刀，由交流接触器 KM2、KM3 控制，由 QF3 作为短路保护，因是短期工作，故未设过载保护。

4）右侧刀架电动机 M4。控制右侧刀架，实现其进刀和退刀，由交流接触器 KM4、KM5 控制，由 QF3 作为短路保护，因是短期工作，故未设过载保护。

5）左侧刀架电动机 M5。控制左侧刀架，实现其进刀和退刀，由交流接触器 KM6、KM7 控制，由 QF3 作为短路保护，因是短期工作，故未设过载保护。

6）横梁升降电动机 M6。控制横梁的上升和下降，由交流接触器 KM8、KM9 控制，由 QF3 作为短路保护，因是短期工作，故未设过载保护。

7）横梁夹紧电动机 M7。提供横梁夹紧机构的夹紧和放松，由交流接触器 KM10、KM11 控制，由过流继电器 JL-J 作夹紧过流保护，由 QF3 作为短路保护，因是短期工作，故未设过载保护。

（2）控制电路

整个系统的动作控制都由 PLC 来完成，如图 4-3-3b 所示。

1）工作台对电控系统的要求。调整机床时，工作台能以较低的速度“步进”或“步退”；能按规定的速度完成自动往复循环；工作台停止时有制动，防止“爬行”；磨削时应低速；有必要的联锁保护。

2）工作台的行程控制。在 B2012A 型龙门刨床的床身上装有 6 个行程开关，即前进减速 SQ3、前进换向 SQ5、后退减速 SQ4、后退换向 SQ6、前进终端 SQ1、后退终端 SQ2。工作台侧面的燕尾槽装有 A、B、C、D 四个撞块，即前进撞块 A、B 和后退撞块 C、D，分布在行程开关两侧，依靠 4 个撞块碰撞相应的行程开关可以实现工作台的自动工作。图 4-3-4 所示为各行程开关的零位状态。

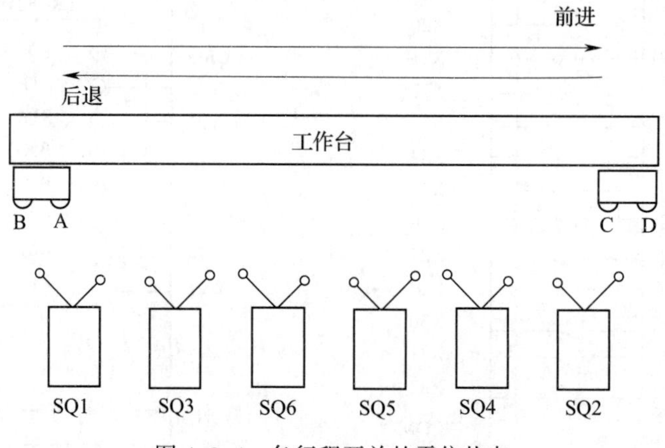

图 4-3-4　各行程开关的零位状态

工作台前进时，撞块 A 压下行程开关 SQ3，发出前进减速信号，使刀具在工作台低速下离开工件；然后撞块 B 将压下行程开关 SQ5，发出前进停止和换向信号，工作台经过一段越位开始后退。若此时行程开关 SQ5 失灵不起作用，工作台继续前进，则撞块会压下终端极限行程开关 SQ2，使工作台立刻停止前进。

工作台后退时，撞块 B 使行程开关 SQ5 复位，撞块 A 使行程开关 SQ3 复位。工件退出刀具后，撞块 C 压下行程开关 SQ4，发出后退减速信号，撞块 D 压下行程开关 SQ6，发出换向信号，经过一段越位后，工作台从后退换成前进，工作台即按此方式循环工作。SQ2、SQ1 分别起前进、后退的限位保护。

2. 系统的配置

（1）变频器的选择

龙门刨床本身对机械特性的硬度和动态响应能力要求很高，原来的直流调速系统的调速范围 D=50，要达到 50：1 的调速比，就必须选用带有矢量控制功能的高性能变频器。

变频器容量的计算以工作台运行电动机为依据。工作台传动交流电动机的额定功率 P_N=55 kW、转速 n=1 460 r/min、额定电流 I_N=103 A，因此，变频器容量的选择应和电动机容量相符合或者稍大一个规格。

在教学试验中，变频器可根据具体条件选择变频器的功率。本实例选择三菱 FR-E840 型变频器，功率为 55 kW。

（2）变频器参数设置

1）电动机参数设置。为了使电动机与变频器相匹配，需要设置电动机参数。电动机参数设置见表 4-3-1。

表 4-3-1　电动机参数设置

参数	设定值	功能说明
Pr.80	55 kW	电动机容量
Pr.81	4 极	电动机磁极数
Pr.82	103 A	电动机励磁电流
Pr.83	380 V	电动机额定电压
Pr.84	50 Hz	电动机额定频率
Pr.9	103 A	电动机额定电流

2）变频器控制参数设置。变频器控制参数设置见表 4-3-2。

表 4-3-2　变频器控制参数设置

参数	设定值	功能说明
Pr.1	50 Hz	上限频率
Pr.2	0 Hz	下限频率
Pr.3	50 Hz	基本频率
Pr.4	10 Hz	第一速度

续表

参数	设定值	功能说明
Pr.5	30 Hz	第二速度
Pr.6	5 Hz	第三速度
Pr.7	1 s	加速时间
Pr.8	1 s	减速时间
Pr.15	10 Hz	点动频率
Pr.16	2 s	点动加减速时间
Pr.20	50 Hz	加减速基准频率
Pr.79	3	组合模式 1

（3）制动电阻的选择

工作台在工作过程中，处于频繁的往复运动状态。为了提高工作效率、缩短辅助时间，工作台的升降时间应尽量缩短。因此，必须外接制动电阻。

根据说明书中提供的参考值，可选择制动电阻的阻值为 8 Ω，功率为 10 kW。

（4）PLC 的选择

整个系统的动作控制都由 PLC 来完成，根据 PLC、变频调速控制电路图中所需 I/O（输入 / 输出）点数及工作的可靠性，本实例选择 FX3U-60MR 系列 PLC。

（5）程序设计

1）根据控制要求，首先确定 I/O 点的个数，并进行 I/O 接口地址的分配。本实例需要 27 个输入点，19 个输出点，具体见表 4-3-3。

表 4-3-3　　I/O 接口地址的分配

代号	功能	输入地址	代号	功能	输出地址
SB1	总停止开关	X0	KM1	控制油泵 M2	Y0
SB2	工作台步进	X1	KM2	控制垂直刀架 M3 正转	Y1
SB3	工作台前进	X2	KM3	控制垂直刀架 M3 反转	Y2
SB4	工作台步退	X3	KM4	控制右刀架 M4 正转	Y3
SB5	工作台后退	X4	KM5	控制右刀架 M4 反转	Y4
SB6	垂刀架快移	X5	KM6	控制左刀架 M5 正转	Y5
SB7	右刀架快移	X6	KM7	控制左刀架 M5 反转	Y6

续表

代号	功能	输入地址	代号	功能	输出地址
SB8	左刀架快移	X7	KM8	控制横梁 M6 上升	Y7
SB9	横梁上升	X10	KM9	控制横梁 M6 下降	Y10
SB10	横梁下降	X11	KM10	控制夹紧 M7 夹紧	Y11
KK-C	垂刀架自动 / 快移	X12	KM11	控制夹紧 M7 放松	Y12
KK-Y	右刀架自动 / 快移	X13	KA	抬刀继电器	Y13
KK-Z	左刀架自动 / 快移	X14	EL	工作照明灯	Y14
JL-J	夹紧过流	X15	STF	变频器正转	Y20
6HXC	放松到位	X16	STR	变频器反转	Y21
3HXC	横梁上限	X17	JOG	变频器点动	Y22
4HXC	横梁右限	X20	RH	变频器转速一	Y23
5HXC	横梁左限	X21	RM	变频器转速二	Y24
Je	油压开关	X22	RL	变频器转速三	Y25
7KK	油泵自动 / 连续	X23			
1HXC	前进限位	X24			
2HXC	后退限位	X25			
Q-JS	前进减速	X26			
Q-HX	前进换向	X27			
H-JS	后退减速	X30			
H-HX	后退换向	X31			
SA	照明灯开关	X32			

2）编写程序。B2012A 型龙门刨床的 PLC 程序梯形图，如图 4-3-5 所示。

（6）运行调试

1）按照要求设置变频器参数，并正确输入 PLC 程序。

2）PLC 程序模拟调试。根据原理图和工作台速度控制要求，模拟工作台的手动点动运行、手动连续运行和自动循环控制功能。观察 PLC 的各种信号动作是否正确。否则修改程序，直到正确。

3）空载调试。当 PLC 与变频器连接好后，不接电动机，即变频器处于空载状态。通过模拟各种信号来观察变频器运行是否符合要求，否则，检查接线、变频器参数、PLC 程序等，直到变频器按要求运行。

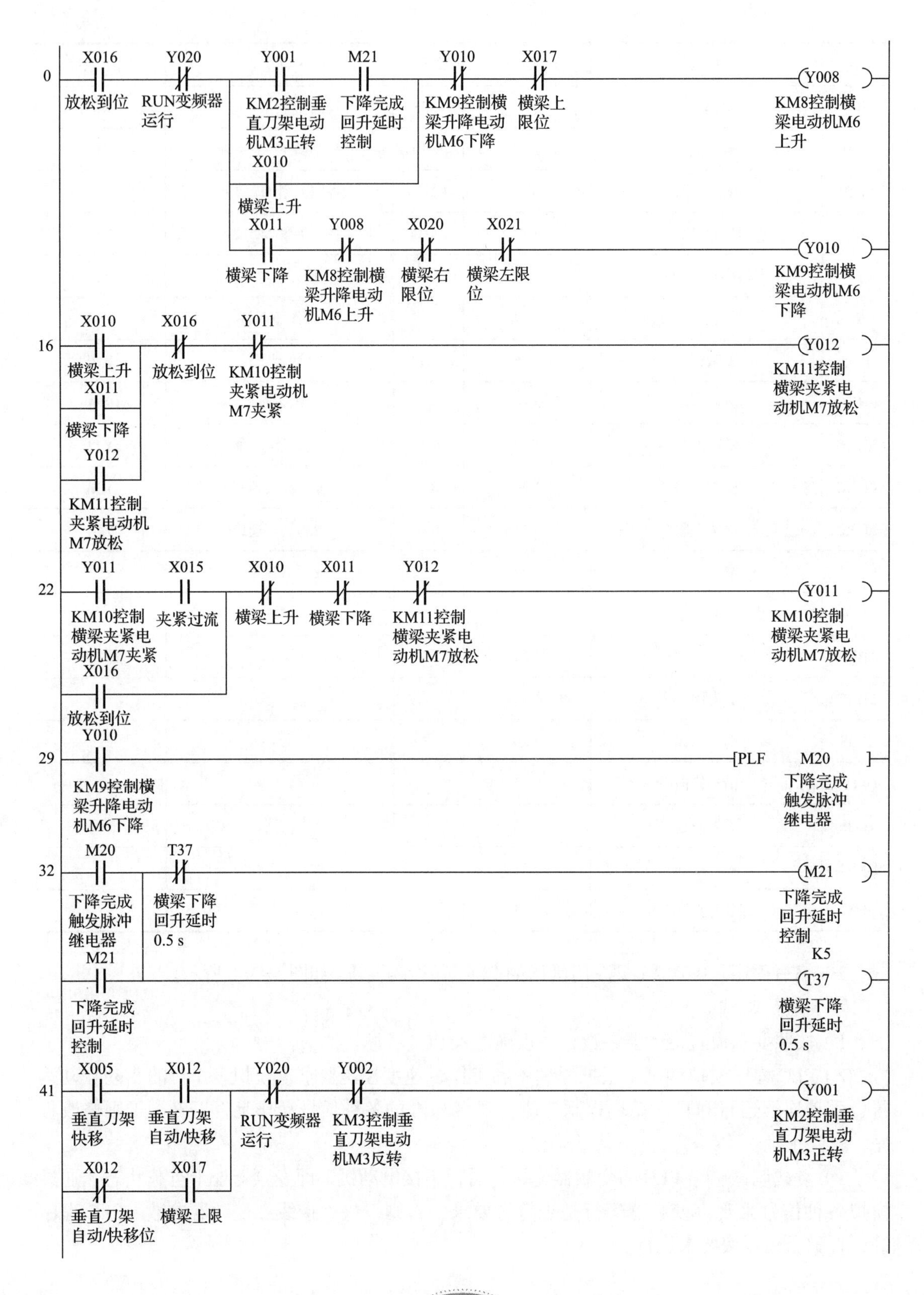
0
X016
放松到位
Y020
RUN变频器运行
Y001
KM2控制垂直刀架电动机M3正转
M21
下降完成回升延时控制
Y010
KM9控制横梁升降电动机M6下降
X017
横梁上限位
Y008
KM8控制横梁电动机M6上升
X010
横梁上升
X011
横梁下降
Y008
KM8控制横梁升降电动机M6上升
X020
横梁右限位
X021
横梁左限位
Y010
KM9控制横梁电动机M6下降
16
X010
横梁上升
X016
放松到位
Y011
KM10控制夹紧电动机M7夹紧
Y012
KM11控制横梁夹紧电动机M7放松
X011
横梁下降
Y012
KM11控制夹紧电动机M7放松
22
Y011
KM10控制横梁夹紧电动机M7夹紧
X015
夹紧过流
X010
横梁上升
X011
横梁下降
Y012
KM11控制横梁夹紧电动机M7放松
Y011
KM10控制横梁夹紧电动机M7放松
X016
放松到位
29
Y010
KM9控制横梁升降电动机M6下降
[PLF M20]
下降完成触发脉冲继电器
32
M20
下降完成触发脉冲继电器
T37
横梁下降回升延时0.5 s
M21
下降完成回升延时控制
M21
下降完成回升延时控制
K5
T37
横梁下降回升延时0.5 s
41
X005
垂直刀架快移
X012
垂直刀架自动/快移
Y020
RUN变频器运行
Y002
KM3控制垂直刀架电动机M3反转
Y001
KM2控制垂直刀架电动机M3正转
X012
垂直刀架自动/快移位
X017
横梁上限

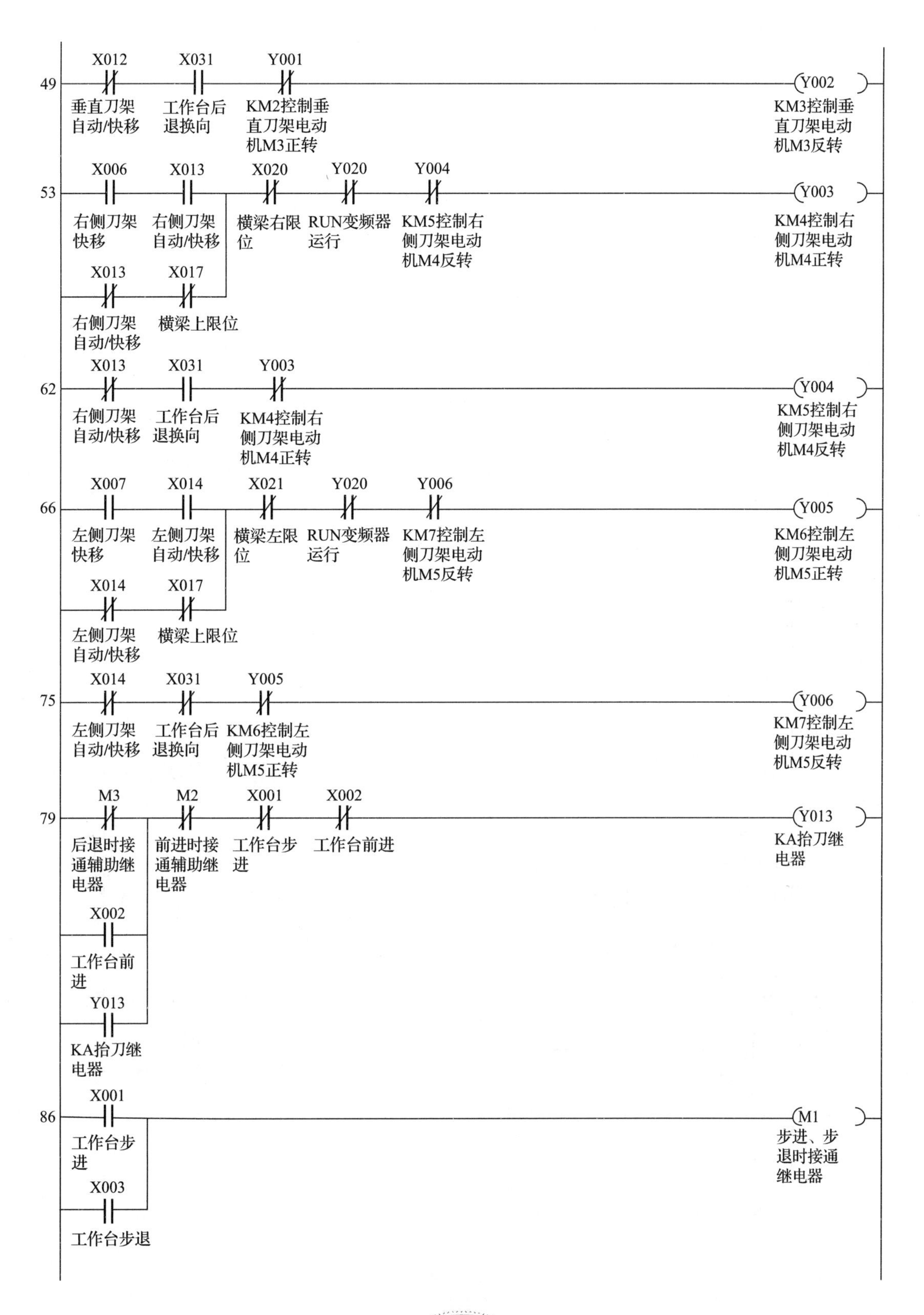
49
X012
X031
Y001
Y002
垂直刀架自动/快移
工作台后退换向
KM2控制垂直刀架电动机M3正转
KM3控制垂直刀架电动机M3反转
53
X006
X013
X020
Y020
Y004
Y003
右侧刀架快移
右侧刀架自动/快移
横梁右限位
RUN变频器运行
KM5控制右侧刀架电动机M4反转
KM4控制右侧刀架电动机M4正转
X013
X017
右侧刀架自动/快移
横梁上限位
62
X013
X031
Y003
Y004
右侧刀架自动/快移
工作台后退换向
KM4控制右侧刀架电动机M4正转
KM5控制右侧刀架电动机M4反转
66
X007
X014
X021
Y020
Y006
Y005
左侧刀架快移
左侧刀架自动/快移
横梁左限位
RUN变频器运行
KM7控制左侧刀架电动机M5反转
KM6控制左侧刀架电动机M5正转
X014
X017
左侧刀架自动/快移
横梁上限位
75
X014
X031
Y005
Y006
左侧刀架自动/快移
工作台后退换向
KM6控制左侧刀架电动机M5正转
KM7控制左侧刀架电动机M5反转
79
M3
M2
X001
X002
Y013
后退时接通辅助继电器
前进时接通辅助继电器
工作台步进
工作台前进
KA抬刀继电器
X002
工作台前进
Y013
KA抬刀继电器
86
X001
M1
工作台步进
步进、步退时接通继电器
X003
工作台步退

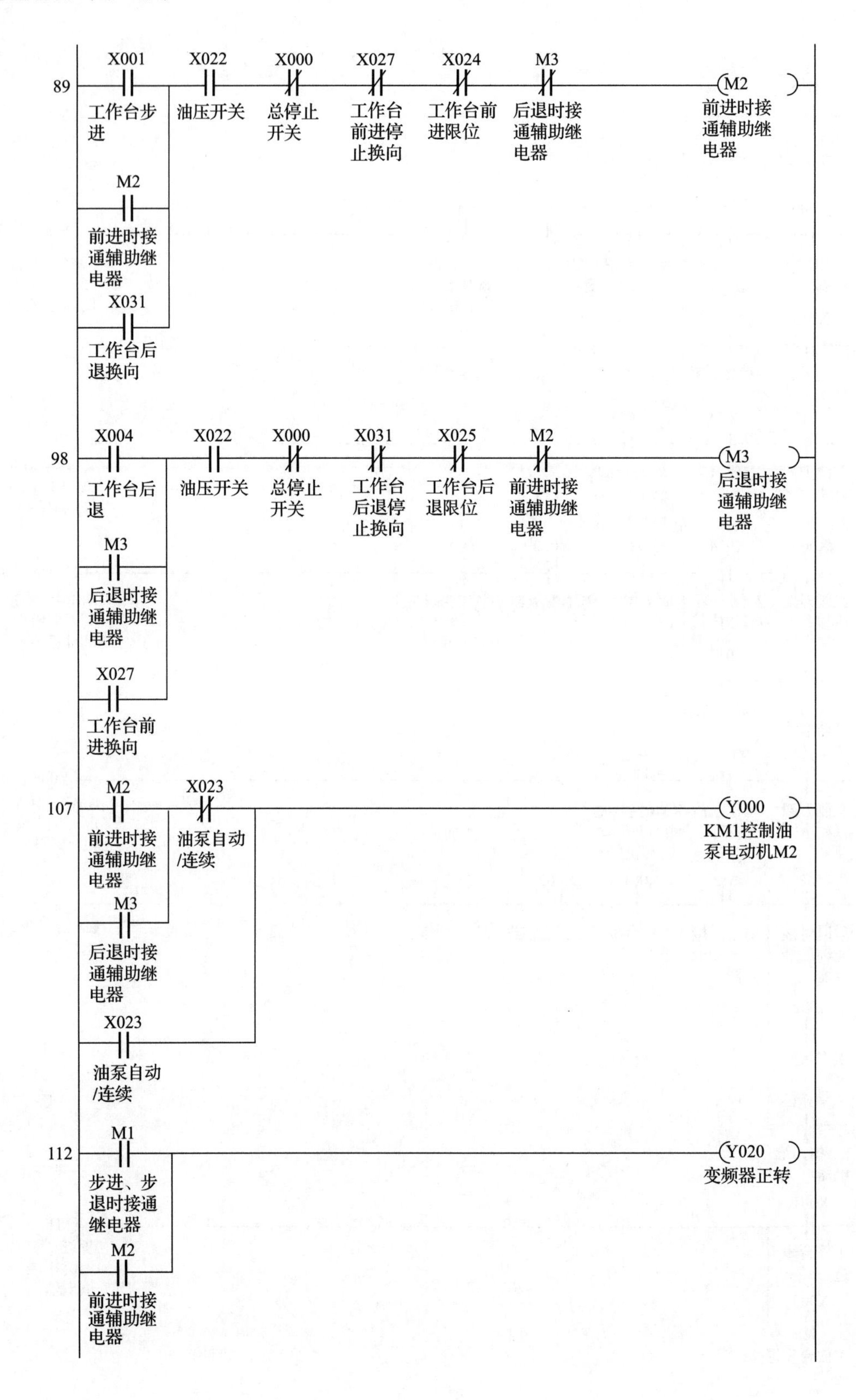
89
X001
工作台步进
M2
前进时接通辅助继电器
X031
工作台后退换向
X022
油压开关
X000
总停止开关
X027
工作台前进停止换向
X024
工作台前进限位
M3
后退时接通辅助继电器
M2
前进时接通辅助继电器
98
X004
工作台后退
M3
后退时接通辅助继电器
X027
工作台前进换向
X022
油压开关
X000
总停止开关
X031
工作台后退停止换向
X025
工作台后退限位
M2
前进时接通辅助继电器
M3
后退时接通辅助继电器
107
M2
前进时接通辅助继电器
M3
后退时接通辅助继电器
X023
油泵自动/连续
X023
油泵自动/连续
Y000
KM1控制油泵电动机M2
112
M1
步进、步退时接通继电器
M2
前进时接通辅助继电器
Y020
变频器正转

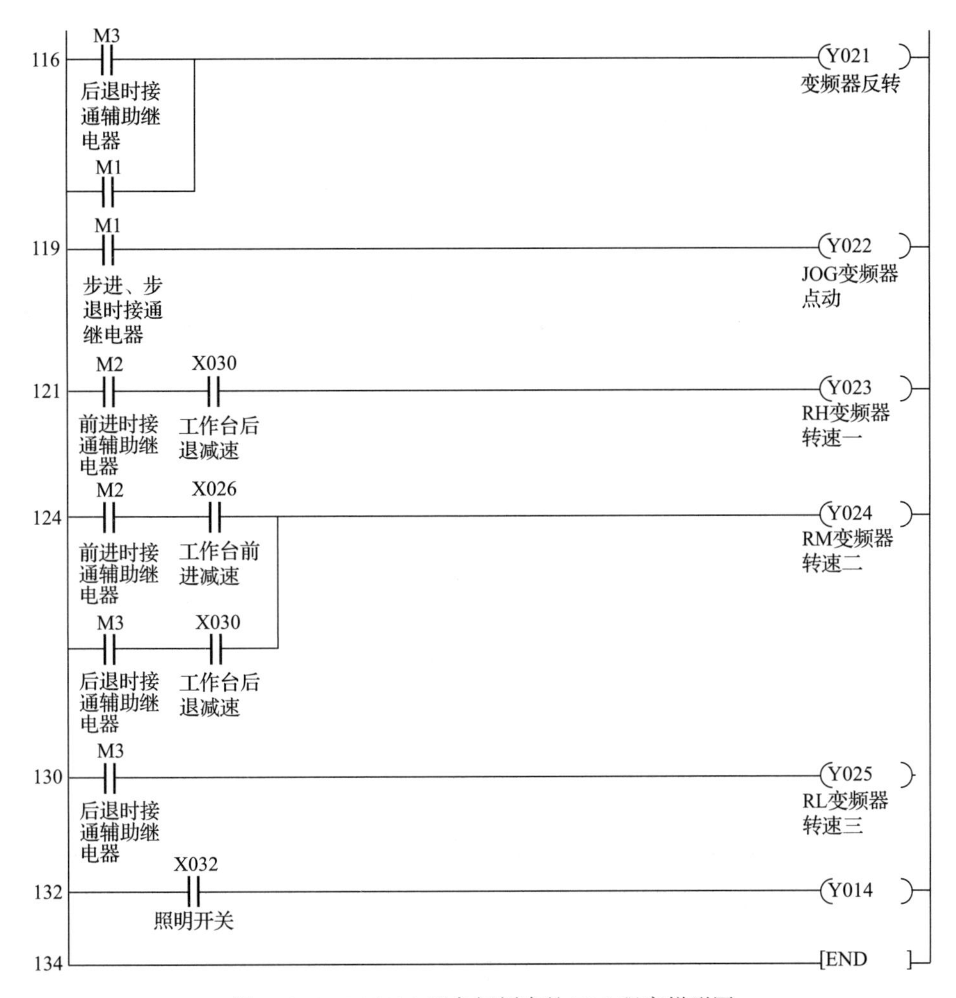

图 4-3-5　B2012A 型龙门刨床的 PLC 程序梯形图

4）现场调试。正确连接好全部设备，进行现场系统调试，整个调试过程中要注意安全。

四、龙门刨床变频器改造后的效果分析

龙门刨床主运动系统采用变频调速，电动机的机械特性曲线与刨台的运动所对应的特性曲线是相符合的，并且该系统又采用 PLC 与变频调速相结合，不但线路大为简化，而且各项调速性能达到原直流调速水平，再加上变频器和 PLC 完善的故障诊断功能，使整个调速系统的可靠性、可维修性得到大幅度提高。

1. 节能效果好，减小了电动机的容量，仅取消原直流发电机组一项就大大降低了系统能耗，综合节电效果好，经实际运行检验可节电 30%左右。

2. 调速范围宽，实现了无级调速，工作台运行更加平稳，尤其是换向迅速且冲击小，加工效率大大提高。

3. PLC 的应用充分体现了快速、灵活的控制特点。实现了以往难以做到的多种复杂控制和故障保护功能，使系统实现了操作维护简单化和控制智能化。用 PLC 代替继电器逻辑控制，控制系统进一步简化，故障率降低，大大降低了设备停机造成的损失和维修费用。维修工作量与原设备相比，可减少 80%，提高了运行可靠性。

4. 经过交流变频调速改造后，龙门刨床的拖动系统大为简化，净化了工作环境。由于取消了原有机组的许多设备，运行噪声大幅减小，根据实际监测，噪声可降低近一半。

技能训练 15　龙门刨床变频调速系统的安装与调试

训练目标

1. 能按控制要求正确设计龙门刨床变频调速系统的原理电路。
2. 能正确选择元器件并检查其质量好坏。
3. 能合作完成龙门刨床变频调速系统的安装及调试。

训练准备

实训所需设备及工具材料见表 4–3–4。

表 4–3–4　实训所需设备及工具材料

序号	名称	型号规格	数量	备注
1	电工常用工具		1 套	
2	万用表	MF47 型	1 块	
3	可编程序控制器	FX3U–60MR	1 台	
4	计算机	自定	1 台	
5	编程软件	GX Works2	1 套	
6	配电盘	1 500 mm × 1 200 mm	1 块	
7	导轨	C45	5 m	
8	变频器	FR–E840（55 kW）	1 台	
9	断路器	DZ10–100 100 A	1 个	
10	断路器	DZ15–40 40 A	1 个	
11	断路器	DZ47–63/2P 3 A	4 个	
12	交流接触器	CJX1–9 线圈电压 110 V	11 个	
13	热继电器	JRS1–09/25 0.25 A	1 个	

续表

序号	名称	型号规格	数量	备注
14	按钮	LAY3–11	9 个	
15	按钮	LAY3–01ZS/1	1 个	
16	过电流继电器	JT14–L	1 个	
17	位置开关	JLXK1–411	10 只	
18	端子排	TB–2020	10 根	200 节
19	控制变压器	JBK3–300 380/220 V、110 V、24 V、6 V	1 只	
20	机床照明灯	JC11	1 只	
21	铜塑线	BVR 6 mm^2	30 m	
22	铜塑线	BVR 2.5 mm^2	50 m	
23	铜塑线	BVR 0.5 mm^2	150 m	
24	紧固件	螺钉（型号自定）	若干	
25	线槽	40 mm × 50 mm	若干	

训练内容

一、电路设计

根据控制要求，设计 B2012A 型龙门刨床变频调速系统的原理电路，如图 4–3–3 所示。

二、安装接线

根据图 4–3–3 所示的原理电路，按以下安装要求，在模拟实物控制配线板上进行元器件及线路的安装。

1. 检查元器件

检查元器件的规格是否符合实训要求，用万用表检测元器件的好坏。

2. 固定元器件

将元器件在模拟实物控制配线板上固定好，注意合理布局。

3. 配线安装

根据图 4–2–3 所示的原理电路，按照配线原则和工艺要求，进行配线安装。

（1）变频器接线操作要领：将变频器与电源和电动机进行正确接线，380 V 三相交流电源接至变频器的输入端“R/L1、S/L2、T/L3”，三相交流异步电动机接至变频器的输出端“U、V、W”，接线时要注意接地保护。

（2）PLC 接线操作要领：三菱 PLC 的 L 端子和 N 端子作为交流电源端子，必须准确连接；同时，输入端子和输出端子的接线也要准确无误，并确保直流 24 V 电源正确使用。此外，PLC 的接地线应采用粗且短的导线，并确保单独接地。

4. 自检

接线完毕后，应对照原理电路再次检查配线是否正确，有无漏接现象，端子和导线间是否短路或接地，并用万用表检测电路的阻值是否与设计相符。

三、参数设置及运行调试

1. 按控制要求进行变频器的参数设置，具体见表 4–3–1 和表 4–3–2。

2. PLC 程序模拟调试。按控制要求对 PLC 程序功能进行模拟调试，调试时输出端子不接负载，当程序符合控制要求时再进行运行调试。

3. 运行调试：包括空载调试和现场调试。

检查测评

对实训内容的完成情况进行检查，并将检查结果填入表 4–3–5 中。

表 4–3–5　　实训测评表

<table>
<tr><th>项目内容</th><th>考核要点</th><th colspan="2">评分标准</th><th>配分</th><th>得分</th></tr>
<tr><td>电路设计</td><td>1. 规范设计原理电路
2. 正确绘图并保持图面清洁</td><td colspan="2">电路设计不规范或存在错误，每处扣 1 分</td><td>10</td><td></td></tr>
<tr><td>安装接线</td><td>1. 正确选择元器件
2. 检查元件的好坏
3. 正确使用工具和仪表
4. 按原理电路正确接线</td><td colspan="2">1. 元器件选择不合理，每件扣 5 分
2. 未检查元件好坏，每件扣 5 分
3. 工具和仪表使用不规范，每处扣 2 分
4. 接线不规范，每处扣 5 分
5. 接线错误，扣 15 分</td><td>35</td><td></td></tr>
<tr><td>设计 PLC 程序</td><td>1. 能熟练使用编程软件
2. 能正确设计 PLC 程序及下载
3. 能够实现仿真调试功能</td><td colspan="2">1. 编程软件使用不熟练，扣 5 分
2. 不能设计程序，扣 10 分
3. 部分功能不能实现，每处扣 5 分</td><td>15</td><td></td></tr>
<tr><td>参数设置</td><td>能根据控制要求正确设置变频器参数</td><td colspan="2">1. 参数设置不全，每处扣 5 分
2. 参数设置错误，每处扣 5 分</td><td>15</td><td></td></tr>
<tr><td>运行调试</td><td>正确操作与调试</td><td colspan="2">1. 变频器操作错误，每处扣 5 分
2. 调试失败，扣 15 分</td><td>15</td><td></td></tr>
<tr><td>安全文明生产</td><td>劳动保护用品穿戴整齐；电工工具佩带齐全；遵守操作规程；尊重考评员，讲文明礼貌；考试结束要清理现场</td><td colspan="2">1. 违反安全文明生产考核要求每项扣 2 分，扣完为止
2. 存在重大事故隐患，应立即制止，停止操作，并扣 5 分</td><td>10</td><td></td></tr>
<tr><td rowspan="2">工时定额 120 min</td><td rowspan="2">每超过 5 min 扣 5 分</td><td>开始时间</td><td></td><td rowspan="2">—</td><td rowspan="2"></td></tr>
<tr><td>结束时间</td><td></td></tr>
<tr><td>教师评价</td><td colspan="2"></td><td>成绩</td><td>100</td><td></td></tr>
</table>